THANN 뜨앤
Value Your Knitting Time
www.annknitting.com

@ann.knitting X K니트디자이너

99

뜨개머리앤은 니트 디자이너에게
영감을 주는 다양한 컬러, 텍스쳐,
소재의 뜨개실과 디자인 공유를 위한
플랫폼을 서포팅합니다.

협업을 희망하는
디자이너&크리에이터는 뜨개머리앤
공홈 COLLABO BOARD 게시판에
글을 남겨주세요.

www.annknitting.com

K KNIT DESIGNER with ANNKNITTING @ann.knitting

Latvia 라트비아

워크숍에서 만난 '돌려 테두리뜨기' 뜨개 샘플.

라트비아에서의 니팅 리트리트

수이티족의 공예 센터 간판. 귀여운 그래픽이 인상적이다.

지난 5월 말, 케이토다마에서 소개한 리가(Riga) 컬렉션 주최의 라트비아·에스토니아 투어에 참가해서 라트비아에서 3일 동안 니팅 리트리트를 체험하고 왔습니다.

첫째 날은 리가의 민속 의상 센터인 '세나 클레츠(SENĀ KLĒTS)'에 모여 간단한 강의를 들은 후 교재를 받았습니다. 참가자들에게 장갑 모양의 이름표를 만들어준 것이 인상적이었습니다. 그 후 강사인 지에디테(Ziedīte) 선생님과 함께 버스를 타고 쿠르제메(Kurzeme) 지방의 알숭가(Alsunga)로 갔습니다. 수이티(Suiti)족의 공예 센터에서 점심을 먹고 나니 드디어 워크숍이 시작되었습니다. 보그학원의 사이토 리코(斉藤理子) 선생님께서 일본어 통역은 물론 보조 강사로 함께해주신 덕에 마음이 든든했지요. 수이티족의 기초코 세 종류와 버블 무

늬를 배웠는데 굉장히 어려워서 꽤 고생했습니다. 익숙하지 않은 가느다란 금속 바늘을 사용한 탓에 강의 중에 사진 찍는 것도 잊어버릴 정도였고요. 5월 말인데도 몹시 무더워서 땀범벅이 된 상태로 힘겹게 강의를 들어야 했습니다. 모처럼 준비해주신 간식도 먹을 시간이 없어서 기념품으로 가져왔습니다.

둘째 날은 리예파야(Liepāja)에서 워크숍이 열렸습니다. 전통가옥을 이용한 아트 스튜디오 '크루사(Krusa)'에서 전통 무늬인 '피니테(Pīnīte)'와 '스쿠이냐(Skujiņa)'에 대해 배웠습니다. 점심으로 야외에서 라트비아의 소박한 전통 요리를 먹고, 오후에는 공예 센터를 견학한 후 리예파야 박물관으로 이동해서 허니콤 패턴 워크숍을 받았습니다. 또한 큐레이터의 안내로 소장품인 귀중한 손모아장갑들을 볼 수 있었고, 워크숍이 끝난 후에는 맛있는 간식과 함께 티타임을 즐겼습니다. 저녁 만찬회에서는 세나 클레츠의 오너이자 라트비아 장갑 연구의 일인자이기도 한 마루타 그라스마네(Maruta Grasmane) 씨가 오셔서 수료증을 수여했습니다.

그리고 드디어 셋째 날, 쿨디가(Kuldīga)로 이동해서 '차우파스(Čaupas)' 문화센터에서 워크숍을 했습니다. 마지막 워크숍에서는 돌려 테두리뜨기를 배웠는데 놀랄 만큼 간단하고 효과적인 뜨개 기법이었습니다. 이날은 워크숍 중간에 티타임을 즐길 여유가 생겨서 문화센터에 모인 지역 주민들이 직접 뜬 다양한 뜨개 샘플도 느긋하게 감상할 수 있었습니다.

각지에서 온 각양각색의 손모아장갑. 모두 다 너무 훌륭해서 할 말을 잃을 정도였다.

3일간 진행된 워크숍은 매우 흥미로웠습니다. 뜨개 시간뿐만 아니라 문화적 배경을 배우는 강의와 함께 맛있는 식사와 간식들, 티타임도 있었습니다. 여기에 틈틈이 공예 공방 견학이라든가 관광, 산책 등의 스케줄도 포함되어 있어서 굉장히 알찬 시간을 보낼 수 있었습니다.

여러분도 기회가 된다면 꼭 참가해보세요. 적극 추천합니다.

취재/케이토다마 편집부

워크숍 풍경. 참가자들이 뜨개에 열중하고 있다.

오른쪽 위/리예파야 해안의 오브제 너머로 발트해의 석양이 저물고 있다. 오른쪽 가운데/베이컨 크림 리소토와 비슷한 라트비아의 전통 요리. 오이와 피클을 듬뿍 곁들여 먹는다. 소박하지만 아주 맛있었다. 오른쪽 아래/민속 의상을 입은 할머니들의 촌극. 실감 나는 연기가 일품이었다. 아래/전통가옥을 이용한 아트 스튜디오 '크루사(Krusa)'의 외관. 점심은 야외 테이블에 준비되어 있었다.

The United Kingdom 영국
뜨개에 대한 애정이 남다른 런던의 털실 가게

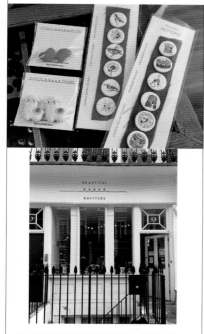

런던 지하철 핌리코 역에서 몇 분 거리에 있는 털실 가게 '뷰티풀 니터스(BEAUTIFUL KNITTERS)'는 빅토리아 시대의 하얀 주택들이 늘어선 한적한 지역에 자리 잡고 있습니다. 하지만 가게 안으로 발을 한 발짝 들여놓으면 그 풍경은 완전히 달라지지요. 알록달록한 털실들에 둘러싸여 지식이 풍부한 점원들과 뜨개를 좋아하는 손님들이 즐겁게 수다를 떨고 있어서 항상 활기가 넘칩니다.

SNS에서 니터들을 위한 커뮤니티로 시작한 이 가게는 2019년에 문을 열었습니다. 현재는 20여 개 브랜드의 털실과 더불어 단추, 뜨개바늘 캡, 뜨개 노트와 같은 뜨개 관련 소품도 다양하게 취급하고 있습니다. 오너인 카린 씨에 의하면 털실을 고르는 기준은 좋은 품질이라고 합니다. 또한 천연 소재를 고집하고 영국산 제품을 중심으로 갖추려고 노력한다고 하네요. 소재와 종류에 따라 '메이페어', '노팅힐' 등 런던의 지역명을 따서 이름을 붙인 것도 재미납니다. 인기가 너무 많아 취재 당시에는 캐시미어 100%의 DK '캠던(CAMDEN)'밖에

위／사랑스러운 도자기 단추와 뜨개바늘 캡. 아래／심플한 하얀 외벽에 새겨진 로고가 눈길을 끄는 외관.

손님들은 가게를 가득 채운 털실들을 바라보며 무엇을 살지 망설이면서도 시간을 들여 고르고 있었다.

재고가 없었지만 향후 매진된 상품을 재생산할 예정이라고 합니다.

'뷰티풀 니터스'도 다른 가게들과 마찬가지로 코로나 팬데믹으로 인해 큰 변화를 겪었습니다. 한때 뜨개를 즐겼으나 바쁜 일상 때문에 멀어졌다가 재택 시간이 늘어나면서 다시 시작한 사람이 많아졌다고 합니

다. 그런 니터들이 항상 멋진 털실과 소품을 구할 수 있을 거라는 기대감에 찾아오는 가게를 목표로 하고 있었습니다. 온라인 숍도 있고 일본과 한국의 주문도 받는다고 하니 꼭 들러보기를 바랍니다.

https://beautifulknitters.co.uk/
취재／사카모토 미유키

Korea 한국
제1기 '고마호간' 자격증 강좌 개최

오쿠보 요코(大久保蓉子) 선생님이 고안한 '고마호간(짧은 모눈뜨기)'의 자격증 취득 강좌가 한국에서 처음으로 개최되었습니다. 이 강좌는 현직 의사이기도 한 세하선(Sehasun)의 대표 김선기 씨의 의뢰로 시작되었으며, 강사는 일본 고마호간협회 사범인 사카모토 히로요(坂本欲代) 선생님과 이마이즈미 후미코(今泉史子) 선생님이 맡았습니다.

김선기 씨가 운영하는 '세하선(세상에 하나뿐인 선물)'은 2013년에 창립된 털실 공급 업체로, 손뜨개 관련 상품을 수입 및 판매하는 일뿐만 아니라 손뜨개의 발전과 교육에도 중추적인 역할을 하고 있습니다. 매년 손뜨개 심포지엄을 개최하여 손뜨개 전문가들의 예술 감각과 기술 향상에 힘쓰고 있으며, 전문가들의 자긍심을 높이고 사회적 지위를 향상하는 활동을 지원하고 있습니다. 그리고 전문가들을 지원하고 후원자 역할을 하기 위해서는 전문가 협회가 필요하다고 생각하여 협회 설립을 위해 최선을 다해 노력하고 있습니다.

'고마호간 자격증 강좌' 1기의 1회차 강좌

위／서울에서 열린 한국 제1기 고마호간 강좌의 2회차 수업 풍경. 아래／세하선 대표 김선기 씨.

세하선 주최로 열린 대한 손뜨개 심포지엄 참가자들.

는 2023년 11월 28~29일에 개최되었습니다. 2회차는 2024년 3월 29~31일, 서울의 하이서울유스호스텔에서 개최되어 큰 호평을 받았습니다. 40여 명의 수강생들은 강사의 열정에 보답하듯 수많은 과제와 빡빡한 스케줄을 소화했습니다. 3회차는 7

월 26일~28일, 4회차는 11월 29일~12월 1일에 개최됩니다. 한국에도 고마호간이 정착해서 더욱 발전해 나가기를 바랍니다.

취재／세하선
세하선 대표 Tel:010-3721-7951, 사무국 실장 Tel:010-9760-1024

털실타래 keitodama 2024 vol.9 [가을호]
Contents

World News … 4

3 사이즈로 다 함께 즐기는
젠더리스 니트

… 8

knit design KAZEKOBO,Reiko Okuzumi
photograph Shigeki Nakashima
styling Kuniko Okabe,Yuumi Sano
hair&make-up Chie Ishikawa
model Sofia,Sethu
book design Fumie Terayama

Unisex Knit

3사이즈로 다 함께 즐기는
젠더리스 니트

성별, 나이, 체형에 상관없이 누구에게나 잘 어울리는 중성적인 니트.
니트는 원래 신축성이 좋아 다양하게 스타일을 연출할 수 있지만, 이번에는 남녀노소 누구나 제약 없이 즐길 수 있는 니트를 소개합니다.
하나의 사이즈로도 여러 체형의 사람이 다른 핏으로 입을 수 있는 디자인이지만 특별히 S·M·L의 3가지 사이즈로 준비해보았습니다.
커플이나 가족이 함께 맞춰 입어도 좋으니 많이 떠서 즐겨보세요.

photograph Shigeki Nakashima styling Kuniko Okabe,Yuumi Sano hair&make-up Chie Ishikawa model Sofia(175cm) Sethu(186cm) Jill(157cm) Henri(180cm)

Unisex Knit

심플한 래글런 스웨터를 뉴트럴 컬러(중성색)인 회색으로 떠보았습니다. 소재감이 느껴지는 실을 사용했기 때문에 메리야스뜨기의 심플한 편물도 멋스럽답니다. 주목받는 소재인 컴백 울은 펠팅시켜 마무리하면 감촉이 더욱 좋아집니다. 밑단, 목둘레, 소맷부리에는 노란색 실을 사용해 포인트를 주었습니다.

Design／바람공방
How to make／P.112
Yarn／Keito 컴백

Sunglasses／글로브 스펙스 에이전트

10

겨울 하늘처럼 상쾌한 파란색 편물 위에 흰색으로 들어간 작은 배색무늬가 귀여움을 더해주는 풀오버. 목둘레의 배색무늬는 래글런선에서 경계가 흐트러지더라도 크게 눈에 띄지 않도록 디자인했습니다. 모자도 세트로 떠서 착용해보세요. 모자는 M과 L 2가지 사이즈입니다.

Design／이토 나오타카
How to make／P.111
Yarn／Keito 컴백

Glasses／글로브 스펙스 에이전트

11

가느다란 꽈배기 무늬가 돋보이는 기본 디자
인의 세트인 슬리브 카디건. 하나쯤 갖고 있어
야 할 아이템이지요. 남색 바탕에 연회색 라인
을 넣어 가볍고 캐주얼한 느낌을 더해주었습
니다.

Design／퍼피
How to make／P.114
Yarn／퍼피 린칸토 no.9

Glasses／글로브 스펙스 에이전트

Unisex Knit

정통 아란무늬는 언제나 매력이 넘치지요. 얕은 브이넥 디자인은 받쳐 입는 옷에 따라 목둘레의 느낌을 다양하게 연출할 수 있어요. 진동 줄임이 없는 드롭 숄더는 뜨기도 쉬운 데다 체형과 상관없이 입을 수 있답니다. 뒤판은 메리야스뜨기와 멍석뜨기로 깔끔하게 디자인했습니다.

Design／퍼피
How to make／P.127
Yarn／퍼피 소프트 도네갈

13

Unisex Knit

크루넥 베스트는 누구에게나 잘 어울리고 스
타일링도 자유자재로 할 수 있어 좋은 아이템
입니다. 네프사로 뜬 변형 멍석뜨기가 심플한
디자인에 포인트가 되어주네요. 무게도 200g
남짓이라 가벼워서 좋고 얇은 편이니 재킷 안
에 받쳐 입기도 좋답니다.

Design／퍼피
How to make／P.115
Yarn／퍼피 토르멘타

Glasses／글로브 스펙스 에이전트

폭신폭신한 믹스 얀 '트윗(tweet)'에서 새로
나온 이 시크 컬러는 남성도 부담 없이 입을
수 있어요. 브리오시 스티치로 떠서 독특하면
서도 세련된 느낌이 들지요. 낙낙한 오버사이
즈 스타일로 입으면 귀여운 느낌도 연출할 수
있답니다.

Design／퍼피
How to make／P.116
Yarn／퍼피 트윗

Unisex Knit

이 크로셰 풀오버는 두길 긴뜨기와 사슬뜨기로만 뜨는데, 뜨개코가 생기는 모습을 생각하며 배색해서 뜨면 생동감 있는 무늬가 만들어집니다. 밑단과 목둘레, 소맷부리는 대바늘로 고무뜨기를 한 하이브리드 타입입니다.

Design／오쿠즈미 레이코
How to make／P.120
Yarn／데오리야 모크 울 B

겉뜨기와 안뜨기로 뜬 건지 니트를 패셔너블하게 업그레이드해볼까요? 벽돌색과 연갈색 실을 합사해서 뜨니 미묘하게 잘 어울립니다. 밑단과 목둘레는 연갈색만, 소맷부리는 벽돌색만 사용해 변화를 주었어요.

Design／yohnKa
How to make／P.117
Yarn／데오리야 쿠 울

Glasses／글로브 스펙스 에이전트

2가닥의 실 조합을 달리해서 그러데이션을 연출한 베스트는 옆선을 간단하게 일직선으로 떠주었습니다. 가슴 부분의 모자이크 무늬는 배색무늬뜨기가 아닌 걸러뜨기라서 실제로는 줄무늬를 뜨는 것이랍니다. 색상도 다양하고 색감도 아름다운 실크 실이니 취향에 맞게 색을 골라 2가닥을 조합해보세요.

Design／이마이 야스코
How to make／P.123
Yarn／Silk HASEGAWA 긴가-3
Glasses／글로브 스펙스 에이전트

Unisex Knit

실크와 실크 모헤어를 합사해 뜬 풀오버는 여
유롭게 흘러내리는 실루엣이 인상적입니다. 세
로선을 강조해서 더욱 깔끔하고 세련되어 보
여요. 촉감이 부드러워 머플러를 떠도 좋답니
다. 스타일의 품격을 한 단계 높여주는 디자인
이니 꼭 떠보세요.

Design／바람공방
How to make／P.124
Yarn／Silk HASEGAWA 긴가－3, 세이카403

Unisex Knit

코바늘로 뜬 풀오버에는 루프 얀을 함께 사용해서 가벼움을 더했습니다. 목둘레를 다양하게 연출할 수 있는 오프 터틀넥이 신선하게 다가옵니다. 임팩트 있는 굵직한 보더 무늬는 루프 얀과 스트레이트 얀의 만남으로 독특한 매력을 느낄 수 있답니다.

Design／오카 마리코
Knitter／우치우미 리에
How to make／P.128
Yarn／고쇼산업 게이토피에로 탐탐, 순모 극세

Glasses／글로브 스펙스 에이전트

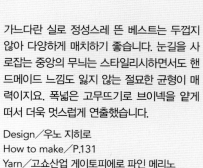

가느다란 실로 정성스레 뜬 베스트는 두껍지 않아 다양하게 매치하기 좋습니다. 눈길을 사로잡는 중앙의 무늬는 스타일리시하면서도 핸드메이드 느낌도 잃지 않는 절묘한 균형이 매력이지요. 폭넓은 고무뜨기로 브이넥을 얇게 떠서 더욱 멋스럽게 연출했습니다.

Design／우노 지히로
How to make／P.131
Yarn／고쇼산업 게이토피에로 파인 메리노

Glasses／글로브 스펙스 에이전트

p.12
작품은 M사이즈. 낙낙한 사이즈라서 여성이 입으면 소매가 길어져 귀엽게 연출할 수 있어요.

p.11
작품은 L사이즈. 낙낙한 사이즈로 여유로운 착용감을 즐겨 보세요. 모자는 M사이즈입니다.

p.10
작품은 M사이즈. 심플함이 매력인 래글런 스웨터는 소재감이 한몫하는 것 같아요.

Unisex Knit

이번에는 똑같은 니트를 남성과 여성이 각기 다르게 코디해서 입었습니다. 뜨개 기법은 3사이즈로 실었으니, 소매를 짧게 하거나 기장을 길게 하는 등 원하는 대로 조절해서 떠보세요.

p.15
작품은 M사이즈. 기장을 살짝 짧게 한 풀오버입니다.

p.14
작품은 M사이즈. 기장이 긴 베스트입니다.

p.13
작품은 M사이즈. 드롭 숄더는 체형에 상관없이 입기 좋은 디자인이지요.

p.18
작품은 L사이즈. 누가 입
느냐에 따라 이미지가 달
라져요.

p.17
작품은 L사이즈. 딱 맞게
입거나 헐렁하게 입어도
세련되어 보이는 디자인
입니다.

p.16
작품은 M사이즈. 소맷부
리는 접어 입을 수도 있게
양면 1코 돌려 고무뜨기
로 떴습니다.

p.21
작품은 M사이즈. 누구에
게나 잘 어울리는 이 베
스트는 얇아서 착용감도
좋답니다.

p.20
작품은 M사이즈. 대바늘
뜨기로 뜬 작품보다는 신
축성이 조금 떨어져요.

p.19
작품은 L사이즈. 세로선
이 강조되어 더욱 날씬해
보이는 디자인이에요.

photograph Toshikatsu Watanabe styling Akiko Suzuki

How to make／P.78
Yarn／DMC 콜도넷 스페셜 no.80

꽃(華)을 뜨다

'華(화)'라는 글자를 좋아합니다. 꽃을 뜻하는 이 글자를 보고 떠오른 꽃은 달리아였습니다.

당찬 아름다움과 알록달록하게 피어난 자태. 수많은 꽃잎이 겹쳐 있는 모습이 너무 아름다워서 보고 있으면 빨려 들어갈 정도로 매혹적인 자연의 조형에 흠뻑 취하고 말지요.

어렸을 때부터 10년 정도 서예를 배웠습니다. 혼자서는 원하는 대로 쓸 수 없었지만, 선생님이 손을 얹어 붓을 움직여주면 놀랍도록 아름다운 글자가 생겨났습니다. 마치 마법과도 같은 그 모습에 잔잔한 감동을 느꼈습니다.

부드럽게 이어지는 아름다운 붓놀림은 약간의 손놀림만으로도 편물의 모양이 바뀌는 레이스 뜨기와도 통하는 부분이 있어 보였습니다. 똑같은 방법으로 뜨더라도 결과물은 모두 다르지요.

어떤 색으로 물들이고 어떻게 모양을 잡느냐에 따라서 인상이 완전히 달라지기도 하고요.

이번 달리아 꽃다발은 그런 부분을 생각하며 만들었습니다.

Lunarheavenly

나가자토 가나

레이스 뜨개 작가. 2009년 Lunarheavenly를 설립. 극세 레이스실로 만든 꽃으로 정교한 액세서리를 만들어 개인전을 열거나 이벤트에 출품해 전시하고 있다. 꽃을 완성한 후에 염색하는 방식으로 섬세한 그러데이션 색 연출과 귀여운 작품으로 정평이 나 있다. 보그학원 강사로 활동 중이다. 저서로 《루나 헤븐리의 코바늘로 뜬 꽃 장식》외 다수가 있다.

Instagram: lunarheavenly

노구치 히카루의 다닝을 이용한 리페어 메이크

'리페어 메이크'라는 말에는 수선하면서 그 작업을 통해 그 물건이 발전하고 진보한다는 생각을 담았습니다.

노구치 히카루(野口光)

'hikaru noguchi'라는 브랜드를 운영하는 니트 디자이너. 유럽의 전통적인 의류 수선법 '다닝(Darning)'에 푹 빠져 다닝을 지도하고 오리지널 다닝 기법을 연구하는 등 다양하게 활동하고 있다. 심혈을 기울여 오리지널 다닝 머시룸(다닝용 도구)까지 만들었다. 저서로는《노구치 히카루의 다닝으로 리페어 메이크》, 제2탄《수선하는 책》등이 있다.
http://darning.net

【이번 타이틀】
1980년대의 GUCCI 니트 재킷

before

아쉽게도 곳곳에
좀먹은 구멍이 생겼어요…

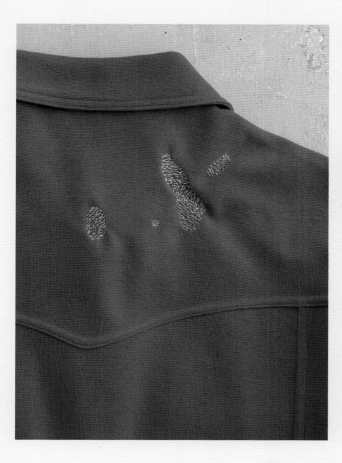

photograph Toshikatsu Watanabe styling Akiko Suzuki

이번에는 '다닝 구라게'를 사용했습니다.

1980년대에 화려한 직장 여성이었던 친구 Y가 물려준 좀먹은 구멍이 가득한 GUCCI 니트 재킷. 극태사 털실로 알록달록하게 장식할지 아니면 재킷의 감촉과 비슷한 털실을 쓸지, 여러모로 골똘히 생각하느라 몇 주가 흘러갔습니다. 이미지가 떠오르지 않더라도 조바심 내지 않고 느긋하게 기다립니다. 그러다가 금박 단추와 비슷한 느낌의 금실로 다닝을 하면 좋겠다는 생각이 들었습니다. 이참에 금실도 몇 가지 사용해보았지요. 메탈릭한 자수실은 종류가 다양하긴 하나 마찰과 세탁에 강하지 않아 내구성이 걱정되었습니다. 결국 다닝할 때마다 사용하는 손바느질·봉제용 금실을 선택했습니다.

엄지손가락 크기만 한 구멍에는 안면에 회색 스타킹을 대고 새끼손톱 크기만 한 평행이동 허니콤 스티치를 여러 방향으로 수놓았습니다. 제가 요즘 자주 쓰고 있는 방법이지요. 구멍 난 곳을 모두 수선한 뒤에 전체적인 균형을 살피고 필요한 부분이 있다면 수를 더 놓습니다. 지금은 이 정도면 충분한 것 같네요. 언젠가는 또 재킷 상태와 기분에 따라 수를 더 놓을 수도 있지만 말입니다.

michiyo의 4 사이즈 니팅

이번 가을호에서는 계속 만들고 싶던 손뜨개 바지를 소개하겠습니다.
트레이닝복 스타일로 코디해보세요.

photograph Shigeki Nakashima styling Kuniko Okabe, Yuumi Sano hair&make-up Chie Ishikawa model Sofia(175cm)

도톰하고 포근한
손뜨개 바지

올가을에는 예전부터 뜨고 싶던 손뜨개 바지를 떴습니다. 니트 바지는 둔하고 뚱뚱해 보이기 십상인데 허리 부분을 얄팍하게 디자인하고 밑단에 가로 줄무늬를 넣어 코디하기 편하게 디자인했습니다. 밑단 고무뜨기는 콧수가 많아서 무게감이 있어서 움직일 때 나풀거리지 않고 걸을 때도 선이 예쁩니다. 밑단부터 위로 뜨는데 시접이 생기지 않도록 원통 뜨기합니다. 바지 전체에 무늬가 들어가면 제도가 간단하지만 이번에는 메리야스뜨기이므로 앞·뒤판에서 코를 늘리는 법과 가랑이 윗부분에서 코 줄이는 방법을 바꿔서 실루엣을 깔끔하게 만들었습니다. 그래서 밑아래 부분은 좌우가 대칭이 되도록 뜨므로 주의해야 합니다.

바지 기장은 자기 사이즈에 맞추기가 쉽지 않겠지만 바지 총 기장(허리 위치에서 발꿈치까지 길이)을 측정해서 도안과 비교하면서 단수를 증감하면 됩니다. 따뜻하고 한 번 입으면 벗기 싫은 손뜨개 바지. 여러 색깔과 다양한 크기가 갖고 싶습니다. 꼭 한번 도전해보세요.

이번에는 이사거의 젠슨을 사용했습니다. 멜란지 실이라 미묘하게 색감 차이가 나서 심플한 메리야스뜨기라도 단조로워 보이지 않습니다. 입으면 정말 따스해서 행복해지는 손뜨개 바지입니다. 옆선과 중심선 모두 꿰매지 않는 심리스로 시접의 너덜거림이 없어 깔끔하게 딱 떨어지는 스트레이트 실루엣으로 마무리했습니다. 멋지게 코디해서 입어보세요. 기장도 자기 사이즈와 취향에 맞춰서 조절할 수 있습니다.

How to make／P.134
Yarn／이사거 젠슨

허리 둘레
허리 고무줄 길이는 실측한 허리둘레보다 8~10㎝쯤 짧게 합니다.

총 기장
이 길이를 자기 사이즈에 맞춥니다.

S size
M size(사진)
L size
XL size

밑위
중심의 빼뜨기 잇기는 콧수가 바뀝니다. 줄임코 콧수는 사이즈에 따라 다릅니다. 사이즈가 커질수록 줄이는 콧수가 적습니다.

무릎 위
사이즈에 따라 바지 폭은 다르지만 늘림 콧수, 코 늘리는 방법은 모두 같습니다.

무릎 아래
이 부분은 증감코가 없으므로 길이 조절은 여기에서 합니다.

모델이 착용한 옷은 M 사이즈로 4㎝(12단) 길이로 만들었습니다.

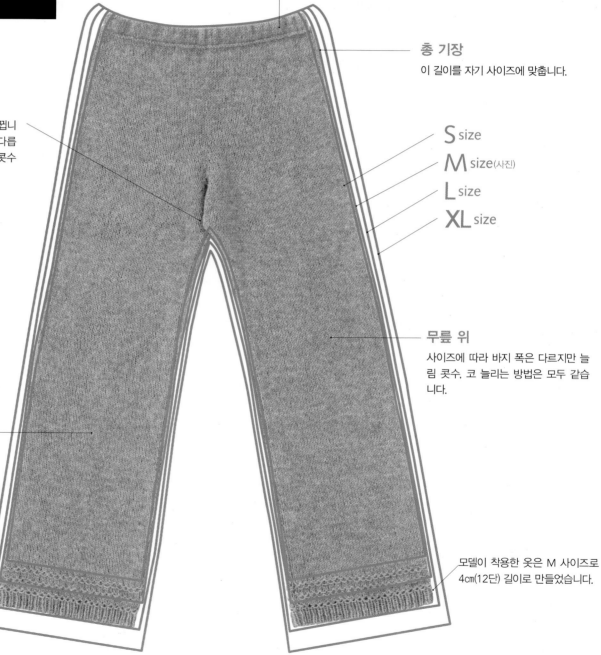

michiyo
어패럴 메이커에서 니트 기획 업무를 하다가 현재는 니트 작가로 활동하고 있다. 아기 옷부터 성인 옷까지, 여러 권의 저서가 있다. 현재는 온라인 숍(Andemee)을 중심으로 디자인을 발표하고 있다. 〈털실타래〉에 실린 작품을 모아서 엮은 책《michiyo의 4사이즈 니팅》이 출간됐다.
Instagram: michiyo_amimono

※무늬를 기준으로 한 사이즈이므로 치수 차이는 균등하지 않습니다.

눈에 보이지 않는 존재를 뜨다

가네오야 아쓰시

photograph Bunsaku Nakagawa text Hiroko Tagaya

마스크 시리즈 작품.
현재 작품 스타일이 엿보인다.

위쪽 붉은 부분이 머리.
표정에는 드러나지 않지만
뜨거운 무언가를 품고 있다.

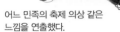

어느 민족의 축제 의상 같은
느낌을 연출했다.

메모장에는 작품
아이디어가 빼곡하다.

실체는 없지만 화면이
깨진 듯한 이미지를
만들었다고 한다.

가네오야 아쓰시(金親敦)

일본 지바현 이치하라시에서 태어났다. 2015년 요코하마 미술대학에서 크래프트 디자인을 전공했다. 손뜨개 기법을 사용한 아바타(Avatar) 시리즈를 제작한다. 개인전: 2023 〈가네오야 아쓰시 전〉 가와고에 시립미술관(사이타마), 〈AVATAR〉 THE HYOUNDAI(서울) 기획: Gallely:b, 합동 전시: 2023 〈Arts&Crafts for Dari 2〉 모로하시근대미술관(후쿠시마), 〈miniature Postage Stamp Masterpieces〉 Nippon Gallery(뭄바이)

https://knoy-ats-15.jimdofree.com/
X:Knoy_Ats_15 Instagram:atsushi_kaneoya

이번 뜨개 피플은 가네오야 아쓰시. 미술대학 재학 중에 조각을 전공하다가 재료를 털실로 바꾸면서 니트로 조각한 듯한 작품을 만들어 왔습니다.

"손뜨개는 중학교 2학년 때 시작했어요. 여자 친구에게 선물로 목도리를 떠줬거든요. 그 후로 독학으로 뜨개를 즐기다 대학생 때 뭔가 뜨고 싶다는 생각에 동전 지갑을 떠봤더니 지갑이 우뚝 서더라고요. 손뜨개로 입체적인 작품을 만들 수 있다는 사실을 깨닫고 졸업 작품을 뜨개로 만들었어요."

졸업 작품은 놀랍게도 삼베 실을 사용해서 자기가 탈피한 허물을 실물 사이즈로 만들었습니다.

"손뜨개로 인체를 만드는 게 흥미로워서 해봤는데 작품을 보러온 어린이가 무섭다며 울더라고요. 좀 더 행복을 전할 수 있는 방법을 궁리하다 보니 점점 컬러풀해졌어요. 그러던 중 우연히 정원미술관에서 열린 세계 마스크전을 보러 갔는데 아벨람(abelam)족의 탈이 정말 아름다웠어요."

이때 영감을 받아서 마스크 시리즈를 만들기 시작했습니다. 이것이 현재 작품 세계의 원점이라 할 수 있습니다.

"마스크는 신과 정령처럼 눈에 보이지 않는 존재를 경외하고 숭배하는 의미에서 만든 것이 많아요. 마스크가 지닌 의미에 이끌려서 지금은 눈에 보이지 않는 존재를 만들어요. 보이지 않는 존재가 옷을 입었다는 설정으로 아바타를 만들어서 일상을 즐기는 콘셉트예요."

작품의 소재는 일상에서 겪는 소소한 것들이라고 합니다.

"길을 걷다가 울타리의 경첩이나 걸쇠가 눈에 들어온다든가 네기시의 도시가스 기지를 보다가 돌리기만 하면 가스가 나오는 가스 밸브가 흉상처럼 보인다든가. 그런 것들을 작품으로 만들어요. 동료가 쓴 '점(点)'이라는 글자가 귀여워서 그 한자를 모티브로 해서 아바타를 만들기도 했고요."

자택 겸 아틀리에에는 알록달록한 아바타가 줄지어 있어 장관을 연출합니다. 애니미즘 성향이 강한 아바타는 일본 선사시대(조몬시대)의 유물 같은 모양새입니다. 손으로 빚어 만든 조몬식 토기는 나선형으로 모양을 만드는 손뜨개와 어쩐지 닮았습니다. 어릴 적에는 지점토 인형 만들기에 푹 빠졌었다고 하는데, 작품 연출법을 손뜨개로 바꿨어도 목표로 하는 형태는 타협하지 않고 점토 공예의 표현법을 사용하는 점이 참신합니다.

"작품을 뜨다가 더 좋은 아이디어가 떠오르면 풀어서 다시 떠요. 나중에 꿰매서 잇고 싶지 않거든요. 색깔도 스케치 단계에서 확정하지 않고 뜨면서 생각나는 대로 골라요. 보이지 않는 무언가의 형태가 손끝에서 점점 모양을 갖춰나가는 느낌이 들어 작품을 만들 때마다 설레고 즐거워요."

선인장이라는 작품은 둥근 모양을 잡으려고 여러모로 궁리했는데 점토로 만들 때의 방식을 고집했습니다. 다양한 실을 사용하며 복잡하고 치밀하게 형태를 재현하기 위해 시간과 수고를 아끼지 않습니다.

언뜻 보기에는 귀여운 아바타도 하나하나가 광대한 우주를 품고 있습니다. 어딘가에서 이 아바타를 만난다면 그 매력을 꼭 확인해보기 바랍니다.

1／왼쪽: 노란 부분이 머리. 정면에서 보면 얼굴 윤곽이 마치 신조 쓰요시가 프로 야구 감독 취임 회견에서 보여준 손 모양과 같은 형태를 하고 있다. 오른쪽: 모아이 석상처럼 보이는 존재. 2／다양한 시점에서 아바타를 창작해 모양을 만드는 가네오야. 3／뜨개코를 촘촘하고 빽빽하게 채우면서 지난한 작업을 반복한다. 4／효율보다는 형태에 초점을 맞춰 뜬다. 혀를 내두를 정도로 복잡한 방법으로 뜬 선인장. 5／말이 없지만 자상해 보이는 거구의 남자를 이미지로. 6／반려묘 퐁퐁 옆에 긴뜨기로 만든 오브제가 있다. 3D 프린터로 제작했다. 7／무리 지어 있는 아바타. 통통 튀고 귀엽다. 8／아이가 '무섭다'고 한 졸업 작품. 아이 의견에 동감한다. 9／위쪽의 주황색 다리에 빨간 머리를 한 작품은 '점(点)'을 모티브로 했다. 앞쪽의 파란 작품은 도시가스 기지 밸브를 모티브로 했다.

2		1
5	4	3
		6
9		
	8	7

29

노스텔지어 모티브
Nostalgic Motif

인기 있는 모티브 잇기를 활용해서 올가을 나만의 멋진 스타일로.
정겨우면서도 새로운 모티브 웨어는 멋쟁이 아이템!

photograph Hironori Handa styling Masayo Akutsu hair&make-up Yuri Arai
model Silvija(177cm) special thanks AWABEES

굵은 실로 뜨는 모티브 잇기는 숭덩숭덩 뜰 수 있어서 즐겁습니다. 모티브 1장의 단수가 적고 뜨는 장수가 적은 데다가 잇기만 하면 되니 마무리도 간단합니다. 완성된 작품도 귀여우니 두말할 필요가 없네요.

Design／오카 마리코
Knitter／오자와 도모코
How to make／P.138
Yarn／스키얀 스키 클레어

Skirt／하라주쿠 시카고(하라주쿠/진구마에점)

모티브를 연결하는 마지막 단을 사슬뜨기로 떠서
비치는 부분이 커다란 풀오버입니다. 밑단과 소맷
부리는 모티브 형태를 그대로 살려서 조개 모양으
로 화려하게 연출했습니다. 투명감이 포인트인 옷
이라 액세서리를 걸치듯 연출하면 매력적입니다.

Design／가와지 유미코
How to make／P.140
Yarn／스키얀 스키 카랄

Nostalgic Motif

모티브의 모서리가 모이면 새로운 무늬가 나타납니다. 그러데이션 실과 단색을 배색해서 예상할 수 없는 색 배합이 절묘한 매력을 자아내니 뜨는 즐거움이 있습니다. 탈부착할 수 있는 커다란 칼라도 활용도가 높습니다.

Design／가와이 마유미
Knitter／호리구치 미유키
How to make／P.142
Yarn／다이아몬드 케이토 다이아 에마, 다이아 에포카

One-piece／SLOW 오모테산도점
Boots／하라주쿠 시카고(하라주쿠/진구마에점)

32

모티브에 사용한 두길 긴뜨기의 기다란 코다리가
포물선을 그리며 마치 바람개비 같은 무늬가 생깁
니다. 모티브 의류에서는 드문 브이넥 풀오버는 목
둘레 모티브 3장만 변형하고 나머지는 모두 기본
사각 모티브로 떴습니다.

Design／기시 모쓰코
How to make／P.146
Yarn／다이아몬드 케이토 다이아 캐롤라이나, 다이아
타탄

Blouse·Pants／하라주쿠 시카고(하라주쿠/진구마에점)
Sunglasses／SLOW 오모테산도

큰지막한 모티브는 연결하면서 뜨고 작은 모티브
로 빈틈을 채우는 디자인입니다. 모티브 크기에
따라 농담이 다른 실을 배색합니다. 친숙하고 평
소 입기 편한 스타일의 풀오버입니다.

Design／가마타 에미코
How to make／P.149
Yarn／올림포스 시젠노 쓰무기 mofu

Blouse／하라주쿠 시카고(하라주쿠/진구마에점)
Pants／하라주쿠 시카고(하라주쿠점)

배색한 입체 모티브가 만개한 꽃밭을 떠올리게 하
는 풀오버는 어두운 색을 고르기 마련인 계절에
가볍게 걸치기만 해도 눈길을 끄는 아이템입니다.
심플한 옷에 꽃을 포인트로 더했습니다. 취향에
따라 단색으로 뜨는 것도 멋집니다.

Design／ATELIER *mati*
How to make／P.163
Yarn／올림퍼스 KUKAT
One-piece／하라주쿠 시카고 하라주쿠점

남성 재킷은 그래니 모티브의 방향을 바꿔서 마름
모꼴로 배치했더니 오르테가 문양이 떠오르며 참
멋스럽습니다. 앞뒤판을 함께 뜨는 모티브 잇기 재
킷은 옆선에 시접이 없어서 더욱 깔끔합니다. 소매
는 무늬뜨기로 심플하게 마무리했습니다.

Design／쓰마가리 다케히토
How to make／P.152
Yarn／나이토상사 에프리데이 솔리드

Shirt／하라주쿠 시카고 하라주쿠점

배색 실로 끌어올려뜨기한 다이아몬드 테두리가
두드러지며 니터의 의욕을 자극하는 모티브입니
다. 피코뜨기로 연결한 공간이 포인트입니다. 어른
스러운 색을 배색한 롱재킷은 코트를 입기 전까지
계속 입고 싶은 아이템입니다.

Design／아틀리에 AMU Hearts 모리 시즈요
How to make／P.156
Yarn／나이토상사 에프리 데이 솔리드

Blouse·Trunk／하라주쿠 시카고(하라주쿠/진구마에점)
Salopette／하라주쿠 시카고 하라주쿠점

라오스는 중국, 베트남, 캄보디아, 타이, 미얀마와 국경을 접하고, 인도네시아 반도 중심에 위치해 바다가 없는 나라입니다. 인구 약 700만 명 중 반 이상이 라오족이고, 크무(khmu), 몽(hmong) 등 50개 이상의 민족이 함께 살아가는 다민족 국가이기도 합니다. 민족마다 독자적인 문화와 언어가 있으며 자수·직물·염색처럼 전통 수공예 문화가 전해집니다.

몽족 자수와의 운명적 만남

저는 2013년부터 6년 반 동안 라오스의 수도 비엔티안(Vientiane)에서 살았습니다. 비엔티안은 라오스에서 가장 큰 도시인데 현지인이 가는 카페나 레스토랑은 있어도 관광객을 대상으로 한 식당과 카페, 기념품 가게가 거의 없습니다. 밤이 되면 열리는 야시장에는 라오스 젊은이가 좋아할 만한 옷과 신발을 파는 가게, 생필품을 파는 가게가 쭉 늘어섭니다. 지금은 보기 힘들지만 2015년쯤 비엔티안의 야시장에는 자수, 직접 짠 천으로 만든 소품과 천을 파는 가게가 문을 열었습니다. 그중에는 몽족 여성이 수놓은 소품을 취급하는 가게도 있었습니다. 알록달록한 자수 실로 민족의상을 입은 몽족 사람의 모습을 수놓은 작품, 다양한 동물을 자수로 표현한 작품 등이 있었는데 그 멋진 그림에 마음이 끌렸습니다.

지금 SAN 자수를 맡아서 해주는 백몽족 콩허와 그녀의 아이들.

세계 수예 기행 「라오스 인민민주공화국」

난민촌에서 탄생한

몽족 자수!

취재·글·사진/나카지마 유키 편집 협력/가스가 가즈에

그때 저는 'Hyma'라는 이름으로 라오스에서 산 물건을 일본에서 열리는 행사에서 팔기 시작했습니다. 라오스의 자수가 마음에 들어서 주문 제작해줄 곳이 있다면 'Hyma'에서 오리지널 제품을 만들고 싶어졌습니다. 여러 가게 중에서 가장 정성스럽게 수놓은 상품을 파는 가게의 사장을 붙잡고 자수를 주문·제작할 수 있는지 의논하면서 제품 만들기를 시작했습니다.

생활 풍경과 동물을 수놓은 자수가 태어난 배경

몽족은 십자수와 패치워크로 만든 민족의상이 유명합니다. 그런데 그 기법과 다른 이 자수는 어떻게 시작된 것일까요? 당시 저는 라오스에서 살기 시작한 지 1~2년 정도밖에 안 돼서 라오스에 대해 잘 몰랐고 알 방법도 없었습니다. 원래 제품에 사용하는 컬러풀한 천은 자수에 지지 않을 만큼 색이 강렬하고 얇은 데다가 뒤가 비치는 소재라서 일본인의 취향에는 잘 맞지 않았습니다. 그래서 자수에 사용할 베이지색 리넨코튼 원단을 일본에서 준비해 라오스에 가지고 갔습니다. 가능하면 수를 놓는 사람에게 부담이 되지 않도록 평소 사용하는 천과 비슷한 조직의 천이었습니다. A4 크기가 들어가는 토트백을 발주하면서 라오스 국내에서 제작한 상품 1호가 탄생했습니다. 여러 번 주문하다 보니 어떤 때는 잘못해서 '바다의 자수(사진 D)'를 납품받은 적도 있습니다. 바다가 없는 라오스에서 도대체 왜 이 무늬를 수놓았는지 생각해봤지만 지금도 신기할 따름입니다. 한동안 그 가게 부부가 자수 의뢰를 받아줘서 계속 주문할 수 있었습니다. 그러나 갑자기 연락이 끊어지는 바람에 제작을 멈춰야만 했습니다.

그 후로 자수 의뢰를 받아줄 다시 사람을 찾았습니다. 시장에는 작은 가게를 운영하면서 태피스트리와 소품을 파는 곳이 있어 자주 들렀습니다. 어느 날 가게 주인과 이야기를 나누던 중 가게 안쪽 선반에서 제작 중이던 자수천을 보게 되었습니다. 가게 주인은 대형 태피스트리 2장을 보여줬습니다. 한 장은 라오스의 명소와 다양한 민족을 자수로 표현했는데 광장히 즐거워 보이는 태피스트리였습니다(사진 C). 농사일을 하는 사람, 탁발하는 사람, 악기를 연주하면서 춤추는 사람으로 활기가 넘치는 작품이라서 찬찬히 살펴봤습니다. 가로 240cm, 세로 140cm 크기로 상품이라기보다는 작품이라고 불러야 할 것 같았습니다.

야시장에 주문제작을 의뢰하던 시절의 자수. 지금보다 무늬 하나하나가 크다.

A／베트남 전쟁과 같은 시기에 일어난 라오스 내전의 모습을 자수로 표현한 대형 태피스트리. 자세히 살펴보면 그 참혹한 광경에 가슴이 아프다. B／초기에 상품화한 토트백. 안쪽에는 직접 짠 화려한 천을 사용했다. C／대형 태피스트리에 다양한 민족이 수놓아져 있다. 사진은 야오족과 몽족의 생활을 그렸다. D／갑자기 바다 풍경을 수놓은 천을 납품받았다. 바다가 없는 라오스에서 왜 이 자수를 만들었을까.

39

또 다른 태피스트리는 작은 배에 타거나 헤엄쳐서 메콩강을 건너는 사람, 총 앞에 손을 들고 있는 사람 등 전쟁의 광경이 수놓아져 있었습니다(사진 A). 실이 알록달록해서 언뜻 보기에 밝은 내용처럼 보였지만 세세히 살펴보니 잔혹한 장면이 세밀한 자수로 표현되어 있었지요. 그 작품은 사장이 직접 수놓은 작품으로 정말 괴로웠다고 말하는 그녀의 강렬한 눈빛이 굉장히 인상적이었습니다.

당시 그 자수에 관해서 잘 몰랐지만 나중에 지금 거래하는 크래프트 숍에서 발주를 담당하는 분에게 자수에 관한 이야기를 듣고서 자세히 알게 되었습니다.

왜 일부 몽족 여성이 생활 풍경이나 동물, 전쟁 때 광경을 수놓는지 말입니다. 그는 크래프트 숍의 전신인 타이 난민촌 사람들의 생계를 지원하는 단체에서 활동했는데 몽족의 자수가 태어난 배경을 가르쳐줬습니다.

1975년까지 이어진 베트남 전쟁과 같은 시기에 발생한 라오스 전쟁 때문에 라오스 국내 상황은 불안정했습니다. 몽족 사람은 같은 민족이면서도 적으로 싸워야 했고 일부는 박해가 두려워서 타이와 미국 등지로 피란하며 난민 생활이 길어졌습니다. 자수 솜씨가 좋은 몽족 여성은 기나긴 난민촌 생활을 버티면서 전쟁의 광경과 고향에서의 생활을 자수로 표현하기 시작했습니다. 괴로운

엄마를 보고 자수를 시작했다는 콩허의 딸. 지금은 엄마의 일을 도와줄 정도로 성장했다.

버지는 생계를 유지하기 위해서 주변에 떨어진 폭탄에서 알루미늄 같은 금속을 목숨 걸고 채취해서 숟가락을 만들어 팔며 생활했습니다. 그 알루미늄은 Hyma의 제품 브랜드 'SAN'에서 수건걸이의 고리로 사용합니다.

그녀에게 수놓는 일에 관해서 물으니 밖으로 일하러 나가지 않아도 돼서 편하다고 합니다. 어머니가 수놓는 것을 보면서 자란 딸 2명도 어머니를 따라 자수를 놓기 시작했습니다.

콩허가 사는 마을 근처에는 자수 밑그림을 담당하는 남성 게방(Ge Vang)이 살고 있습니다. 그는 1975년부터 1995년까지 20년을 타이의 난민촌에서 부모와 함께 보냈습니다. 어릴 때부터 그림 솜씨가 좋았는데 어느새 가족을 위해 자수 밑그림을 그리게 되었고, 지금은 자수 제품을 만들기 위해서 없어서는 안 되는 존재가 되었습니다.

나날 속에서 평화로운 일상이 돌아오기를 고대하며 수를 놓았겠지요.

난민촌이 폐쇄되면서 라오스에 돌아온 후 그 자수로 소품을 만들어 팔았던 것이 현재에 이르렀습니다. 지금은 당시를 겪었던 사람들 외의 다음 세대도 수를 놓고 있지만 동물과 생활 풍경 자수는 계속해서 이어지고 있습니다.

오리지널 상품을 현지인과 만들다

저는 난민촌에서 탄생한 몽족 자수에 흠뻑 빠져서 꾸준히 주문했고, 오리지널 제품을 만들기 위해 제작해줄 사람을 계속 찾았습니다. 결국 몽족 자수를 취급하는 크래프트 숍에 의뢰해서 지금의 체계를 만들 수 있었습니다.

비엔티안 중심부에서 남쪽으로 1시간 정도 차로 이동하면 천혜의 자연으로 둘러싸인 국립공원이 펼쳐지는 구역이 있습니다. 그 근처에서 생활하는 백몽족 여성 콩허(Kong Her)가 주문을 맡아줬습니다. 2023년에 그녀의 집을 방문했을 때는 아이 3명과 커다란 배를 끌어안고 저를 맞아줬습니다.

그녀는 자수 실력이 좋을 뿐만 아니라 손이 빠르고 의욕이 넘치는 사람입니다. 평소에는 라오스에서 흔히 보이는 컬러풀하고 다루기 쉬운 천을 사용해서 수를 놓지만 우리 제품을 만들 때는 익숙하지 않은 리넨코튼에 수를 놓아줍니다.

그녀의 자수 기술은 어머니에게 물려받았다고 합니다. 어릴 적 라오스 북부 씨앙쿠앙 주에서 살았을 때 할머니와 어머니는 십자수를 빼곡히 놓은 몽족 전통의상을 아주 잘 만들었는데 어릴 때부터 그 모습을 보고 자랐다고 합니다.

씨앙쿠앙은 베트남 전쟁과 라오스 내전의 전장이 된 장소로 유명합니다. 라오스 전쟁 때 인구 1인당 투하된 폭탄 수를 환산하면 세계 최대 규모로 지금도 많은 불발탄이 남아 있어 제거 작업을 벌이고 있습니다. 전쟁 중에도, 전쟁 후에도 그녀의 가족은 굉장히 가난해서 자수 실과 천을 살 수조차 없었다고 합니다. 아

그는 난민촌에서의 생활이 괴로웠는지 말을 아꼈습니다. 부모는 난민촌에서 벗어나 미국으로 가기를 희망했지만 아쉽게도 그 바람은 이뤄지지 않았습니다. 전쟁이 끝난 후 라오스로 돌아서 삶의 터전을 다시 일구기 위해 노력하는 하루하루가 얼마나 힘들었을지는 쉽게 상상할 수 있겠지요.

몽족은 문자가 없는 민족이라서 글로 기록을 남길 수 없지만 찬찬히 그림을 보면 주변의 도구는 물론 일상이 세세하게 표현되어 있어서 그들의 생활상이 잘 전해져 내려왔습니다.

자수 밑그림과 자수가 끝난 후 작품을 비교해보면 밑그림을 충실히 표현했다고 하기 어렵습니다. 천을 나란히 놓고 비교하면 어느 작품이 누구의 작품인지 알 정도로 개성도 뚜렷합니다. 그러므로 밑그림은 가이드 역할에 불과하지만 수놓는 사람은 밑그림이 없으면 자수를 하기 어렵답니다. 밑그림 그리는 사람이 적어서 게방의 작업이 자수 제품을 지속하는 데 큰 버팀목이 됩니다.

라오스도 근대화의 물결로 마을에서 수공예를 하던 사람도 근처에 생긴 외국계 공장으로 일하러 가든가 농사 짓기에 바쁜 사람이 많아져 자수를 위해 시간을 일부러 내기 힘든 상황입니다. 그러니 주문이 들어오면 제품을 완성할 때까지 시간이 오래 걸리게 됐습니다. 다만 조금이라도 만들어주는 사람이 있다면 가능한 한 오랫동안 자수를 활용한 제품을 계속 만들어서 소개하고 싶습니다.

커다란 배를 끌어안고 자수를 놓는 콩허.

E

H

G

F

I

나카지마 유키(中嶋友希)

2013년부터 6년 반 정도 라오스에서 살다가 현재는 일본 미에현에 거주 중이다. 예전의 모습을 그대로 간직한 라오스 수예품에 이끌려서 2013년부터 'Hyma'라는 이름으로 활동을 시작한 후 수공예품을 제작·판매하는 브랜드 'SAN'를 운영하고 있다. 《털실타래 특별 편집 개정판 세계수예기행》에 타이루족 수공예품에 관해서 기고했다. 저서로 《유유히 흐르는 여행의 시간 라오스에》가 있다. 2020년 일본 방송국 〈BS-TBS 세계의 창〉 라오스 편의 촬영 코디네이터를 담당했다.

san-laohandicraft.com
Instagram:san.laohandicraft

E／게방이 그린 밑그림에 그의 아내가 수를 놓는다. 완성품과 작업 중인 천. F／동물 무늬의 자수. 일본에서 가져간 리넨코튼 천에 수를 놓아 달라고 했다. G／자수 놓기 전에 밑그림을 게방. H／직접 짠 천에 수놓은 샘플. 천 조직이 고르지 않아서 수 놓기가 굉장히 어렵다. I／라오스 사람의 생활 풍경을 그린 자수. L자 파우치 안감은 타이루족이 직조한 천을 사용한 오리지널 상품이다.

41

Enjoy Keito

이번에는 서로 다른 울 100% 실을 사용한 작품을 소개합니다. 같은 소재라도 느낌이 전혀 다른 것이 재미있어요.

photograph Shigeki Nakashima styling Kuniko Okabe, Yuumi Sano hair&make-up Hitoshi Sakaguchi model Marie Claire(168cm)

LANA GATTO SUPER SOFT

라나 가토 슈퍼 소프트

엑스트라 파인 메리노 울 100%, 색상 수／56(Keito 취급), 1볼／약 50g, 실 길이／약 125m, 실 종류/합태, 권장 바늘/대바늘 6~10호

Keito 오픈 당시부터 취급하고 있는 라나 가토. 슈퍼 소프트는 단골 실 중 하나로 그 이름대로 보드랍고 매끈한 촉감이에요. 컬러 베리에이션이 풍부해 배색도 즐길 수 있어요.

스타 베레모

별 배색무늬와 테두리를 빙 두른 케이블무늬가 뜰수록 즐거운 베레모. 어떤 색을 조합하느냐에 따라 인상이 사뭇 달라지니 다른 색으로 바꿔서 떠보는 것도 추천해요. 삐죽 튀어나온 꼭지가 귀여운 포인트입니다.

Design／Keito
Knitter／스토 데루요
How to make／P.136
Yarn／라나 가토 슈퍼 소프트

42

Jamieson's
Shetland Heather
제이미슨스 셰틀랜드 헤더

퓨어 셰틀랜드 울 100%, 색상 수／15(Keito 취급), 1볼／약 50g, 실 길이／약 92m, 실 종류／병태, 권장 바늘／대바늘 6〜10호
스코틀랜드·셰틀랜드 제도의 혹독한 자연, 강한 바람과 추위 속에서 자란 양의 털을 사용했습니다. 소박한 촉감으로 가벼움을 살린 1겹으로도 뜨기 좋은 굵기의 실입니다.

건지무늬 풀오버

겉뜨기와 안뜨기로 뜰 수 있는 건지무늬를 앞뒤로 배치한 풀오버. 심플한 실루엣에 바탕무늬의 음영이 깔끔한 풀오버입니다. 정석적인 모양과 무늬라서 셰틀랜드 헤더의 어느 색과도 어울려요.

Design／Keito
Knitter／스토 데루요
How to make／P.165
Yarn／제이미슨스 셰틀랜드 헤더

사랑스러운 핼러윈

고대 켈트력으로 섣달 그믐날인 10월 31일 밤은 조상들이 이승으로 돌아오는 서양의 명절.
함께 찾아오는 악령을 쫓기 위해 가장하는 것은 핼러윈만의 풍습이에요.

photograph Toshikatsu Watanabe styling Akiko Suzuki

트릭·오어·트릿!

과자 안 주면 골탕 먹일 거야! 이렇게 귀여운 유령
들이 그렇게 말하면 자기도 모르게 듬뿍 주고 싶
어질 거예요.

Design／마쓰모토 가오루
How to make／P.160
Yarn／올림포스 에미 그란데 〈하우스〉

박쥐 가랜드

박쥐는 마녀의 화신으로 무서운 마물이 둔갑한 모습의 상징이었어요. 그러고 보니 박쥐 모습을 한 그 히어로는 박쥐를 두려워했나요.

Design／마쓰모토 가오루
How to make／P.160
Yarn／올림포스 에미 그란데 〈하우스〉, 에미 그란데 〈컬러즈〉

핼러윈 하면 떠오르는 흐늘거리는 손짓이 깜찍한 유령들. 몸통은 짧은뜨기로 단단하게, 소품인 고깔모자는 한길긴뜨기와 짧은뜨기로 떴어요. 이 모습으로 악령들을 깜짝 놀라게 해 쫓는 목적도 있으니 현관 앞에 장식해서 가을의 액막이로 활용하는 것도 추천해요. 퍼덕퍼덕 날갯짓하는 박쥐는 날개를 펼쳐서 올린 버전과 내린 버전 2종류를, 각각 뜨는 실을 바꿔서 크고 작게 총 4종류를 떠서 가랜드를 완성했어요. 중간에 넣은 초승달이 포인트가 되어 어둠 속에서 반짝입니다.

다채로운 즐거움, 꽈배기뜨기

손뜨개 니트에서 빼놓을 수 없는 꽈배기무늬.
크고 작은 다양한 기법, 무늬 조합의 묘미를 대공개! 긴긴 가을밤에는 꽈배기 니트를 떠보아요.

photograph Hironori Handa styling Masayo Akutsu hair&make-up Yuri Arai model Silvija(177cm)

변형 매듭뜨기의 가느다란 꽈배기와 마주 보는 이중
꽈배기의 크고 작은 복잡한 조합에 두근두근. 꽈배기
뜨기를 사랑하는 니터에게 선물하는 이 디자인은 밑
단부터 목둘레까지 깔끔하게 이어지는 무늬의 흐름이
포인트입니다.

Design／니시무라 도모코
How to make／P.166
Yarn／데오리야 e 울

도안을 보면 '과연 그렇군!' 하고 감탄하게 될 거예요. 굵은 꽈배기를 가로지르는 3줄 라인이 인상적인 디자인으로, 소매는 겉뜨기와 안뜨기의 바둑판무늬로 심플하게 마무리했어요. 1개의 실에 여러 가지 색을 사용해서 방적하는 톱 염색만의 심오한 색감도 매력입니다.

Design／다케다 아쓰코
Knitter／마쓰노 가오리
How to make／P.168
Yarn／데오리야 모크 울 B

Pants／산타모니카 하라주쿠점

47

슬러브와 네프, 기모 등 서로 다른 실을 꼬아서
만든 보드라운 촉감의 실은 꽈배기가 잔뜩 들어
간 아란무늬를 떠도 가볍게 마무리되어 마음에
들어요. 주워서 뜬 소매에도 꽈배기를 넣은 매력
적인 퍼프 슬리브 디자인입니다.

Design／기시 무쓰코
How to make／P.170
Yarn／스키 모사 스키 믹스

Pants／SLOW 오모테산도점

다이아몬드에 꽃을 배치하고 베리 같은 올록볼록한 무늬를 곁들인 페미닌한 아란무늬. 짧은 기장의 베스트는 이 계절 패션에 빼놓을 수 없는 액세서리 니트입니다. 아이코드 리본으로 묶은 뒷모습도 사랑스럽습니다.

Design／오타키 리호코
How to make／P.169
Yarn／스키 모사 스키 클레어

49

안뜨기 베이스에 떠오른 켈틱풍 꽈배기가 심플
하고 우아한 디자인. 언뜻 하트처럼 보이기도 하
는 무늬를 밸런스에 맞춰 배치했어요. 뜨는 법도
마니악해 니터의 마음을 자극합니다. 아주 가볍
게 마무리되는 슬러브사로 떴어요.

Design／오카모토 게이코
Knitter／도미타 나오코
How to make／P.175
Yarn／다이아몬드 모사 다이아 카롤리나

50

OX 케이블, 블라니 키스가 요크를 빙 둘러서 장식한 풀오버. 요크와 몸판은 꽈배기무늬에서 각각 주워서 떴어요. 뜨면서 몸에 대보고 원하는 기장으로 조정할 수 있어요.

Design／다마무라 리에코
How to make／P.172
Yarn／다이아몬드 모사 다이아 에포카

Skirt／SLOW 오모테산도점

초극태 청키 얀은 올가을에도 인기 만점 소재예요. 톱다운으로 빙 둘러서 뜨고, 목둘레, 소맷부리를 줍는 것뿐인 디자인은 가볍고 포근하지요. 콧수도 단수도 놀랄 만큼 적어서 마치 소품처럼 짧은 시간 안에 완성됩니다.

Design／YOSHIKO HYODO
Knitter／유키에
How to make／P.174
Yarn／DMC 빅 니트

Skirt／산타모니카 하라주쿠점

아주 가벼운 극태 그러데이션 얀은 꽤 긴 주기로 색이 바뀝니다. 크게 손을 펼친 로브스터 클로우에 1코 교차뜨기를 조합한 풀오버는 앞뒤가 같은 디자인입니다. 앞뒤 색이 다르게 나오는 것도 즐거움 중에 하나입니다.

Design／가마타 에미코
Knitter／고바야시 도모코
How to make／P.178
Yarn／DMC 옴브레

Pants／하라주쿠 시카고(하라주쿠/진구마에점)

photograph Shigeki Nakashima styling Kuniko Okabe,Yuumi Sano
hair&make-up Hitoshi Sakaguchi model Marie Claire(168cm)

컬러 변화를 즐기는 심플 니트

배색이 필요 없는 그러데이션 실의 본연의 매력을 즐겨보자.
간단한 기법과 심플한 실루엣이 더 매력적인 니트.

가터뜨기의 올록볼록한 무늬가 인상파 화가의 풍경화처럼 부드러운 그러데이션을 만드는 카디건. 메리야스뜨기와 올록볼록한 무늬의 대비도 재미있어 또 다른 분위기를 즐길 수 있어요. 병태사를 2겹으로 떠서 가터뜨기라도 단수가 적은 편이에요.

Design／호비라 호비레
How to make／P.181
Yarn／호비라 호비레 로빙 키스

각 색의 단이 긴 롱 피치 그러데이션 기모사로 뜬 보드랍고
가벼운 볼레로. 심플한 비침무늬를 직사각형으로 떠서 접고
가장자리를 꿰맬 뿐인 간단한 마무리. 위아래를 거꾸로 해
서 입으면 컬러의 이미지가 달라져요.

Design／기노시타 가오루
How to make／P.182
Yarn／호비라 호비레 알파카 플로트

하야시 고토미의 Happy Knitting

photograph Toshikatsu Watanabe,Noriaki Moriya(process) styling Akiko Suzuki

무후섬의 테크닉이 담긴 반장갑

에스토니아 내셔널 뮤지엄의 무후섬
손모아장갑 컬렉션(039177ERM A290).

《DESIGNS AND PATTERNS FROM MUHU ISLAND》
무후섬의 니트, 자수, 코바늘뜨기, 벨트직, 전통 옷 등의
수예 연구서.

《여행하며 만난 에스토니아의 어메이징 니트》
에스토니아에서 배운 세토 레이스와 합살루 레이스
그리고 새롭게 무후섬에서 만난 니트를 소개한 책
(모두 절판됐다).

무후섬 뮤지엄 컬렉션 장갑.
트위스티드 브레이드가 사
용됐다. 같은 색이라 눈에
띄지 않지만 볼륨이 생긴
부분이 이 기법.

다양한 트위스티드 브레이드
위부터 2색으로 꼬는 방법을 바꿔서 2단 뜬 편물. 중간 단
은 키히노비츠 기법으로 2색으로 겉뜨기 배색무늬뜨기를
하고, 다음 단에서 아래와 다른 색으로 꼬면서 안뜨기를
뜬다. 아래는 1단을 다른 색으로 겉뜨기한 다음 뜨면, 이
렇게 다른 색의 안뜨기가 나타난다.

봄호에서는 루누섬의 테크닉을 사용한 베스트를 소개했습니다. 이번에는 같은 에스토니아에 위치한 무후섬의 또 다른 테크닉을 사용한 반장갑을 가져왔습니다. 루누는 흰색과 남색의 심플한 니트가 특징인 반면 무후는 다른 지역에는 없는 독특한 배색으로 유명합니다. 장갑은 무후 핑크나 무후 오렌지의 배색무늬로 기하학무늬 외에 꽃이나 새 등도 들어가 무척 화려합니다. 그 색채 풍부한 무후 중에 흰 바탕에 남색 모티브를 넣은 심플하고 아름다운 배색무늬 손모아장갑이 있습니다. 처음 봤을 때는 그 단순한 모티브에 흥미가 갔습니다. 배색무늬는 한쪽 면에만 들어가기 때문에 베이스의 흰실은 원통뜨기를 하는 데 문제없다고 해도 무늬의 남색 실은 도중까지만 뜨니 다음 단에서는 실이 없습니다. 어떻게 뜨는 건지 궁금해졌습니다. 무후섬의 멋진 수예 책《DESIGNS AND PATTERNS FROM MUHU ISLAND》을 보고 의문이 풀렸습니다. 배색무늬를 1단 뜨면 남색 실이 겉에서 볼 때 무늬의 왼쪽에 있습니다. 원통뜨기로 돌아왔을 때 다음 단은 실이 없어서 뜰 수 없는데 이때 남색으로 떠야 할 코를 걸러 뜨기하고 흰 코만 뜹니다. 그런 다음 뒤집어 걸러뜨기한 코를 남색 실로 안뜨기하고 돌아갑니다. 그러면 남색 실은 무늬의 오른쪽에 오기 때문에 다시 다음 단에서는 그대로 배색무늬 뜨기를 할 수 있습니다.

이 손모아장갑의 재미있는 점은 단순히 남색으로 배색무늬를 뜨는 것뿐 아니라 무늬 주위에 안뜨기 무늬가 있는 것입니다. 뭔가 이유가 있을까 하고 에스토니아의 니트 연구가 아누·핑크 씨에게 물어봤습니다. 벌써 200년도 더 된 일이라 이유는 잘 모르지만, 모티브의 액자 같은 역할일 거라고 합니다. 그리고 안뜨기 무늬 안에서 코늘림, 코줄임을 해서 게이지 조정을 한 것을 알았다는 것도 가르쳐주었습니다. 네모난 모티브가 떠오른 것처럼 보여서 멋지지만 콧수가 웬만큼 없으면 안뜨기 무늬는 넣을 수 없기 때문에 하이 게이지로 콧수를 많이 잡아 넣어야 합니다. 무후섬의 이 손모아장갑에는 무후식 기초코와 트위스티드 브레이드가 사용됐습니다.

기초코는 2색으로 만듭니다. 제가 아는 2색 코잡기 방법은 3가지입니다. 북유럽 니트 심포지엄에서 배운, 처음부터 체인이 되는 기초코, 브레이디드 코잡기Braided cast on, 해링본 코잡기Herringbone cast on 3종류입니다. 브레이디드 코잡기는 루누식이고 무후식은 해링본 코잡기입니다.

트위스티드 브레이드는 사실은 안뜨기를 뜨는 것뿐입니다. 실을 2개 준비하고, 앞쪽에 걸치고 번갈아 안뜨기를 뜨는 재미있는 방법입니다. 이번에는 같은 색으로 떠서 별로 눈에 띄지 않지만 볼륨이 생겨서 장식뜨기로 효과적입니다. 같은 색으로 뜰 경우, 실은 2개가 필요하니 털실 안에서 한 가닥, 완성 치수의 5배 남짓한 길이로 실을 잘라 한 가닥 준비해 뜨면 꼬여도 간단히 되돌릴 수 있으니 추천합니다. 키히노비츠 기법도 실을 앞쪽에 걸치고 안뜨기를 뜨지만, 이쪽은 체인이 되도록 아래 단에서 조금 준비가 필요합니다. 이 트위스티드 브레이드는 안뜨기를 뜨기 때문에 아래 단의 코가 안뜨기가 되고 여러 가지 효과가 생깁니다. 만약 아래 단을 다른 색으로 뜬 다음 트위스티드 브레이드를 뜨면 위에 그 색의 안뜨기가 보이게 됩니다. 사소하지만 실을 앞쪽에 빼고 안뜨기를 뜨는 것만으로 신선한 뜨개코가 생깁니다. 1단째와 2단째의 꼬는 방향을 바꾸면 또 재미있는 뜨개코가 생깁니다.

레그 워머도 세트로 떠서 지금부터 겨울 준비를 해보는 건 어떨까요.

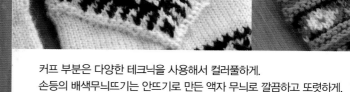

커프 부분은 다양한 테크닉을 사용해서 컬러풀하게.
손등의 배색무늬뜨기는 안뜨기로 만든 액자 무늬로 깔끔하고 또렷하게.
하이 게이지의 뜨개는 착용했을 때 사용감이 좋아요.

Design／하야시 고토미
How to make／P.184
Yarn／퍼피 퍼피 뉴 4PLY

무후식 원형 배색무늬 뜨는 법

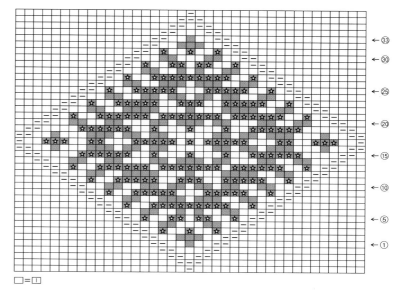

□ = ①

❶ 배색무늬를 8단째 뜬 모습입니다. 남색 실은 왼쪽에 있습니다(알기 쉽도록 무늬가 조금 생긴 단부터 설명합니다).

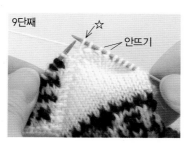

❷ 9단째의 ☆ 코는 걸러뜨기합니다(앞단은 에크뤼였기 때문에 바늘에 걸린 실은 에크뤼지만, 여기를 나중에 남색으로 뜹니다).

❸ 남색으로 뜨고 싶은 ☆ 코를 걸러뜨기하고, 나머지 코를 에크뤼로 겉뜨기합니다.

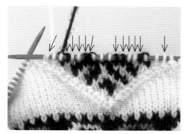

❹ 9단째의 걸러뜨기가 끝난 모습입니다.

❺ 뒤집어서 걸러뜨기한 코를 남색으로 안뜨기합니다.

❻ 마지막 걸러뜨기를 남색으로 안뜨기한 모습. 남색 실은 울지 않게 주의합니다.

❼ 걸러뜨기한 코를 모두 안뜨기했습니다. 9단의 배색무늬 남색 부분(☆)을 떴습니다.

❽ 겉면으로 돌려, 다 뜬 부분의 코를 오른 바늘에 옮깁니다.

❾ 9단째의 배색무늬를 떴습니다. 남색 실은 오른쪽 끝에 있습니다.

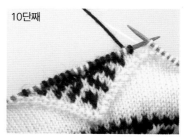

❿ 10단째의 배색무늬는 남색 실이 오른쪽에 있으므로 도안대로 뜰 수 있습니다. 이걸 반복해 배색무늬를 뜹니다.

하야시 고토미(林ことみ)
어릴 적부터 손뜨개가 친숙한 환경에서 자랐으며 학생 때 바느질을 독학으로 익혔다. 출산을 계기로 아동복 디자인을 시작해 핸드 크래프트 관련 서적 편집자를 거쳐 현재에 이른다. 다양한 수예 기법을 찾아 국내외를 동분서주하며 작가들과 교류도 활발하다. 저서로《북유럽 스타일 손뜨개》등 다수가 있다.

NAVY

3사이즈 중 가장 큰 150cm 사이즈예요.
스쿨 컬러이기도 한 남색 베이스에 맞춰 요란
하지 않은 차분한 배색으로 그레이와 베이지를
골랐습니다.

BLUE

WHITE의 다른 색 버전은 블루를 베이스 컬러
로 한 쿨한 배색이에요. 가까운 색조의 배색이
마름모꼴의 경계를 부드럽게 해줍니다.

GRAY

스모키한 베이스에 컬러 톤을 맞춘 핑크의 시
크한 조합. 흰 스티치가 전체를 잡아주는 포인
트입니다. BEIGE의 다른 색 버전이에요.

WHITE

어떤 색과 합쳐도 잘 어울리는 베이스 컬러에
블루와 황록색을 떠넣은 북유럽풍의 배색. 스
티치는 넣지 않고 심플하게 마무리했습니다.
110cm 사이즈예요.

BEIGE

부드러운 베이스 컬러에 어울리는 물색의 마름
모꼴을 떠 넣고, 블루로 메리야스 스티치 라인
을 넣은 세련된 컬러 조합. 130cm 사이즈예요.

Color Palette
알록달록 아가일 체크, 키즈 베스트

영국에서 탄생한 아가일 체크를 다양한 색으로 떠보자!
사이즈는 110cm, 130cm, 150cm로 준비했습니다.
어떤 배색이 마음에 드나요?

photograph Shigeki Nakashima styling Kuniko Okabe,Yuumi Sano
hair&make-up Hitoshi Sakaguch model Sofia(113cm) Mikoto(137cm)

Design／가와이 마유미
Knitter／니시카와 마사요(130), 오카 지요코(110, 150)
How to make／P.180
Yarn／올림포스 밀키 베이비

가을이 오면 단추를 골라요

살에 닿는 바람이 선선해지고 포근한 실이 생각나는 가을이 오면 모든 니터들의 고민 1위로 등극하는 단추 고르기.
스웨터만큼 카디건이나 단추 달린 베스트 등을 많이 뜨기 때문에 매 작품마다 옷에 딱 어울리는 단추를 고르는 것이 큰 고민이지요.
가을을 맞이해 털실타래 편집부가 고른 4곳의 단추 상점과 대표 제품을 만나보세요.

취재 : 정인경 / 사진 : 김태훈

스튜디오 푸림

도자기로 만들고 직접 그림을 그려 완성하는 독특한 세라믹 단추. '귀여움이 쓸모다'라는 캐치프레이즈만큼 심플한 단추도 스튜디오 푸림만의 귀여움을 담고
있다. 스튜디오 푸림의 모든 단추는 하나씩 손으로 직접 만드는 완전한 핸드메이드로, 세상에 하나뿐인 단추라는 점에서 소중한 작품의 마지막 터치로 더하
기에 안성맞춤이다.

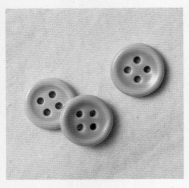 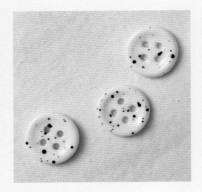 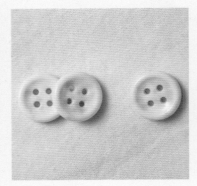 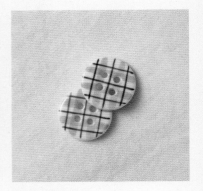

호린하늘 테두리 단추

하늘색과 회색의 중간에서 하늘색을 두 방울 정
도 더한 느낌의 색상. 은은한 광택이 입체감을 더
해 고급스러움이 느껴진다. 단색 테두리 단추는
꽃분홍, 연보라, 노랑, 연두 등 다양한 색상이 있어
작품에 맞춰 고를 수 있다.

쿠앤크 테두리 단추

스튜디오 푸림만의 독특한 느낌으로 마무리한 스
패클 단추. 하얀 백자 흙에 검정 물감이 톡톡 뿌려
져 포인트가 되어준다. 스패클 작업을 통해 단추
마다 미묘하게 다른 느낌으로 마무리된다는 것이
특징.

시냇물 테두리 단추

쿠앤크와 같이 스패클로 작업하는 단추이지만 여
러 색을 사용하고 각각의 물방울이 조금 더 크다.
하늘색과 연두색, 파란색과 노란색이 은은하게 섞
여 파란 하늘이 비치는 숲 속 시냇물을 떠오르게
한다.

청화 체크 플랫 단추

청화 물감을 사용하여 시원한 느낌을 주는 체크
단추. 농도에 따라 달라지는 파란색이 청량한 느
낌을 주고, 모두 핸드메이드이기 때문에 디테일에
차이가 있어 세상에 하나밖에 없는 단추라는 느낌
을 준다.

단추타운

저렴한 가격으로 고급스러운 느낌의 단추를 만날 수 있는 단추타운. 심플한 것부터 화려한 것까지 취향에 맞는 단추를 고를 수 있다는 것이 큰 장점이다. 특히
단추타운에는 유니크한 모양의 빈티지 단추가 다양하게 준비되어 있어 이것저것 구경하는 재미가 있다. 클래식하고 고급스러운 느낌의 작품을 뜨고자 한다
면 꼭 둘러봐야 할 곳.

러블리하트 앤티크 단추

톤다운된 금색과 따뜻한 웜화이트 색이 조화를
이루어 고급스러움을 더하는 단추. 정장 스타일에
어울리는 디자인이지만 하트 모양으로 너무 진지
해지지 않도록 마무리했다. 사랑스러운 카디건에
매치하면 완성도를 한층 더 높여준다.

하운즈투스 체크 단추

겉에는 베이직한 금장 테두리가 감싸고 안에
는 하운즈투스 체크 문양으로 독특함을 더했다.
따뜻함을 더해주는 질감이기 때문에 포근한 오버
사이즈 카디건에 잘 어울린다. 빈티지하면서도 깔
끔한 디자인이라 작품에 무게감을 더해주기에 좋
은 아이템.

꽃 모양 벨벳 단추

벨벳과 금속의 조화가 아름답고 가운데 꽃 모양이
페미닌함을 더해주는 단추. 화이트도 블랙도 어떤
작품에나 어울리는 과하지 않은 화려함을 갖고 있
다. 차분하면서도 눈에 확 띄는 디자인이 작품에
반짝임을 더해준다.

큐빅 체크 단추

큐빅으로 독특한 체크 문양을 구성해 레트로함을
뽐내는 단추. 테두리의 디테일함이 고급스러워 카
디건에 달았을 때 기성품의 느낌을 주기에 충분하
다. 언뜻 화려해보이지만 블랙, 화이트, 실버, 골드
등 무난한 색상만을 사용해 어디든 잘 매치된다.

레어메이드

뜨개인이 사랑하는 단추 브랜드 레어메이드. 독특한 아이디어의 유니크한 제품이 많고 매주 월요일에 신제품이 업데이트되기 때문에, 이곳에서 찾을 수 없는 단추는 없다. 니터가 만든 브랜드라 옷을 뜨는 사람의 니즈를 제대로 파악하고 있으며 트렌드를 앞서는 감각과 다양한 이벤트로 매일이 새로운 브랜드이다.

클래식 플라워 기본 단추

깔끔한 정석 꽃 모양에 아이보리, 베이지, 브라운, 블랙 등 무난한 컬러를 사용해 어디든 두루 사용이 가능한 단추. 심플한 스타일을 찾고 있지만 그 안에 사랑스러움은 놓치고 싶지 않다면 사랑스러운 모양의 기본 단추가 정답.

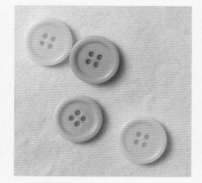

너트단추

가벼운 무게감과 깔끔한 마감으로 사랑을 받고 있는 고급 친환경 너트 소재 단추. 파스텔 컬러부터 각인, 무염색까지 다양한 스타일로 만나볼 수 있다. 특히 스테디셀러는 사랑스러운 색감의 파스텔 너트단추.

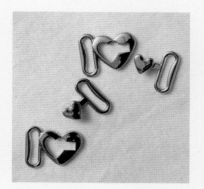

더블하트 후크 단추

후크 단추가 이렇게나 이쁠 수 있다니! 귀여운 하트 모양에 하트를 더하는 후크 단추. 하트 안으로 하트를 쏙 넣으면 잠기는 구조로 되어 있다. 단추를 달 때도 양 끝에 바느질만 해주면 되어서 편하게 달 수 있다. 단추 하나만으로 포인트가 될 수 있는 제품.

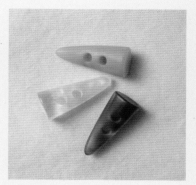

플라스틱 무광 떡볶이 단추

가을 겨울 옷에 달기 딱 좋은 떡볶이 단추. 레어메이드에는 여러가지 색으로 준비되어 있어서 작품에 딱 맞는 색상을 골라 달 수 있다. 두꺼운 실로 볼드하게 뜬 제품에 달아 클래식한 아름다움을 표현할 수 있는 단추라 두툼한 겨울 카디건에 잘 어울린다.

다온니트

예쁜 단추를 찾다가 직접 만들게 되었다는 다온 니트는 주로 어디에든 매치할 수 있는 클래식한 단추들을 선보인다. 니터가 직접 셀렉해 파는 단추인만큼 뜨개 의류와 조화를 잘 이루는 아이템들로 구성되어 있어, 무난하고 심플한 단추를 찾고 있다면 다온니트를 돌아보는 것을 추천한다.

소뿔 단추

사도 사도 또 필요하고, 어디든 고민없이 달 수 있어 편리한 심플 소뿔 단추. 화이트, 베이지, 브라운 3가지의 색상과 2가지 사이즈로 어디든 활용할 수 있다. 단순하지만 2가지 색상이 멋스럽게 어우러져 단추에 고급스러움을 더한다.

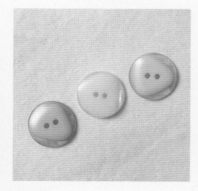

자개 단추

동글동글한 모양 안의 삼각형이 포인트로 은은한 광택감이 고급스럽다. 카디건이나 아이 원피스, 가방, 파우치 등에 잘 어울리는 색감으로 가운데 구멍이 2개라 캐주얼한 느낌을 주기에도 좋다.

빈티지 장미 단추

다양한 색상이 준비되어 있어 고르는 맛이 있는 빈티지 단추. 볼레로 같은 가벼운 의류에 포인트로 장식하기 좋다. 또 15mm의 작은 사이즈이기 때문에 미니 단추가 필요한 소품류에도 쉽게 사용할 수 있어 활용성이 높다.

반짝반짝 빛나는 보석 단추

동그란 큐빅이 가득 박혀 반짝임이 예쁜 단추. 빛남이 과하지 않으면서도 작품의 포인트가 되어주기 때문에 사용하기 부담스럽지 않다. 트위드 자켓이나 페미닌한 여성 카디건에 잘 어울린다.

가을 겨울 실 연구

올 시즌도 새로운 실이 많이 발매되어 두근거립니다!
가벼움, 질감, 품질… 신경 쓴 포인트는 다양합니다.

photograph Toshikatsu Watanabe styling Akiko Suzuki

파인 메리노
고쇼산업 게이토피에로

메리노 울 중에서도 특별한 엑스트라 파인 메리노를 100% 사용했습니다. 부드럽고 매끄러우며 촉촉한 질감이 특징입니다. 통통한 타입으로 갈라짐 없이 기분 좋게 뜰 수 있어요.

Data
모 100%, 색상 수/19, 1볼/30g·약87m, 실 종류/합태, 권장 바늘/5～6호(대바늘)·3/0～5/0호(코바늘)

Designer's Voice
가는 듯한 굵기지만 떠보니 탄력이 있고 통통한 실로 무늬가 또렷하게 나왔습니다. 뜨는 시간이 무척 즐거운 실이었습니다.(우노 지히로)

탐탐
고쇼산업 게이토피에로

가늘고 매끄러운 알파카 나일론 실과 작은 루프가 랜덤으로 나타나는 모헤어 그러데이션 실을 꼬아서 만들었습니다. 보기보다 강도가 있고 바늘도 매끄럽게 움직입니다. 루프가 바늘에 걸리기 쉬우므로 익숙해질 때까지는 주의해주세요.

Data
알파카 45%, 나일론 30%, 아크릴 20%, 모헤어 5%, 색상 수/11, 1볼/25g·약 83m, 실 종류/합태～병태, 권장 바늘/5～7호(대바늘)·5/0～6/0호(코바늘)

Designer's Voice
촉촉하고 매끄러운 알파카 특유의 촉감과 탐사(기모사)의 볼륨감과 가벼움을 모두 즐길 수 있는 멋진 실입니다. 가닥 수와 기법에 따라 다양한 표정을 보여주는 무척 용도가 넓은 실입니다.(오카 마리코)

다이아 캐롤리나
다이아몬드 모사

여러 가지 작은 색을 믹스한 슬러브 팬시 얀입니다. 울 슬러브 얀을 랜덤하게 쇼트 피치로 여러 색을 염색하고, 단색 스트레이트 얀과 꼬아서 만들었습니다. 슬러브 얀의 굵기의 강약이 색이 보이는 방식에서도 나타납니다. 편물에도 독특한 입체감이 생기는 재미있는 실입니다.

Data
울 100%, 색상 수／8, 1볼/30g · 약 90m, 실 종류／병태, 권장 바늘／6〜7호(대바늘)·5/0〜6/0호(코바늘)

Designer's Voice
베이스로 꼬아 합친 그러데이션이 아름다우며, 공기를 머금어 통통하고 부드럽지만 힘이 있습니다. 믹스 컬러지만 케이블의 요철은 잘 나오며 완성되어가는 모습이 즐거운 실이었습니다.(오카모토 게이코)

다이아 엠마
다이아몬드 모사

다채로운 색 변화가 인상적인 보드라운 릴리 얀입니다. 소프트한 울을 방적하면서 릴리 얀으로 짜는 특수한 제조법으로, 보드랍고 가벼운 실로 완성했습니다. 여러 가지 색이 번지듯이 섞인 랜덤한 색 변화가 심플한 편물이나 독특한 무늬에도 풍부한 표현을 만듭니다.

Data
울 100%, 색상 수／8, 1볼/30g · 약 99m, 실 종류／극태, 권장 바늘／8〜10호(대바늘)·7/0〜8/0호(코바늘)

Designer's Voice
여러 가지 색이 들어 있어 즐겁고 촉감도 폭신폭신 기분 좋은 실입니다. 뜰 때 실을 너무 당기면 편물이 단단해지기 쉬우므로 촉감에 신경 쓰며 부드럽게 뜨는 것을 추천합니다.(가와이 마유미)

63

스키 믹스
스키 모사

기모사, 슬러브, 네프 등 서로 다른 소재와 모양의 실을 꼬아서 만든 장식사입니다. 뜨면 각각의 실 특징에 의해 잔무늬로 보이기도 하고 레트로한 감성이 느껴집니다. 가벼운 실로, 뜨는 법이나 아이템에 상관없이 경쾌하게 마무리됩니다.

Data
아크릴 55%, 면 17%, 나일론 16%, 울 11%, 폴리에스테르 1%, 색상 수／8, 1볼/30g ·약 84m, 실 종류／병태, 권장 바늘／6〜7호(대바늘)·6/0〜7/0호(코바늘)

Designer's Voice
부드럽게 술술 떠지는 실입니다. 2색 실을 얽어서 만들었지만 적당히 섞여 무늬도 잘 보입니다. 코바늘로 뜬 무늬도 예쁘게 완성됐어요.(기시 무쓰코)

스키 클레어
스키 모사

모 혼방 로빙에 커버링을 하고 부드러운 요철감을 준 경쾌한 실입니다. 폭신한 볼륨감이 있는 실이라 보기보다 두꺼운 바늘로 술술 뜰 수 있어요. 팝한 계열부터 톤 다운 된 계열까지 다양한 컬러 변주는 단색으로든 배색으로든 컬러가 빛나며 색상 선택도 즐겁습니다.

Data
울 80%, 아크릴 20%, 색상 수／10, 1볼/40g · 약 80m, 실 종류／극태, 권장 바늘／9〜10호(대바늘)·7/0〜8/0호(코바늘)

Designer's Voice
커버링한 덕에 실이 갈라지지 않아 뜨기 쉬우며 편물이 사랑스럽게 마무리됩니다. 폭신하고 부드러운 느낌을 주며 적당한 광택감으로 무늬가 살아납니다.(오타키 리호코)

64

옴브레
DMC

사랑스러운 인상부터 어른스러움이 느껴지는 그러데이션까지 표정이 풍부한 털실입니다. 우수한 보온성과 뛰어난 통기성의 메리노 울과 아크릴을 섞어 가벼움까지 겸비했습니다.

Data
메리노 울 50%, 아크릴 50%, 색상 수／8, 1볼/150g · 약 285m, 실 종류／극태, 권장 바늘／11〜12호(대바늘)·10/0호(코바늘)

Designer's Voice
뜨기 쉬운 굵기와 보드라움으로 걸림 없이 쾌적하게 뜰 수 있습니다. 가볍게 마무리되며 그러데이션이 뭉쳐서 나오는 투 톤 같은 재미가 있습니다.(가마타 에미코)

컴백
Keito

영국 양모종과 메리노종을 교배시킨 컴백 램과 셰틀랜드 울을 혼방한, 가벼운 마무리감이 특징인 실입니다. 세척하면 촉감이 크게 달라집니다. 가느다란 실 5겹을 꼬아서 만들며 5가닥이 다른 색으로 구성되어 있어 1색으로 떠도 불규칙한 농담의 미묘한 편물이 완성됩니다. 배색무늬에도 추천하는 실입니다.

Data
울(컴백 램 56%·셰틀랜드 울 44%) 100%, 색상 수／8, 1볼/100g ·약 250m, 실 종류／합태, 권장 바늘／6〜10호(대바늘)

Designer's Voice
내추럴하고 소박한 감촉이 있지만 다 뜬 뒤에 세척하면 섬유가 적당히 엉켜서 가벼움과 매끈함을 느낄 수 있습니다. 양모의 질감을 충분히 느낄 수 있는 뜰 때도 즐겁고 마무리를 할 때도 즐거운 실입니다.(이토 나오타카)

살아 있는 패턴을 만들고 싶어요

니트웨어 디자이너 애교니트 인터뷰

인터뷰 : 정인경 / 번역 : 진정성 / 사진 제공 : 애교니트

지구 반대편에 살고 있는 니터들과도 교류할 수 있는 시대. 뜨개를 사랑하는 마음만으로 서로를 응원하고 다양한 니트웨어 도안을 서로에게 소개하기도 한다. SNS나 도안 구매 사이트를 통해 유럽이나 미국의 니트웨어 디자이너의 도안을 구매하고 원작 실로 작품을 만드는 것이 어렵지 않은 요즘, 한국어 단어인 '애교(Aegyo)'를 브랜드 이름에 넣고 독특하고 예쁜 디자인을 선보이는 작가가 있다. 바로 덴마크의 니트웨어 디자인 브랜드 '애교니트'. '부산 스웨터', '할아버지 카디건' 등 한국식 작품 이름을 붙이는가 하면, 홈페이지에서 한국어로 된 서술 도안을 구매할 수도 있다. 한국에 남다른 친근감을 갖고 있는 덴마크의 니트웨어 디자이너 애교니트에게 뜨개에 대한 이야기를 들어보았다.

Q. 덴마크를 중심으로 활동하시는데 '애교니트'라는 브랜드를 만든 것이 독특하게 느껴져요. 한국의 니터들에게 브랜드에 대해 설명해주세요.

브랜드의 이름을 '애교니트'라고 지은 이유는 다양해요. 무엇보다도 한국은 저에게 개인적으로 무척 특별한 의미가 있는 곳이거든요. 그래서 뜨개를 하고 디자인을 하면서 브랜드를 만든다면 한국어 단어를 꼭 넣어야지 생각했답니다. 특히 '애교'라는 한국어 표현을 좋아하는데, 이를 통해 패턴을 만들 때 느끼는 재미와 즐거움을 강조하려 했어요. 또 '애교'라는 낱말 특유의 느낌이 제 패턴 브랜드의 즐거움과 여성스러움을 전할 수 있을 거라 생각했고요.

Q. 엄마와 딸이 함께 만든 브랜드라고 알고 있는데, 언제부터 함께 뜨개를 시작했나요? 또 뜨개를 취미를 넘어 브랜드로 확장시키게 된 계기는 무엇인가요?

어린 시절 어머니가 처음으로 뜨개를 가르쳐주신 게 기억나요. 스웨터를 뜨는 엄마 옆에 앉아서 대여섯 살 때 제 첫 '목도리'를 떴죠. 저에게 뜨개에 관한 모든 걸 가르쳐준 분은 엄마예요. 그러다 3년 전쯤, 엄마가 저에게 니트 패턴을 직접 만들어보면 어떨지 권하셨어요. 저도 즐겁게 할 수 있는 일이라고 생각했고요. 처음에는 취미로 할

> '애교'라는 낱말 특유의 느낌이
> 브랜드의 즐거움과 여성스러움을
> 전할 수 있을 거라 생각했죠.

생각이었는데 다양한 아이디어를 더해 첫 패턴을 만들었을 때 엄마가 크게 놀라시며 벅찬 반응을 보여주셨어요. 그런 응원 덕에 이 일을 본격적으로 해야겠다는 생각이 들었죠. 그리고 2022년 3월, '애교니트'가 브랜드로 거듭났답니다.

Q. 애교니트의 브랜드 키워드인 '미니멀, 세심함, 오버사이즈 실루엣(minimalistic, meticulous, oversized silhouettes)'에 대해 자세히 설명해주세요. 왜 이 키워드를 중심으로 하게 되었나요?

저는 이 세 가지 키워드가 당시 패턴 시장에 부족했던 부분을 잘 짚어냈다고 생각해요. 저는 패턴을 통해 고전적이면서도 신선한 오버사이즈 의류와 구조들을 다양하게 실험하고 싶었어요. 미니멀한 느낌이면서 자세히 들여다보면 온갖 디테일이 살아 있는 니트웨어를 좋아하거든요('세심'이라는 키워드의 원천이죠). 그래서 애교니트에서도 입기 편하면서도 뜨는 과정이 즐거운 니트웨어를 추구한답니다.

Q. 애교니트의 디자인은 편안하면서도 유니크해요. 디자인에 대한 영감은 어디서 받으시나요?

저에게 영감의 원천은 정말 다양해요. 때로는 그저 단순한 아이디어에서 시작되기도 하고, 멋진 실을 발견했을 때 생각이 떠오를 때도 있어요. 도심을 걸으며 다양한 실루엣이나 건축물, 다양한 구조물들을 보고 힌트를 얻기도 해요. 단순히 옷장에 이런 옷이 있었으면 좋겠다 하는 생각에서 시작하기도 하고요. 요즘은 90년대 패션을 돌아보고 있어요. 그 시절은 니트웨어에 관한 한 정말 완벽한 시대였으니까요!

1／매일을 함께하는 실과 바늘, 편물, 부자재와 작업하는 데 필요한 노트북. 2／애교니트의 대표작이자 큰 사랑을 받은 스테디셀러 부산 스웨터.

3 4

Q. 작가님이 옷을 디자인할 때 가장 중요하게 생각하는 부분은 무엇일까요?

항상 편안하고 입기 쉬운 옷을 만들려고 노력합니다. 입기 편하고, 클래식한 느낌과 모던한 분위기에 모두 어울리는 니트웨어를 만드는 게 저에게 무척 중요한 목표거든요. 하지만 동시에 뜨개를 하는 과정에도 관심을 기울여야 해요. 아무래도 직접 시간과 공을 들여 만드는 옷이니 만큼 그 옷을 완성하는 과정 자체가 즐거워야 한다고 생각해요. 저희 도안으로 작품을 만드는 분들의 뜨개 경험이 보다 즐거워질 수 있도록 다양한 요소들을 고려하고 있답니다.

Q. 한국어 단어를 옷 이름에 붙이거나 한국어 도안을 발매하고 계신데, 한국과는 어떤 관계가 있나요? 어떤 유대감을 가지고 있나요?

제 남편은 부산에서 입양되었어요. 시부모님은 지난 2018년까지 14년간 부산에서 일하셨죠. 그래서 한국은 저희 가족의 삶에서 무척 특별한 부분을 차지하고 있답니다. 오래 한국에서 지냈기 때문에 정말 멋진 한국 친구들도 많아요. 한국은 제게 특별한 곳이고, 부산에 가면 마치 고향에 온 기분이 든답니다. 이런 점이 한국과의 유대감을 뜨개 디자인에도 표현하는 계기가 되었어요.

Q. 뜨개를 더 잘하고 싶은 니터, 자기만의 디자인을 만들고 싶은 니터에게 팁을 준다면?

실수를 두려워 마세요! 실수는 배움의 지름길이라는데, 뜨개에 정말 딱 들어맞는 말이에요. 저는 요즘도 패턴을 만들기 시작할 때 실수와 잘못을 저지르곤 하는데, 그런 부분이 의외로 멋진 결과로 이어지곤 해요. SNS에서도 종종 이야기했다시피 저 역시 뜨는 양보다 푸는 양이 더 많답니다.

Q. 한국에서는 의류를 뜨는 니터가 점점 늘어나고 있어요. 뜨개의 매력과 직접 뜬 옷을 입는 것의 장점은 무엇이라고 생각하시나요?

정말 멋진 질문이네요! 뜨개는 여러 측면에서 정말 장점이 많은 분야라고 생각해요. 덴마크에서는 '수공예 정신'이 큰 화제예요. 손을 움직여 뭔가를 만들면 뇌, 포용력, 건강 전반에 긍정적 영향을 미친다는 사실이 여러 연구에서 증명되었거든요. 지금 이 순간에 집중하고, 때로 바깥 세상에 대한 잡념을 접어두는 데 효과적이죠. 뜨개가 지닌 또 하나의 장점은 유용한 결과물이 탄생한다는 거예요. 저는 요즘도 가끔 뜨개바늘과 실만으로 아름다우면서도 모던한 핸드메이드 옷을 만든다는 게 놀랍고 가슴이 벅차요. 사람이라면 누구나 공감할 수 있는 보편적 감정이겠죠.

> "한국은 제게 특별한 곳이고,
> 이것이 한국과의 유대감을 뜨개 디자인에도
> 표현하는 계기가 되었어요."

Q. 앞으로의 활동 계획에 대해 알려주세요.

'애교 특유의 느낌'이 살아 있는 패턴을 만드는 데 계속 집중하려 해요. 머리에 새로운 아이디어가 계속 차올라서, 아이디어를 실행에 옮기고 싶어요. 실패하고, 성공하고, 모두가 만들 수 있도록 시장에 선보이는 거죠. 애교니트는 제 자부심이고 제 패턴이 '살아 숨쉬듯' 사람들 사이에서 사랑받는 모습을 보면 정말 뿌듯하답니다.

Q. 한국의 팬들에게 한마디 해주신다면?

감사해요(Gamsahaeyo)! 여러분들이 지금까지 보내주신 모든 응원과 따뜻한 말에 얼마나 감사하는지 말로 다 표현하기 어려울 정도예요. 여러분의 애정이 큰 세상 속의 작은 브랜드에게는 정말 큰 의미가 된다고 말씀드리고 싶어요.

3／시크한 검정색으로 부산 스웨터를 반팔로 짜보았다. 4／니트웨어 디자인에 영감을 주는 일상 속 산책. 5／사용하는 실이나 스와치는 벽에 걸어두고 작업에 참고한다. 6／사랑스러운 디테일과 애교니트의 시그니처 오버사이즈 실루엣으로 포근하게 입을 수 있는 할아버지 카디건. 7／다양한 소재의 실로 여러 패턴을 실험하면서 디자인을 한다.

따뜻한 가을 소품

뜨거운 햇살이 조금 누그러지고 가을 바람이 선선히 불 때면 포근한 실을 잡고 싶어져요.
겨울에 입을 옷을 뜨기 전에 워밍업으로 포근한 가을 소품을 떠봐요.
트렌디함과 예쁨, 위트까지 모두 챙긴 개성 듬뿍 담긴 뜨개 소품을 소개합니다.

취재 : 정인경 / 사진 : 김태훈

야미모노

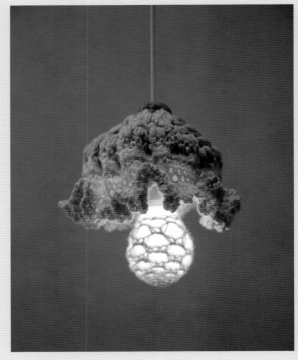

초롱이 램프
인테리어 소품으로 쓰기 좋고 여기저기 걸어서 분위기를 전환하기에도 좋은 전
등갓이에요. 파스텔톤의 실과 코의 모양이 귀여움을 극대화하지요. 특히 전구에
불이 들어왔을 때의 귀여움은 눈을 돌리기가 어려울 정도입니다. 남는 실이 있
다면 이런 식으로 자유롭게 인테리어 소품을 떠보는 건 어떨까요?

화병 커버
평범한 화분은 거부합니다. 일단 화분에도 뜨개 옷을 입혀야 직성이 풀리니까요. 야미모노는 실의 재질
과 색을 적절히 믹스하는 능력이 탁월합니다. 각 단마다 느낌도 색상도 다르지만 중구난방이라기 보다
는 아름다운 작품을 보는 것 같아요. 이런 작품 하나 떠두면 집안의 분위기가 화사해지겠지요?

젤링이
야미모노의 시그니처 해파리 젤링이입니다. 계절이 바뀔 때마다 새로운 색깔이 다시 인기 아
이템으로 떠오르며 사랑을 받고 있는데요. 요즘 유행인 백꾸 아이템으로도 좋고 인테리어 소
품으로도 좋습니다. 그 모양만으로 '나 뜨개를 사랑하는 사람이야' 하고 드러낼 수 있는 작품
이 되기도 하지요. 여러 색 실을 모두 모아 해파리를 떠보세요.

야닝야닝

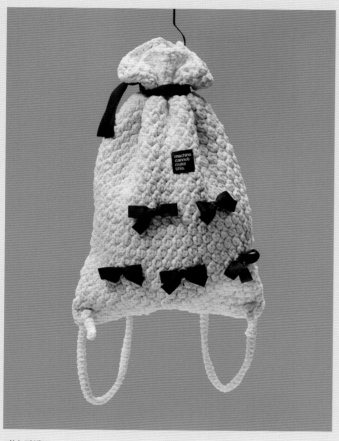

리본 짐색

야닝야닝 특유의 위트와 힙한 무드를 제대로 표현한 짐색입니다. 리본을 만들어 붙이면 "이거 어디서 샀어?" 질문 공세에 시달릴지도 몰라요. 그럴 때는 당당한 얼굴로 "내가 뜬 거야" 하고 대답해보세요. 니터의 프라이드를 지켜줄 핫 아이템이랍니다. 이번에 출간되는 책에서는 뜨개법은 물론 리본 만드는 방법과 팁까지 찾아볼 수 있다고 하네요.

소프트 코지 머플러

코바늘로 뜬 머플러라면 믿으시겠어요? 포근한 수면사가 완성도를 더해주는 머플러는 야닝야닝의 터치를 더한 색상 선택으로 더욱 트렌디해졌답니다. 알록달록한 머플러는 꽁꽁 싸매는 가을겨울 패션에 포인트를 주기에 딱이에요. 외출할 때 무심하게 휙 두르기 좋아 애착 아이템이 되어줄 거예요.

더블 코튼 버킷햇

뜨개 소품에서 빼놓을 수 없는 모자. 코바늘뜨기를 즐겨하는 사람이라면 버킷햇 몇 개 쯤은 모두 떠보았을텐데요. 머리 둘레와 핏감, 챙의 각도, 색상의 조합까지 디테일한 부분에 신경을 썼기 때문에 쓴 듯 안 쓴 듯 편안하게 착용할 수 있어요. 2가지 실을 합사해 만들기 때문에 나만의 컬러 조합을 만들 수 있다는 것도 큰 장점입니다.

71

앙버터 머플러

볼드하고 두터운 머플러는 오히려 여성스러움을 극대화해줍니다. 심플한 코트에 커다란머플러 하나만 둘러주면 보온과 패션까지 모두 챙길 수 있어요. 머플러에 폭 둘러싸이면 마음까지 따뜻해지거든요. 커다란 머플러는 오래 걸려 힘든 것 아니냐고요? 두꺼운 줄바늘을 이용해 숭덩숭덩 떠나가다 보면 어느새 겨울이 오기 전에 완성되어 있을 거예요.

솜솜 메리제인 룸 슈즈

집에서도 힙함은 포기할 수 없고, 뜨개의 코지함도 누리고 싶지요. 그럴 때는 두꺼운 실로 포근한 룸 슈즈를 떠보세요. 왕코바늘로 떠 코의 모양이 그대로 보이고 걸을 때마다 폭신폭신한 룸 슈즈는 어쩌면 뜨개인의 간절기 필수 아이템이 아닐까요? 집들이 선물용으로도 좋아 뜨는 즐거움과 선물하는 즐거움 모두 누릴 수 있답니다.

코지 캐빈 블랭킷

가을의 톤다운된 색감을 담은 블랭킷이에요. 구멍이 숭숭 뚫린 비침무늬가 레이시함을 더해서 너무 무겁지 않은 느낌을 줍니다. 간절기에 가볍게 덮을 수 있고 인테리어 소품으로도 사용이 가능해요. 선선한 바람이 불 때 포근하게 몸을 감싸는 블랭킷은 필수품이지요. 좋아하는 색을 배합해 나만의 블랭킷을 떠보는 건 어떨까요?

어쭈구리 니팅

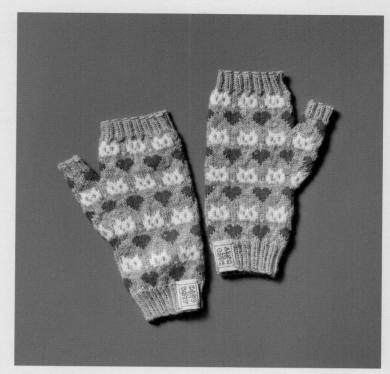

몽슈슈 핸드워머

양말이나 장갑, 작은 편물의 배색뜨기가 부담스럽다면 핸드워머로 시작해보세요. 몽슈슈 핸드워머는 손과 손목, 손가락을 딱 적절하게 감싸는 아이템입니다. 어려운 손가락 부분을 뜨지 않아 좋고, 손가락을 자유롭게 사용할 수 있다는 것도 좋죠. 거기에 고양이와 하트의 조합이라니. 뜨지 않고는 배길 수 없는 작품입니다.

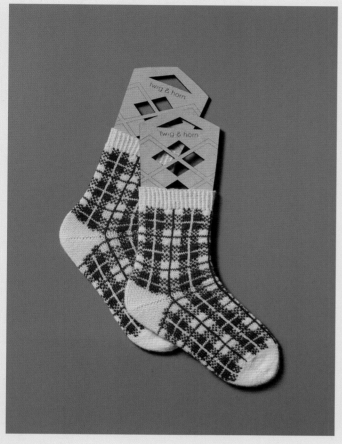

체커드 드림 양말

뜨개 소품의 꽃은 단연 양말입니다. 대바늘 뜨개의 모든 기법이 총망라 되어 있는데다 일단 너무 귀엽거든요. 뜨기 좋고, 신기 좋고, 디자인까지 좋은 양말을 선보이는 어쭈구리 니팅의 체커드 드림 양말을 한 번 떠보세요. 높은 완성도의 양말은 한 번 떠보면 뜨개 실력이 업그레이드 되는 것을 느낄 수 있답니다.

나만 없어 고양이 양말

귀여운 고양이를 가득 넣어 만든 양말은 트렌드를 넘어 예술 작품처럼 보이기까지 해요. 특히 작품의 완성도를 위해 스트랜디드 니팅(가로 배색), 인따르시아 니팅(세로 배색)의 기법을 모두 사용해 만들었어요. 진짜 멋쟁이는 양말에 가장 신경 쓴다고 하잖아요. 어떤 옷에 매치해도 멋지게 어울리는 양말을 떠보세요.

신여성의 수예 세계로 타임슬립!
놀라워요! 잎맥 뜨기 기법

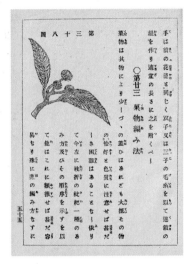

《삽화 털실편물법》에 실린 비파나뭇가지 그림

《삽화 털실편물법》 (1887년 간행)

귤나무 잎의 재현

비파나무 잎의 재현

나팔꽃 잎 뜨는 법
web 매거진 'amimono'에서
http://amimono.me

이로도리 레이스 자료실 기타가와 게이
일본 근대 서양 기예사 연구가. 일본 근대 수예가의 기술
력과 열정에 매료되어 연구에 매진하고 있다. 공익재단법
인 일본수예보급협회 레이스 사범. 일반사단법인 이로도
리 레이스 자료실 대표. 유자와야 예술학원 가마타교·우
라와교 레이스 뜨개 강사. 이로도리 레이스 자료실을 가
나가와현 유가와라에서 운영하고 있다.
http://blog.livedoor.jp/keikeidaredemo

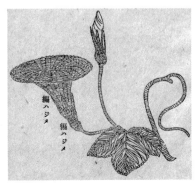

《삽화 털실편물법》에 실린 나팔꽃 그림

보그학원 도쿄학교 '신여성의 수예 세계로 타임슬립!' 강좌에
서 있었던 일로, 메이지 시대의 교과서인 《삽화 털실편물법》
(1887년)에 나오는 비파나무와 귤나무의 가지를 재현하는 설
명을 하고 있던 때입니다. 1907년의 '아홉 겹 뜨개 조화 뜨는
법'을 뜨던 중 "삽화와 달라요"라는 수강생의 말을 듣고 살펴보
니, 아홉 겹 뜨개 조화의 잎과 다르게, 잎맥의 줄기가 가지런
한 사슬뜨기로 되어 있는 것이 아니겠어요. 한편 귤나무 가지
의 잎은 자수의 아웃라인 스티치를 연상시키는 잎맥 줄기입
니다. 1800년대와 1900년대 사이에 잎맥 표현에 무슨 일이 일
어난 것일까요?
1875년 4월 16일 요미우리신문에 만년청(다년초 식물)의 유행
에 대한 기사에서, 메이지 시대가 되어 만년청의 배양으로 꽃
보다 잎 모양의 아름다움을 감상하는 풍조로 바뀌었다고 합
니다. 잎의 감상으로 신여성들은, 가지고 있는 뜨개 기술을 구
사하여 잎맥 표현에 도전합니다. 한길 긴뜨기의 다리를 서서
히 길게 떠서 실의 늘어짐을 솜씨 있게 잎맥으로 만들기도 하
고, 전 호의 부적 주머니에서도 초기에는 줄기뜨기 무늬가 대
부분이었습니다. 코바늘을 넣는 위치에 따라 도드라지는 무늬
의 변화를 즐길 줄 알았던 것이겠지요.
자, 이제 신여성의 잎맥 줄기가 도드라져 보이게 뜨는 방법에
도전해봅시다!
먼저 비파나무 잎, 귤나무 잎 모두 절반의 뜨는 법은 같으므
로 A패턴이라고 하겠습니다.
① 사슬을 잎의 길이만큼 뜨고 나서,
② 사슬의 코산을 주워 짧은뜨기를 2코 정도 뜹니다.
③ 한길 긴뜨기의 다리를 서서히 길게 떠서 잎의 곡선을 만들
면서 뜹니다.
④ 되돌아올 때는 잎 끝의 1코에 짧은뜨기, 사슬뜨기, 짧은뜨
기를 떠서 뾰족하게 합니다.
A패턴을 뜨고 나서 반대쪽을 뜹니다.
비파나무 잎의 반대쪽은 ②에서 주운 같은 사슬의 코산을 떠
서, 사슬의 무늬를 아름답게 도드라지도록 뜹니다. 귤나무 잎
의 반대쪽은 사슬의 반 코만 주워, 자수의 아웃라인 스티치
처럼 사슬의 무늬를 도드라지게 뜹니다.
다음으로는 난이도가 훌쩍 높아지는 《삽화 털실편물법》의 나
팔꽃 잎에 도전해볼까요? 힌트를 드리자면 왼쪽 잎을 뜨고 나
서 잎맥 줄기에 사슬뜨기 1줄을 더 뜹니다. 요령은 한길 긴뜨
기의 다리를 충분히 길게 뜨는 것입니다.
정답은 뜨개로 이어지는 Web 매거진 'amimono'의 신여성의
〈뜨개조화술〉에 실렸습니다. 꼭 한번 도전해보세요.

Yarn World

이거 진짜 대단해요! 뜨개 기호
무늬뜨기 기호도안 보는 법【대바늘뜨기】

무늬뜨기의 기호도안 보는 법

무늬뜨기

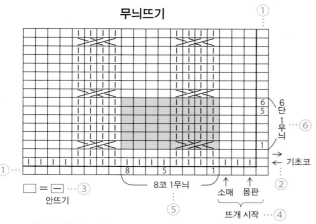

※《털실타래》에서는 사용하지 않는 정보도 있습니다.

정보가 가득해요~!

뜨개코의 모양

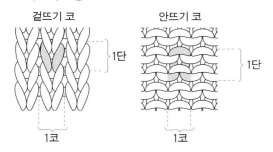

뜨개코의 이름

여러분, 뜨개질하고 있나요? 뜨개 기호를 아주 좋아하는 뜨개남(아미모노)입니다. 뜨개질의 계절 가을, 뜨지 않을 수 없네요. 이번에는 무늬뜨기의 기호도안 보는 방법을 소개합니다. 이 연재는 기호에만 스포트라이트를 비추어 깊이 파고들자는 취지이지만, 다시 한번 과거의 기사를 살펴보았더니, 기호의 집합체가 무늬라는 당연한 사실을 소개하지 않았다는 사실에 깜짝 놀랐습니다. 여기에서 소개하는 내용은 기초 책에도 실려 있지만, 복습의 의미를 담아 읽어주신다면 감사하겠습니다.

대바늘뜨기 작품의 대부분은 다양한 뜨개코를 조합하여 무늬를 뜨고, 그 무늬의 정보는 기호도안에 정리되어 있습니다. 뜨개의 기호도안은 앞면에서 본 뜨개코의 상태를 그린 것입니다(기계뜨기는 뒷면). 오른쪽에서 왼쪽으로 뜰 때는 기호도안대로, 왼쪽에서 오른쪽으로 뜰 때는 겉뜨기 코는 안뜨기로, 안뜨기 코는 겉뜨기로 뜹니다. 그럼 그림에 있는 번호순으로 살펴보겠습니다.

① 오른쪽 끝의 세로 1줄은 단수, 가장 아래의 가로 1줄은 콧수를 나타냅니다. 이 부분은 뜨개기호가 아니므로 뜨지 않습니다. 그저 모눈 칸입니다.

②《털실타래》에서는 넣지 않는 경우도 많지만, 뜨는 방향을 나타냅니다. 매우 중요합니다.

③ 그림 안에 뜨개기호가 생략됐을 때의 예입니다. 여기서는 빈칸 부분을 안뜨기로 뜹니다.

④ 뜨개 시작의 위치가 지정된 경우는 그 위치에서 뜨기 시작합니다. 몸판, 소매 등 뜨는 위치가 달라지는 경우에 표기합니다.

⑤ 반복하는 무늬의 1개 분량입니다. 뜨는 방법은 먼저 무늬를 뜨기 전에 코(몸판은 3코, 소매는 1코)를 뜨고 무늬 1개의 8코를 반복해서 뜹니다.

⑥ 반복하는 무늬의 1개 분량입니다. 먼저 기초코와 2번째 단을 뜨고 무늬 1개의 6단을 반복해서 뜹니다.

어떠셨나요? 이처럼 기호도안에는 다양한 정보가 가득 담겨 있습니다. 이를 해석할 수 있다면, 그 뜨개 도안의 70% 정도를 공략했다고 해도 과언이 아닙니다. 특히 뜨개 시작은 지정한 콧수를 뜨면 정확히 좌우 대칭이 되는 등, 계산하여 표기되어 있습니다.

기호도안은 독자 여러분이 그대로 뜰 수 있도록 날마다 편집팀이 열심히 노력하고 있는 부분이므로, 그곳에서 정보를 읽고 이해해주시면 감사하겠습니다. 또한 알아두면 좋은 뜨개코의 모양과 이름에 대해서도 참고해주세요.

뜨개남의 한마디

혹시 페이지가 허락한다면 '전도'라고 하는 뜨개코 전체 기호도안을 싣고 싶지만, 그것을 최소 단위로 정리한 것이 무늬뜨기의 기호도안입니다. 조금 어렵다고 생각하는 사람도 익숙해지면 쉽게 이해될 것입니다. 그리고 실제로 뜨지 않더라도, 머릿속으로 뜨는 일도 가능해질 거예요. 뜨개하기 전에 체크해둘 부분 중 하나입니다.

(뜨개남의 SNS도 매일 업로드 중!)
X: nv_amimono
Instagram: amimonojapan

이제 와 물어보기 애매한!?
뜨개 고민 상담실

뜨개를 처음 시작한 분부터 베테랑까지 〈털실타래〉 애독자 카드로 보내주신 다양한
고민거리를 이제 와 새삼 고민 해결사가 느슨~하게 답변해드립니다.

촬영/모리야 노리아키

오늘의 고민은
뭘까?

이제 와 새삼 고민 해결사

상담

'선세탁'이 무엇인가요?

실의 라벨이나 서양의 책에 적힌 '선세탁',

어떤 방법인지 가르쳐주세요.

해설 ### 선세탁이란?

최근 자주 보게 되는 '선세탁'. 주로 서양의 서적이나 수입 털실의 라벨에
웨트 블로킹(wet blocking)으로 등장하는 마무리 방법입니다.
작품은 보통 분무기나 스팀다리미로 마무리하는 경우가 많지만,
'선세탁'으로 하는 마무리도 꼭 한번 시도해보세요.

선세탁의 장점

장점 **1**	장점 **2**	장점 **3**	장점 **4**
실에 남아 있는 먼지나 염료, 냄새 등을 제거할 수 있다(특히 수입 실에 추천. 일본 실은 세정 처리를 마쳤기 때문에 선세탁이 불필요한 경우가 많음).	방모실은 선세탁에 의해 실 고유의 좋은 점이 드러나고 촉감이 좋아진다.	뜨개코를 가지런하고 고르게 할 수가 있다. 여름 실이나 편물이 비스듬히 틀어지기 쉬운 실을 사용한 작품에도 추천합니다.	실을 충분히 물에 적심으로써 실의 꼬임이 살짝 느슨해지고, 편물이 폭신하고 부드러워진다.

참고

P.10의 스웨터의 편물을 선세탁해보았습니다
이번 호에 실린 작품의 편물을 선세탁해보았습니다. 느낌의 변화를 살펴봅시다.

그럼 이 베스트를
선세탁 해봅시다!

선세탁 전
부분부분 뜨개코가 고르지 않고,
코 사이에 빈 곳이 있습니다.

선세탁 후
실이 폭신하게 부풀고,
편물이 부드러워졌습니다.

표면을 가볍게 펠팅한 것
폭신폭신하고 따뜻한 느낌이 되었습니다.

스와치로 테스트하면
더욱 안심할 수 있어요.

실천편 선세탁을 해보아요

미지근한 물을 대야에 담고, 살며시 누르며 세탁합니다.
물기를 제거할 때는 비틀어 짜지 않도록 주의하세요.
선세탁을 한 후의 크기 변화가 걱정될 때는 먼저 스와치를 선세탁하여 게이지를 확인해두세요.

준비물

대야(큼지막한 세숫대야 등), 체온 정도의 미지근한 물, 울샴푸(필요에 따라), 수건, 니트 건조망

❶ 대야에 체온 정도의 미지근한 물을 담습니다. 실이 더러울 때는 필요에 따라 울샴푸를 넣습니다.

❷ 공기를 빼듯이 작품을 부드럽게 눌러 물에 적시고, 20분 정도 미지근한 물에 담가 둡니다.

❸ 문지르거나 주무르지 않도록 주의하며 부드럽게 눌러 빨고, 깨끗한 미온수로 헹굽니다.

❹ 편물을 가볍게 펠팅하고 싶을 때는 손으로 부드럽게 표면을 문지릅니다.

❺ 마른 수건 위에 올리고, 수건 전체를 끝에서부터 말아 물기를 뺍니다.

❻ 평평한 건조망에 모양을 정돈하며 펼치고 그늘에서 완전히 말립니다.

선세탁이 끝난 베스트의 편물

실이 폭신하게 부풀고 코가 정돈되었습니다.

특히 수입 실로 뜬 작품은 꼭 시험해보세요.

재료
[실] DMC 콜도넷 스페셜 no.80 하얀색(BLANC)
[부자재] 꽃철사(지철사) #35, DMC 자수실 베이지(842) 약간, 경화액 스프레이(Neo Rcir), 접착제, 액체 염료(Roapas Rosti), 사용하는 색은 도안 표를 참고하세요.

도구
레이스 바늘 14호

완성 크기
도안 참고

POINT
●꽃·이파리를 뜹니다. 지정된 색으로 물들이고 마르면 모양을 잡아서 경화 스프레이를 뿌립니다. 열매는 접착제에 지정된 색의 염료를 섞은 후 철사 끝부분에 바르고 말립니다. 꽃·이파리·열매는 마무리하는 법을 참고해서 조합합니다. 줄기를 염색하고 마르면 경화 스프레이를 뿌립니다. 꽃술용 실을 물들인 후 잘게 잘라서 꽃 B 가운데에 접착제로 붙입니다. 꽃·이파리·열매를 가지런히 모아 묶은 후 브로치 핀과 함께 양면테이프로 감아 고정합니다. 양면테이프 위에 자수실을 감아 마무리합니다.

염료 사용색과 꽃 개수

	염료	꽃 A	꽃 B	꽃 C
꽃(진분홍색)	빨간색, 레드 바이올렛	2개	1개	
꽃(분홍색)	빨간색	2개	1개	1개
꽃(오렌지색)	빨간색, 노란색	1개		1개
이파리,꽃받침,줄기	노란색, 파란색			
열매	빨간색			
꽃술	노란색			

※모두 레이스 바늘 14호로 뜬다.

꽃받침

9장

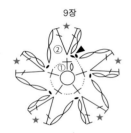

★ =한길 긴뜨기 코다리 1가닥에 바늘을 넣고 실을 빼낸다

★ 뜨는 법

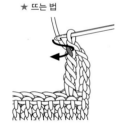

화살표처럼 바늘을 넣어서 실을 빼낸다

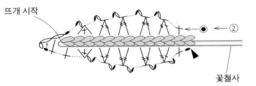

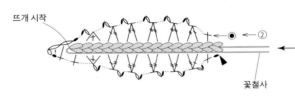

뜨개 시작

꽃철사

◁◁◁ =짧은뜨기 코머리

► =실 자르기

이파리(소)

9장

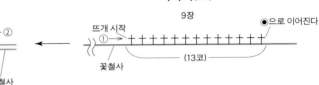

뜨개 시작
① ②
꽃철사
(13코)
◉으로 이어진다

이파리(대)

3장

뜨개 시작
① ②
꽃철사
(15코)
◉으로 이어진다

이파리 뜨는 법(공통)

① 꽃철사 1가닥을 짧은뜨기로 감아 뜬다.
　※기초 사슬의 매듭에 철사를 통과시켜 뜨개를 시작한다.
② 2단은 첫 단의 짧은뜨기 뒤 반 코를 주워서 뜨고, 첫 단의 뜨개 시작에서 철사를 구부려 1단의 남은 반 코와 함께 감아 뜬다.

열매 마무리하는 법

열매 A 1개
열매
줄기

열매 B 1개
열매
줄기

열매 C 1개
열매
줄기

① 접착제에 빨간색 염료를 섞어 착색한다.
② 철사 끝부분에 ①을 바르고 말린다.
　3~4번 반복해서 원하는 크기로 만든다.
③ 줄기는 철사를 모아서 접착제를 바르면서 실을 감는다.

이파리 마무리하는 법

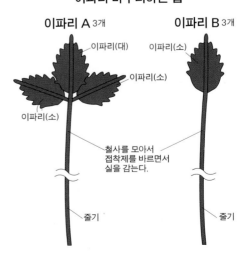

이파리 A 3개
이파리(대)
이파리(소)
이파리(소)
철사를 모아서 접착제를 바르면서 실을 감는다.
줄기

이파리 B 3개
이파리(소)
줄기

안쪽 꽃잎
꽃 A:5장, 꽃 C:2장

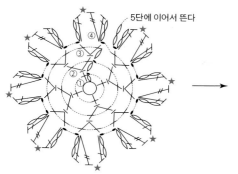

5단에 이어서 뜬다

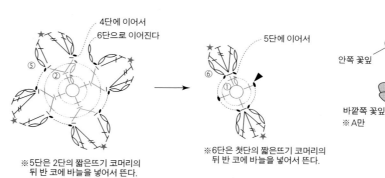

4단에 이어서
6단으로 이어진다

5단에 이어서

꽃 A·C 마무리하는 법

안쪽 꽃잎

바깥쪽 꽃잎
※A만

철사

※6단은 첫단의 짧은뜨기 코머리의
뒤 반 코에 바늘을 넣어서 뜬다.

※5단은 2단의 짧은뜨기 코머리의
뒤 반 코에 바늘을 넣어서 뜬다.

╈ = 짧은 이랑뜨기
★ = 두길 긴뜨기 코다리 1가닥에 바늘을 넣어 실을 빼낸다

※철사에 안쪽 꽃잎을 통과시켜서 반으로 접고,
꽃 A는 다시 바깥쪽 꽃잎을 통과시킨다.

바깥쪽 꽃잎
꽃 A:5장, 꽃 B:2장

6단으로 이어진다

5단에 이어서

꽃 마무리하는 법 (공통)

꽃 B 마무리하는 법

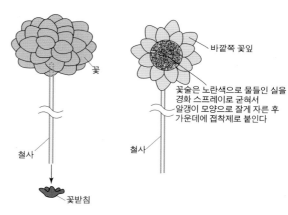

꽃

철사

꽃받침

바깥쪽 꽃잎

꽃술은 노란색으로 물들인 실을
경화 스프레이로 굳혀서
알갱이 모양으로 잘게 자른 후
가운데에 접착제로 붙인다

철사

╈ = 짧은 이랑뜨기
★ = 세길 긴뜨기 코다리 1가닥에 바늘을 넣어 실을 빼낸다

※6단은 3단의 짧은뜨기 코머리의
앞 반 코에 바늘을 넣어서 뜬다.

① 꽃받침을 철사에 통과시키고,
꽃 아래쪽과 꽃받침을 접착제로 붙인다.
② 철사를 모아서 접착제를
바르면서 실을 감는다.

마무리하는 법

앞면

뒷면

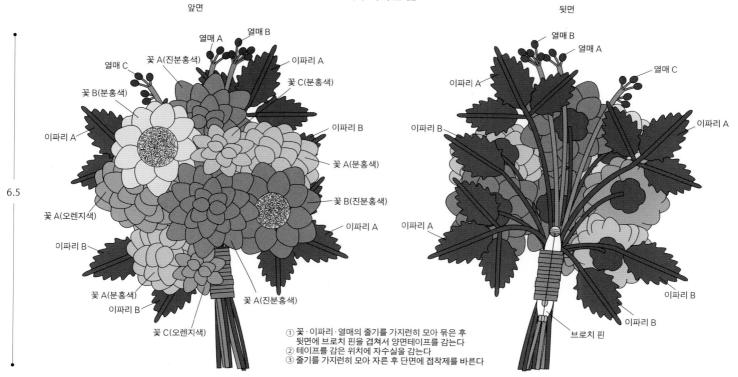

6.5

열매 A
열매 B
열매 C
꽃 A(진분홍색)
꽃 C(분홍색)
꽃 B(분홍색)
이파리 A
이파리 A
이파리 B
꽃 A(분홍색)
꽃 A(오렌지색)
꽃 B(진분홍색)
이파리 B
이파리 A
꽃 A(분홍색)
꽃 A(진분홍색)
이파리 B
꽃 C(오렌지색)

열매 B
열매 A
이파리 A
열매 C
이파리 B
이파리 A
이파리 A
이파리 B
이파리 B
브로치 핀

① 꽃·이파리·열매의 줄기를 가지런히 모아 묶은 후
뒷면에 브로치 핀을 겹쳐서 양면테이프를 감는다
② 테이프를 감은 위치에 자수실을 감는다
③ 줄기를 가지런히 모아서 자른 후 단면에 접착제를 바른다

얀 카탈로그

더위는 가셨지만 너무 춥지는 않은 애매한 간절기에 쓰기 좋은 실 추천!

취재 : 정인경 / 사진 : 김태훈

뜨개머리앤

코튼 울
로완

코튼과 울 소재의 혼용의 4계절 활용할 수 있는 실입니다. 우리나라처럼 간절기가 있는 나라에서는 특히 활용도가 높습니다. 코튼이 혼용되었지만 놀라울 정도로 포근하며 공기 함유율이 높아 무게감이 거의 없습니다. 오가닉 메리노 울과 오가닉 코튼의 조합은 아기 옷을 뜨기에도 손색이 없습니다. 약한 피부에도 자극 없이 부드럽게 입을 수 있는 실입니다.

코튼 60%, 울 40%.

이렇게 써봐요!
여름에서 겨울로 넘어가는 시기에 가볍게 입을 수 있는 카디건을 떠봐요. 충분히 포근하지만 가볍고, 통풍이 잘되어 부담스럽지 않답니다.

실크가든
노로

실크가 45%나 혼용된 고급 실입니다. 섬유 소재 중 실크는 인간 피부의 단백질 구조와 가장 유사하기 때문에 의류로 제작했을 때 가장 입기 편합니다. 실 자체만으로 쾌적하며 체온과 습도를 스스로 조절하는 소재이기 때문이지요. 노로 특유의 컬러감과 컬러 표현력이 높은 실크 소재로 사을의 화려하고 농후한 컬러감을 그대로 재현했습니다.

실크 45%, 모헤어 45%, 램스울 10%, 색상 수／12, 실 중량／50g, 실 길이／100m, 권장 바늘／4.5~5mm(대바늘)

이렇게 써봐요!
노로의 실은 핸드메이드 감성이 마구 느껴지며 선명한 컬러가 특징인 실이에요. 니트웨어도 좋고 포인트가 되는 홈 액세서리 등 개성을 강조하는 작품을 떠보세요!

보타닉 핸드다잉얀 Lace
앵콜스

앵콜스에서 기계가 아닌 손염색으로 출시하는 첫 작품으로, 출시 컬러는 8색이지만 영감을 받아 컬러를 계속 추가할 예정입니다. 다른 실과 합사하여 쓸 수 있는 레이스 두께의 실이며 높은 퀄리티의 메리노울 100% 성분의 실이라 부드럽습니다. 긴 기간동안 다양한 나라의 원사를 테스트하고 고른 만큼 실 자체의 퀄리티가 무척 높다는 것이 특징이에요. 특히 실 이름이 적힌 라벨은 지속가능한 산림 보호와 운영, 환경 의식을 위해 개발된 국제기구 FSC의 인증을 받았습니다.

엑스트라 파인 메리노 울 100%, 실 색상／8, 실 중량／50g, 실 길이／400m, 권장 바늘／2〜3mm(대바늘)

이렇게 써봐요!
사랑스럽고 러블리한 색감의 레이스 실이니 다른 실과 합사해서 작품을 떠보는 것도 좋을 거예요. 흰 색과 합사하면 무난하게 포인트를 줄 수 있고 스패클 색상과 매치하면 독특한 개성을 더할 수 있어요.

앵콜스

아르고 DK
앵콜스

앵콜스 메이드이자 많은 니터들에게 극찬을 받았던 베스트셀러 아르고의 DK 버전. 기존 아르고는 3Ply 두께로 합사해서 뜨기 좋고 한 겹으로 떴을 때 차르르한 맛이 있었다면, 이번 DK 버전은 5ply 로 니트를 뜨기 딱 예쁜 두께이며 더 도톰하고 포근한 편물을 만들 수 있습니다. 기존 아르고와 동일한 원사를 사용하고 색감은 그대로 유지했으며, 출시 전 미리 수많은 테스터 작업을 통해 퀄리티를 증명했습니다.

슈퍼파인 메리노 100%, 실 색상／31, 실 중량／50g, 실 길이／95m, 권장 바늘／4〜5mm(대바늘)

이렇게 써봐요!
아르고의 색감은 어떤 작품에도 어울리기 때문에 그동안 아르고가 너무 얇다고 생각했다면 이번 기회에 원하는 작품을 떠보세요!

니팅 코튼
다루마

100% 코튼으로 만들어진 DK 굵기의 실. 겨울뿐 아니라 다른 계절에도 뜨개를 즐기기 위한 마음에서 만들어진 실인 만큼 가을 혹은 봄, 간절기에 딱 어울립니다. 느슨하게 꼬인 실은 부드럽고 포근한 느낌으로 몸에 닿기 때문에 예민한 사람도 착용하기 좋습니다. 가볍게 솜털이 나 있어 아침 저녁으로 쌀쌀한 계절의 의류로 만들기 좋은 실입니다.

코튼 100%, 색상 수／12, 실 중량／50g, 실 길이／100m, 권장 바늘／3.9〜4.8mm(대바늘), 7/0〜8/0호(코바늘)

이렇게 써봐요!
색감이 좋고 부드러워 간절기 스카프를 떠보는 건 어떨까요? 차르르하게 떨어지는 가을 가디건을 뜨기에도 좋아요.

코와코 이로이로

랑부예
다루마

랑부예 메리노 울은 19세기 프랑스로부터 아메리카 대륙에 처음 전해졌고, 현재 미국에서 가장 인기 있는 품종입니다. 강하게 연사해 자연스러운 탄성을 지니고, 섬세한 무늬가 잘 표현된다는 점이 큰 장점입니다. 고급스러운 컬러감이 돋보이며 매우 부드러운 촉감을 지니고 있습니다. 한 번 써보면 제일 좋아하는 실로 등극하게 되는 매력의 실입니다.

랑부예 메리노 울 100%, 색상 수／12, 실 중량／50g, 실 길이／145m, 권장 바늘／3.3〜3.9mm(대바늘), 5/0〜7/0호(코바늘)

이렇게 써봐요!
바라클라바나 장갑 등 포근한 소품을 뜨기 좋아요. 무늬가 확실하게 드러나는 질감이니 찜해두었던 아란 스웨터를 떠보는 건 어떨까요?

비스켓
울클럽

종이 같은 질감과 부드러운 쿠션감이 좋은 실. 무게가 가벼우며 폭신폭신한 소품실입니다. 종이실 느낌이 나는 바스락거리는 질감이라 소품을 만들 때 좋습니다. 3mm의 두께감으로 가방이나 모자 등 다양한 작품을 쉽고 빠르게 완성할 수 있다는 것이 큰 장점입니다. 습기에 강하기 때문에 변형이 좋고 오랜 기간 사용할 수 있습니다.

PET 60%, V/R 30%, 폴리 10%, 실 색상／25, 실 중량／150g, 권장 바늘／8∼10mm (대바늘), 8/0∼10/0호(코바늘)

이렇게 써봐요!
폭신폭신한 감촉의 간절기용 모자를 떠보는 건 어떨까요? 해는 가리고 찬바람은 막아줘 활용도가 높을 거예요.

울클럽

보울보울
울클럽

뽀글뽀글 풍성한 링구사가 돋보이는 보울보울. 작품에 귀여움을 3배쯤 더해주는 실이라 어떤 작품을 떠도 만족도가 높습니다. 일반 링구사보다 얇아서 옷을 뜨기에도 좋고 다른 실과 합사하면 더 풍성한 느낌을 줄 수 있다는 것이 장점입니다. 알파카 혼방으로 더욱 따뜻하고 코지한 느낌으로 마무리되는 실입니다.

울 55%, 알파카 10%, 나일론 10%, 아크릴 25%, 실 색상／14, 실 중량／50g, 실 길이／115m, 권장 바늘／5∼6mm(대바늘), 3/0∼4/0호(코바늘)

이렇게 써봐요!
몽글몽글한 느낌이 포근함을 더해주는 모자나 스카프, 뽀글뽀글 링구사가 귀여운 동그란 가방을 떠보세요.

Let's Knit in English!
니시무라 도모코의 영어로 뜨자

보기보다 간단! 모자이크뜨기

photograph Toshikatsu Watanabe   styling Akiko Suzuki

2색의 실로 걸러뜨기를 사용하여 무늬를 만드는 모자이크뜨기. 여담이지만, 영어에서는 '모자이크(mosaic)'를 '모제이크'로 발음하기 때문에 알아듣기 힘들 때가 있습니다.

2색의 실을 사용하지만 2단마다 색깔을 바꾸며 뜨기 때문에, 배색무늬처럼 한 번에 2가닥의 실을 쥐고서 뜨는 일은 없습니다. 게다가 모자이크뜨기의 뜨개 도안에서는 매단 걸러뜨기하는 코도 뜨개기호로 표시하기 때문에 매우 복잡해 보입니다. 실제로는 그렇지 않은데 말이죠.

영문 패턴에서는 모자이크뜨기의 2단(왕복 1회)을 1칸으로 표시하기도 합니다. 2단마다 뜨는 실의 색상을 바꾸므로, 그 단의 칸 색상과 같은 색의 칸은 '뜨기'를 하지 않는 경우는 '걸러뜨기'를 합니다. 그 규칙만 지킨다면 OK입니다.

모눈 칸으로 표시하지 않는 경우에도 knit(겉뜨기)와 slip(걸러뜨기)의 둘 중 하나뿐. 게다가 2번째 단은 앞 단의 코와 똑같이 뜨면(걸러뜨기일 때는 실을 앞쪽으로 걸친다) 되기 때문에, 짝수 단은 생략할 수 있습니다.

뜨개 약어

약어	영어 원어	우리말 풀이
CO	cast on	기초코
k	knit	겉뜨기 코, 겉뜨기
st(s)	stitch(es)	뜨개코
rep	repeat	반복한다
WS	wrong side	(편물의) 안쪽, 안면
sl	slip	걸러뜨기

Note: For all WS rows, knit the sts worked with the same color as the working yarn and slip with yarn in front remaining sts.

\<Pattern A\> Multiple of 8 sts + 1

CO 25 sts. Work set-up row with B.
Row 1: With A, k1, rep (k3, sl1) to last 4 sts, k4.
Row 3: With B, k1, rep (sl1, k1) to end.
Row 5: With A, k1, rep (k7, sl1) to last 8 sts, k8.
Row 7: With B, k1, rep (k2, sl1, k1, sl1, k3) to end.
Row 9: With A, work as Row 5.
Row 11: With B, work as Row 3.
Row 13: With A, work as Row 1.
Row 15: With B, knit to end.

〈번역〉 겉=겉뜨기

※짝수 단(뒷면의 단)은 뜨는 실과 같은 색의 코는 겉뜨기로 뜨고, 전 단에서 걸러뜬 코는 실을 앞쪽으로 걸치기 때문에 기재를 생략하였습니다.

\<패턴A\> 8코의 배수+1코

B색으로 기초코 25코 만들기.
준비 단: B색으로 겉뜨기.
1번째 단·A색: 겉 1, 【겉 3, 걸러뜨기 1】, 끝에 4코가 남을 때까지 【~】을 반복하고, 겉 4.
3번째 단·B색: 겉 1, 【걸러뜨기 1, 겉 1】 끝까지 【~】을 반복한다.
5번째 단·A색: 겉 1, 【겉 7, 걸러뜨기 1】, 끝에 8코가 남을 때까지 【~】을 반복하고, 겉 8.
7번째 단·B색: 겉 1, 【겉 2, 걸러뜨기 1, 겉 1, 걸러뜨기 1, 겉 3】, 끝까지 【~】을 반복한다.
9번째 단·A색: 5번째 단과 똑같이 뜬다.
11번째 단·B색: 3번째 단과 똑같이 뜬다.
13번째 단·A색: 1번째 단과 똑같이 뜬다.
15번째 단·B색: 끝까지 겉뜨기.

\<Pattern B\> Multiple of 8 sts + 3

CO 27 sts. Work set-up row with B.
Row 1: With A, k1, rep (k1, sl3, k4) to last 2 sts, k2.
Row 3: With B, k1, rep (k6, sl1, k1) to last 2 sts, k2.
Row 5: With A, k1, rep (sl1, k3) to last 2 sts, sl1, k1.
Row 7: With B, k1, rep (k1, sl3) to last 2 sts, k2.
Row 9: With A, work as Row 5.
Row 11: With B, k1, rep (k2, sl1, k5) to last 2 sts, k2.
Row 13: With A, k1, rep (k5, sl3) to last 2 sts, k2.
Row 15: With B, k1, rep (sl1, k3) to last 2 sts, sl1, k1.

\<패턴B\> 8코의 배수+3코

B색으로 기초코 27코 만들기.
준비 단: B색으로 겉뜨기.
1번째 단·A색: 겉 1, 【겉 1, 걸러뜨기 3, 겉 4】, 끝에 2코가 남을 때까지 【~】을 반복하고, 겉 2.
3번째 단·B색: 겉 1, 【겉 6, 걸러뜨기 1, 겉 1】, 끝에 2코가 남을 때까지 【~】을 반복하고, 겉 2.
5번째 단·A색: 겉 1, 【걸러뜨기 1, 겉 3】, 끝에 2코가 남을 때까지 【~】을 반복하고, 걸러뜨기 1, 겉 1.
7번째 단·B색: 겉 1, 【겉 1, 걸러뜨기 3】, 끝에 2코가 남을 때까지 【~】을 반복하고, 겉 2.
9번째 단·A색: 5번째 단과 똑같이 뜬다.
11번째 단·B색: 겉 1, 【겉 2, 걸러뜨기 1, 겉 5】, 끝에 2코가 남을 때까지 【~】을 반복하고, 겉 2.
13번째 단·A색: 겉 1, 【겉 5, 걸러뜨기 3】, 끝에 2코가 남을 때까지 【~】을 반복하고, 겉 2.
15번째 단·B색: 겉 1, 【걸러뜨기 1, 겉 3】, 끝에 2코가 남을 때까지 【~】을 반복하고, 걸러뜨기 1, 겉 1.

<Pattern C> Multiple of 10 sts + 7 sts

CO 27 sts. Work set-up row with B.
Row 1: With A, k1, rep (k3, sl1, k1, sl1, k4) to last 6 sts, k3, sl1, k2.
Row 3: With B, k1, *k2, sl1, k3, (sl1, k1) twice; rep from * to last 6 sts, k2, sl1, k3.
Row 5: With A, k1, rep (k1, sl1, k7, sl1) to last 6 sts, k1, sl1, k4.
Row 7: With B, k1, *k2, (sl1, k1) twice, k2, sl1, k1; rep from * to last 6 sts, k2, (sl1, k1) twice.
Row 9: With A, k1, *k5, (sl1, k1) twice, k1; rep from * to last 6 sts, k6.
Row 11: With B, k1, *(sl1, k3) twice, sl1, k1; rep from * to last 6 sts, sl1, k3, sl1, k1.
Row 13: With A, k1, *(k1, sl1) twice, k6; rep from * to last 6 sts, (k1, sl1) twice, k2.
Row 15: With B, k1, rep (sl1, k3, sl1, k1, sl1, k3) to last 6 sts, sl1, k3, sl1, k1.
Row 17: With A, k1, rep (k7, sl1, k1, sl1) to last 6 sts, k6.
Row 19: With B, k1, *sl1, k1, (sl1, k3) twice; rep from * to last 6 sts, sl1, k1, sl1, k3.

<패턴C> 10코의 배수+7코

B색으로 기초코 27코 만들기.
준비 단: B색으로 겉뜨기
1번째 단·A색: 겉 1, 【겉 3, 걸러뜨기 1, 겉 1, 걸러뜨기 1, 겉 4】, 끝에 6코가 남을 때까지 【~】을 반복하고, 겉 3, 걸러뜨기 1, 겉 2.
3번째 단·B색: 겉 1, 【겉 2, 걸러뜨기 1, 겉 3, (걸러뜨기 1, 겉 1)을 2번】, 끝에 6코가 남을 때까지 【~】을 반복하고, 겉 2, 걸러뜨기 1, 겉 3.
5번째 단·A색: 겉 1, 【겉 1, 걸러뜨기 1, 겉 7, 걸러뜨기 1】, 끝에 6코가 남을 때까지 【~】을 반복하고, 겉 1, 걸러뜨기 1, 겉 4.
7번째 단·B색: 겉 1, 【겉 2, (걸러뜨기 1, 겉 1)을 2번, 겉 2, 걸러뜨기 1, 겉 1】, 끝에 6코가 남을 때까지 【~】을 반복하고, 겉 2, (걸러뜨기 1, 겉 1)을 2번.
9번째 단·A색: 겉 1, 【겉 5, (걸러뜨기 1, 겉 1)을 2번, 겉 1】, 끝에 6코가 남을 때까지 【~】을 반복하고, 겉 6.
11번째 단·B색: 겉 1, 【(걸러뜨기 1, 겉 3)을 2번, 걸러뜨기 1, 겉 1】, 끝에 6코가 남을 때까지 【~】을 반복하고, 걸러뜨기 1, 겉 3, 걸러뜨기 1, 겉 1.
13번째 단·A색: 겉 1, 【(겉 1, 걸러뜨기 1)을 2번, 겉 6】, 끝에 6코가 남을 때까지 【~】을 반복하고, (겉 1, 걸러뜨기 1)를 2번, 겉 2.
15번째 단·B색: 겉 1, 【걸러뜨기 1, 겉 3, 걸러뜨기 1, 겉 1, 걸러뜨기 1, 겉 3】, 끝에 6코가 남을 때까지 【~】을 반복하고, 걸러뜨기 1, 겉 3, 걸러뜨기 1, 겉 1.
17번째 단·A색: 겉 1, 【겉 7, 걸러뜨기 1, 겉 1, 걸러뜨기 1】, 끝에 6코가 남을 때까지 【~】을 반복하고, 겉 6.
19번째 단·B색: 겉 1, 【걸러뜨기 1, 겉 1, (걸러뜨기 1, 겉 3)을 2번】, 끝에 6코가 남을 때까지 【~】을 반복하고, 걸러뜨기 1, 겉 1, 걸러뜨기 1, 겉 3.

니시무라 도모코

어린 시절 손뜨개와 영어를 만나서 학창 시절에는 손뜨개에 몰두했고, 사회인이 되어서는 영어와 관련된 일을 했다. 현재는 양쪽을 살려서 영문 패턴을 사용한 워크숍·통번역·집필 등 폭넓게 활동하고 있다. 저서로는 국내에 출간된 《손뜨개 영문패턴 핸드북》 등이 있다. Instagram : tette.knits

옐로는 용기를 주는 색

La Bien Aimée 라비앙 에이미(프랑스)

약 십수 년 전부터 유럽과 미국에서 유행하기 시작한 손염색실은
세계적인 확산을 보이며 최근에는 일본에서도 취급점과 다이어(손염색 작가)가 늘고 있습니다.
다이어인 Chappy(채피) 씨가 각국의 다이어를 소개하면서 손염색실의 세계를 탐방합니다.

취재·글·사진: Chappy (Chappy Yarn)

파리의 수예점에도 라비앙 에이미의
뜨개실이 진열되어 있습니다.

파리 13구의 주택가를 지나면 보이는
라비앙 에이미.

세계의 손염색을 찾아 떠나는 여행. 이번에는 세계적인 인기를 자랑하는 La Bien Aimée(라비앙 에이미)입니다. 우아하고 매력적인 손염색 실이 탄생하는 파리의 스튜디오로 오너인 에이미를 만나기 위해 방문하였습니다.

따뜻하게 반겨준 에이미는 한국계 미국인입니다. 2008년부터 프랑스에서 '살롱 드 테'라는 티 룸을 경영하면서 숍에서 털실도 판매하고, 매주 뜨개 나이트를 주최했다고 합니다. 손염색 뜨개실이 인기를 얻게 되어 2015년에 라비앙 에이미를 시작하였습니다. 10년이 채 지나기 전에 직원 30명, 다이어 3명(2023년 취재 당시)이 합류하여 손염색 털실로는 큰 규모의 브랜드로 성장하였고 세계로 손염색 실을 수출하고 있습니다.

방문한 공장 건물의 넓은 공간에는 염색 스튜디오, QC(품질 체크) 룸, 창고, 에이미의 전용 아틀리에, 홍보 공간, 직원들이 쉴 수 있는 스태프 룸까지 완비되어 있었습니다. 염색 스튜디오에서는 마침 컴퓨터에서 인쇄한 레시피를 손에 들고 다이어들이 그날 염색할 실이며 수량을 협의하는 중이었습니다. 들어보니, 하루

에 1,000타래 정도를 염색한다고 합니다.

"티 룸을 운영하며 고객들이 좋아하는 색깔이며 베이스를 알게 된 것이 굉장히 도움이 많이 되었어요. 400가지 이상의 손염색 레시피가 있고, 8년 전부터 모든 컬러를 레귤러 베이스로 염색하고 있습니다. 그것이 가능했기 때문에 성공할 수 있었다고 생각해요. 그 점이 자랑이기도 하고요. 우아하고 입기 쉽고, 색과 색이 아름답게 어우러지는 실을 만들기 위해 노력하고 있습니다."

많은 레시피 가운데 가장 좋아하는 것은 브랜드의 이미지 컬러이기도 한 옐로.
"어렸을 때부터 노란색이 너무 좋았는데, 어머니가 아시아인이라서 피부가 노라니까 노란색 옷은 입지 말라고 했었죠. 노란색에는 부정적인 이미지가 계속 있었지만, 가장 좋아하는 뜨개실 사업을 시작할 때 그 부정적 이미지를 긍정적인 것으로 바꾸고 싶다고 생각했어요. 그럴 수밖에 없는 게, 노란색은 내가 가장 좋아하는 색이기도 하고 내 고향 캔저스의 색이기도 하니까요. 행복과 용기를 주는 색이라고 생각해요."

채피(Chappy)

손염색 아티스트. 손염색실 브랜드 Chappy Yarn 다이어 겸 CEO. 도쿄에서 태어나 홍콩에 살고 있다. 2015년부터 보고 뜨고 입어서 즐거운 촉감을 중시한 손염색실을 선보이고 있다. 이벤트와 인터넷을 중심으로 뜨는 사람이 행복해지는 손뜨개실을 목표로 활동하고 있다.
Instagram : Chappy Yarn

압권인 'Yellow Brick Road' 컬러 샘플.

1／애니메이션과 연관된 Hayao Miyazaki 컬렉션. 실은 왼쪽부터 Ponyo & Sosuke, Howl & Sophie, Granmamere. 2／색들이 아름답게 어우러지는 스와치. 다이어에게는 기초부터 염색법을 지도하고. 염색 설비는 염색이 쉽도록 주문 제작하였다. 3／다양하고 풍부한 베이스를 만들고 있다. 삼원색으로 조합하는 레시피는 전부 실험으로 탄생한 오리지널이며, 베이스에 맞춘 염색을 모색 중이다.

라비앙 에이미를 대표하는 옐로의 이름은 'Yellow Brick Road(노란색 벽돌길)'. 캔저스를 무대로 한 '오즈의 마법사'에서 따온 이름입니다.

컬러에 대한 영감은 사진 등의 취미와 여행, TV, 영화, 대중문화 등 다양한 방법을 통해 얻는다고 합니다. 자녀와 함께 자주 보는 일본 애니메이션 가운데 특히 스튜디오 지브리의 영화에는 큰 감명을 받아, 하야오 미야자키 컬렉션이라는 재밌는 시리즈가 탄생하기도 했습니다.

'내가 좋아하는 것을 세상에 내놓고 싶다'는 생각에 디자이너나 다른 뜨개실 회사와 컬래버, 팝업도 적극적으로 참여하고, 코로나19가 한창이던 때에는 책도 2권 출간했습니다. 니터의 마음을 자극하는 기획을 연달아 만들어내는, 손염색실 업계에서는 유독 눈에 띄는 존재입니다. 그런 에이미에게 손염색 실에 있어 가장 중요한 것은 무엇인지 묻자, "똑같은 색을 염색하는 것이죠. 손염색은 예술성과 개성이 필요한 유니크한 예술입니다. 그래서 힘든 일이기 때문에 그만두는 사람도 많고, 반복해서 같은 색을 계속 염색하는 기술이 없으면 어려워요. 라비앙 에이미에서는 염색 방법을 전부 매뉴얼화하여, 똑같은 색의 고품질 손염색을 실현하고 있습니다."

손염색 뜨개실에 강한 애착이 있는 한편, 장래에는 고품질의 공장 염색도 염두에 두고 있는 듯합니다. "뜨개를 시작했을 때는 공장 염색의 털실을 사용했기 때문에 그것도 좋아해요. 각각 좋은 점이 있고요. 그래서 가능성을 살펴보고 싶어요."

뜨개실에 대한 깊은 애정과 부정성을 긍정성으로 바꾸어 가는 자세가 다양한 가능성을 차례차례로 끌어당기고 있는지도 모르겠습니다.

끝으로《털실타래》독자에게 보내는 메시지입니다.

"저는 아시아의 니터들이 무엇을 뜨는지 관심이 많습니다. 특히 일본의 옷이며 스트리트 패션은 정말 멋져요. 지난번 일본에 갔을 때는 다양한 아이디어가 떠올랐어요. 여러분은 무엇을 뜨고 있는지 너무 보고 싶습니다."

La Bien Aimée

https://www.labienaimee.com/

4／네프가 들어간 실의 샘플. 오리지널 디자인도 의욕적으로 진행하고 싶다고. 5／창고와 스태프 룸, 에이미의 아틀리에 등, 여기저기의 벽에 브랜드 컬러인 옐로가. 6／오너인 에이미는 개인적으로도 노란색 옷이 많아서 "남편에게 또 노란색 옷 사왔냐는 말을 종종 들어요"라며 웃는다. 참고로 두 번째로 좋아하는 색깔은 핑크.

useful cardigan

돌려 입기 좋은 활용 만점! 카디건

최근 멋쟁이들의 트렌드는 '조용한 럭셔리(quiet luxury)'.
질 좋은 소재를 심플한 디자인으로 품위 있게 스타일링해요.

photograph Shigeki Nakashima styling Kuniko Okabe, Yuumi Sano
hair&make-up Hitoshi Sakaguchi model Marie Claire(168cm)

시크한 블루는 매트한 질감의 실크 실과 보송한 모헤어 실의 합사로 탄생했습니다. 소매 중심과 몸판 옆선에만 안뜨기로 포인트를 준 남성적 디자인입니다. 톱다운으로 뜨는 매우 가벼운 카디건이에요.

Design／YOSHIKO HYODO
Knitter／구라타 시즈카
How to make／P.186
Yarn／Silk HASEGAWA 코하루 식스, 세이카12

고급스러운 광택과 부드러운 감촉의 실크 100% 실은 흡습성과 방습성. 그리고 보온성도 우수한 소재이지요. 정전기가 잘 일지 않아 가을·겨울 의류에도 적합합니다. 차분한 투 톤 컬러의 배색무늬를 공들여 뜬 어른스러운 분위기의 니트입니다.

Design／오타 싱코
Knitter／스토 데루요
How to make／P.182
Yarn／silk HASEGAWA 코하루 식스

Glasses／글로브 스펙스 에이전트

체크무늬 몸판에 소매는 메리야스뜨기로 깔끔하게!
주머니가 달려서 편하고, 뜨기도 편한 베이직한 디자
인입니다. 흔치 않은 로열 베이비 알파카에 메리노 울
을 믹스한 부드럽고 가벼운 프리미엄 실로 떴습니다.

Design／가와이 마유미
Knitter／이시카와 기미에
How to make／P.191
Yarn／올림포스 KUKAT(쿠캇)

파스텔 색조의 줄무늬도 빛바랜 듯한 느낌의 어른스
러운 스타일입니다. 다양한 무늬를 조합해서 질리지
않고 뜰 수 있고, 앞뒤 어느 쪽으로 입어도 좋은 재밌
는 디자인입니다. 코튼이 섞인 모헤어 얀은 가볍고 피
부에 닿는 촉감도 좋아요.

Design／오카 마리코
Knitter／미즈노 준
How to make／P.188
Yarn／올림포스 자연의 이음 mofu

페루 산의 울 100%, 극태 타입의 슬러브 얀으로 뜬
숄칼라 카디건입니다. 재킷처럼 걸칠 수 있어 코트의
계절 겨울까지 대활약할 게 분명해요! 심플하지만 심
혈을 기울인 디자인이니 도전하고 싶은 마음이 샘솟
아요.

Design／시바타 준
How to make／P.192
Yarn／나이토상사 러빙 슬러브

북유럽 스타일의 배색무늬를 극태 타입의 슬러브 얀
으로 떴습니다. 모노 톤의 투 톤 컬러가 스타일리시합
니다. 실을 가로로 걸치는 배색무늬는 따뜻함의 대명
사이지요. 느슨하게 꼰 슬러브 얀은 폭신하고 촉감이
부드러워 매력적입니다.

Design／오카모토 마키코
How to make／P.195
Yarn／나이토상사 러빙 슬러브

Yarn. 몽글 키드모헤어

Pattern. Moby Sweater
by,아르고 DK

Yarn. 아르고 DK

Needle. 치아오구 포르테2.0

아르고 DK
±50g / 95m / 4.0~5.0mm
/ Superfine Merino 100%

몽글 키드모헤어
±25g / 325m / 3.0~3.5mm
/ Fine Kid Mohair 70% + Nylon 30%

메탈릭 플레이코드로 뜨는
플라워 카드 케이스

작품 디자인 & 제작 : 실데렐라 / 사진 : 김태훈 / 실 지원 : 울클럽

뜨개 의류, 가방, 소품을 디자인하는 실데렐라가 메탈릭 플레이코
드로 만든 카드 케이스입니다. 메탈릭 플레이코드는 가늘고 유연하
면서 탄성이 적은 실에 고급 메탈 필름을 감아 만들어 영롱한 컬러
가 매력 포인트지요. 메탈릭 특유의 유니크한 반짝임이 꽃 패턴과
만나 신비로운 분위기를 자아냅니다.

How to make／P.204

메탈릭 플레이코드 구매 링크
전 5색 QR

photograph Hironori Handa styling Masayo Akutsu hair&make-up Yuri Arai model Silvija(177cm)

Couture Arrange

시다 히토미의
쿠튀르 어레인지

요크 브이넥 니트

〈쿠튀르 니트 8〉에서

밑단에 V자 무늬가 들어간 슬리브리스 풀오버였다.

가을이 왔음을 느끼고, 문득 떠오른 것은 지나온 삶 속에서 다양한 것들을 만났던 가을의 날들입니다. 담담하게 지나가는 아무렇지도 않은 매일이 새삼스레 무척이나 소중하게 느껴지는 가을입니다.

이번에는 슬리브리스 풀오버의 몸판을 위아래 뜨는 방향을 다르게 하여 7부 소매 풀오버로 어레인지해보았습니다. 형태는 기장을 짧게 하고 품은 넉넉하게, 소매는 풍성하게, 목둘레는 브이넥입니다. 실은 부드럽고 가벼운 모헤어 소재로, 색상은 코디하기 쉬운 베이지를 선택하였습니다.

원본의 슬리브리스 풀오버의 무늬를 어레인지한 곳은 메인인 V자 레이스 무늬를 조금 짧게 하여 4줄의 꼬아뜨기 라인 사이에 레이스 무늬를 더한 부분입니다. 무늬의 배치로 제법 이미지가 바뀌었습니다.

이번에는 작품 만드는 방법을 좀 더 간단하게 해보려고 노력했습니다. 예를 들어, 몸판 위아래를 합치는 부분이나 몸판 중심의 잇는 부분 등입니다. 공들여 고안한 부분은 제대로 지키면서 러프한 기법을 시도해보았는데 어떤가요?

detail

좌우의 소매에서 몸판의 브이넥 부분은 코를 줄이고, 남은 코는 덮어씌워 잇기로 연결합니다. 뒤판은 직선으로 뜨고, 등 중심에서 같은 방법으로 연결합니다. 목둘레는 앞의 V 자 뾰족한 부분에서부터 얇게 테두리뜨기를 합니다. 평면 뜨기로 뜬 다음, 위쪽은 돗바늘로 떠서 잇기로 연결하고, 아래쪽은 시접에 꿰맵니다.

중심에서 덮어씌워 잇기를 한 코는 새로운 무늬를 만들어 내므로, 그것을 그대로 살립니다. 뒤목둘레를 앞으로 해서 일반적인 넥라인 느낌으로 입을 수도 있습니다. 몸판의 아랫부분은 덮어씌워 코막음을 하여 윗부분과 연결합니다.

소맷부리는 그대로 코를 줄여 고무뜨기를 뜨면 풍성한 느낌이 유지되지 않습니다. 코바늘로 필요한 콧수로 줄이면서 코를 막고, 거기에서 코를 주워 목둘레와 같은 무늬를 뜹니다. 밑단의 고무뜨기 코막음을 할 때는 조이지 않도록 주의합니다.

〈쿠튀르 니트 8〉에서
Knitter／마키노 게이코
How to make／P.200
Yarn／다이아몬드케이토 다이아모헤어두 알파카
Blouse／산타모니카 하라주쿠점

오카모토 게이코의 Knit +1

올가을에는 가장 좋아하는 배색무늬 니트를 뜨고 싶어요. 컬러풀하거나 시크한 것 중에 취향은 어떤 것인가요?

photograph Shigeki Nakashima styling Kuniko Okabe, Yuumi Sano
hair&make-up Hitoshi Sakaguchi model Marie Claire(168cm)

첫 배색무늬 도전작은 아이가 유치원 학예회에서 입을 노르딕 무늬의 스웨터였습니다. 그레이 바탕에 검은색을 배색하여 눈 결정 모양을 배색했습니다. 아주 오래전 일이지만, 뒷면의 걸치는 실이 당기지 않게 신경을 쓰며 열심히 뜬 스웨터는 굉장히 귀여웠답니다. 그 스웨터를 보면서 '만들고 싶다. 뜨개를 배우고 싶어' 하는 말이 저절로 나와, 나의 뜨개 인생이 시작되었습니다.

이번에는 가장 좋아하는 배색무늬를 테마로, 페어아일 무늬와 노르딕 무늬를 사용하여 디자인하였습니다. 노르딕 무늬는 노르웨이, 페어아일 무늬는 스코틀랜드의 페어 섬이 발상지로, 400년 이상 이어져 온 전통 무늬입니다. 노르딕 무늬는 눈의 결정, 사슴, 자손 번영의 트리 오브 라이프 등, 북유럽의 자연이 느껴지는 무늬가 기본입니다. 페어아일 무늬는 노르딕 무늬에 비해 컬러풀한 색상의 기하학적 무늬로, 가문(한 집안의 문장)이나 눈 등의 자연 풍경을 모티브로 합니다.

배색무늬의 묘미는 실 고르기와 색상 고르기라고 생각합니다. 1종류의 실에서 모든 색을 선택할 수 있다면 다행이지만, 많은 색을 사용하는 배색무늬일 때는 색상 우선으로 다른 종류의 실에서 선택하기도 합니다. 이번에는 색상 우선으로 종류가 다른 실에서 골라 떠보았습니다. 따스함이 느껴지는 귀여운 스웨터가 완성되었습니다!

오카모토 게이코(岡本啓子)
아틀리에 케이즈케이(atelier K's K) 운영. 니트 디자이너이자 지도자로 전국적으로 왕성하게 활동 중. 오사카 한큐백화점 우메다 본점 10층에 위치한 케이즈케이의 오너. 공익재단법인 일본수예보급협회 이사. 저서로 《오카모토 게이코의 손뜨개 코바늘뜨기》가 있다.
http://atelier-ksk.net/
http://atelier-ksk.shop-pro.jp/

실／캐시미어라테, 카놀라, 마카롱, 카푸치노

오른쪽／전통 페어아일 무늬를 귀여운 느낌으로 배색하였습니다. 배색무늬에 케이블 무늬도 조합하여 변화를 주었습니다. 땋은 머리 같은 라인을 넣었습니다.

Design · Knitter／가토 도모코
How to make／P.198
Yarn／캐시미어라테, 카놀라

왼쪽／큼직한 눈 결정 무늬를 중앙에 배치하고, 라인의 배색을 포인트로 모던하게 디자인하였습니다. 고무뜨기와의 경계에 줄줄이 늘어놓은 버블이 귀여운 디테일입니다.

Design · Knitter／혼타니 지에미
How to make／P.197
Yarn／마카롱, 카푸치노

내가 만든 '털실타래' 속 작품

〈털실타래 Vol.7〉 43p
@warm.romy

실: 열매달이틀 여름방학실
열매달이틀 여름방학실로 떴어요. 뜨기도 쉽고
빠르게 완성되기 때문에 쑥쑥 늘어나는 편물을
보는 즐거운 작업이었고요. 사계절 내내 예쁘게
입을 수 있을 것 같아요!

〈털실타래 Vol.6〉 31p
채아(@beliz_crochet)

실: 호비라호비레 코튼셸리(원작실)
간단한 패턴에 비해 색상 조합이 화려해서 지루
하지 않게 떴습니다. 실도 코튼실이라 봄에 뜨기
딱 좋은 작품이었습니다.

〈털실타래 Vol.5〉 29p
이학선(@son_man_se)

실: 낙양모사 폭스
담비사로 만들어진 폭스는 얇은 실이지만 보온
성이 뛰어나고 촉감이 부드러운 실로 2겹으로
사용했습니다. 투웨이 지퍼를 달아 따뜻한 점퍼
의 느낌을 표현했고, 보슬보슬 블랙의 털들이 고
급스러움을 보여 줍니다. 책의 표현대로 요크의
나열된 비침무늬가 사랑스럽게 보입니다. 모두들
부러워하는 작품, 손뜨개 니트입니다.

〈털실타래 Vol.8〉 79p
@neulbo.knit

실: 뜨개머리앤 DMC 에코비타 size4(g86103
노스텔지아)
라벨지 속에 꽃씨가 들어있다는 에코비타로 가
방을 만들었어요. 라벨지를 심으면 예쁜 꽃을 볼
수 있다니! 환경을 생각하는 소비에 동참한 것
같아 뿌듯한 마음이에요. 한 볼만으로 이렇게 지
루하지 않게 아름다운 그러데이션의 편물이 나
왔어요. 꽃 좋아하시는 엄마께 드릴 거라 꽃도 떠
서 달아주었더니 너무 사랑스럽지 않나요?

〈털실타래 Vol.5〉 20p
이예은 / 마요@mayoring_o

실: 열매달이틀 아람(멜란지블루)
털실타래 vol.5 가을호에 수록된 건지니트를 뜬
작품이에요. 다양한 무늬가 가득 들어있음에도
깔끔하고 정갈하게 완성되어 너무 만족했어요. 정
성 들여 뜬 만큼 오래 잘 입을 수 있을 것 같아요.

〈털실타래 Vol.8〉 11p
댄버스(@knitting_danvers)

실: 뜨개머리앤 DMC 네추라린넨
2024년 여름호의 표지 작품은 탑다운으로 뜨
는 래글런 니트로 소매에만 간단한 비침 무늬가
있어 쉽고 빠르게 완성할 수 있었습니다. 쉽지만
결과물은 너무나도 맘에 쏙 들어요. 입어보면서
품과 기장을 조절하며 떴고 소매의 비침 무늬와
네추라린넨 실의 어울림이 좋아 긴 소매로 떴습
니다.

독자분들이 뜬 〈털실타래〉 속 작품을 소개합니다!
원작의 느낌을 살려 완성한 작품, 취향대로 디자인을 조금 변형한 작품, 다른 색으로 떠 새로운 느낌으로
만든 작품까지 모두 만나 보세요.
〈털실타래 Vol.1~9〉 속 작품을 만드셨다면 SNS에 사진과 해시태그(#털실타래)를 함께 업로드해 주세요!

구성·편집 : 편집부

〈털실타래 Vol.5〉 20p
몽글락(유튜브 @monglerak)

실: 열매달이틀 아람(그레이)
초보가 도전했다가 첫 일본식 도안에 시련을 겪었
던 건지니트예요. 하지만 겉뜨기와 안뜨기만으로
이런 다양한 무늬를 만들 수 있다는 게 놀라웠습니
다. 콘사 하나로 옷이 완성되는 것도 너무 신기
했구요. 뉴질랜드 여행하면서 완성했는데 멋진 풍
경을 앞에 두고 뜨개도 해보고, 가볍고 따뜻해서
여행하는 동안 정말 잘 입었어요. 이 옷을 보면 그
때의 추억이 떠올라 너무 특별한 옷이랍니다.

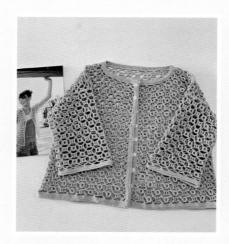

〈털실타래 Vol.8〉 15p
@neul_knitting

실: 샤블리 콘사 3.5콘
동그란 무늬가 독특하고 귀여워 본 순간 반해버
린 디자인이에요. 기본 뜨기만으로 유니크한 패
턴이라니 신기하고 재밌는 작업이었어요. 도안도
심플해 누구나 도전 가능한 작품입니다.

〈털실타래 Vol.5〉 16p
김태태 @tete_pagodeiro

실: 열매달이틀 연화(그레이프프루츠), 바늘이야
기 멀버리실크모헤어(체리)
털실타래 건지니트 편에 실린 빨간색 가디건이
너무도 우아해서 제 몸에 맞게 뜨고 싶었어요. 남
자 사이즈로 뜨느라 너무 오래 걸렸지만 만들고
나니 대만족입니다. 여기저기서 뺏어가려고 해서
이번 가을 겨울도 잘 지켜내야겠어요.

〈털실타래 Vol.8〉 76p
달빛뜨개 @moonbeam_stitch

실: 달빛뜨개 가방실
인스타에서 이 가방을 보고 예쁘다고 찜해두었
는데 털실타래에 수록되어 있어 너무 기쁜 마음
으로 만들었어요. 끈길이는 좀 길게 만들어 숄더
백으로 변형했습니다. 너무 예쁜 가방이에요!!! 꼭
만들어 보셨으면 좋겠어요!

〈털실타래 Vol.8〉 36p
설류(@seolyu_atelier)

실: 하마나카 아프리코라메 420g
평범할 수 있는 캐미솔에 가슴 양옆으로 날개 프
릴을 달고, 아랫단 프릴을 달아 사랑스러운 느낌
이 살아나는 디자인이에요. 날개 프릴이 짧은 소
매같이 팔뚝을 살짝 가려줘서 입기에도 덜 부담
스럽고, 날씬하게 보는 효과를 주는 것 같아요.
이 작품을 뜰 때 주의할 부분은 넓은 프릴로 인
해서 옷이 자칫 무거워질 수 있으니 가볍고 얇은
실을 사용하시면 좋을 것 같아요.

〈털실타래 Vol.6〉 111p
@accidentallyknit 우연히뜨다

실: 퍼피 브리티시 파인+ 퍼피 키드실크 모헤어 /
퍼피 셔틀랜드
모노톤의 컬러 배치로 원작의 느낌을 살려보았습니
다. 가벼운 소재 덕분에 묵직한 느낌의 트위드
도 어깨에 부담이 없을 것 같은 작품이 되었어요.
폭신하고 따스한 겨울이 기대됩니다. 멋진 작품
소개 감사해요!

스윽스윽 뜨다 보니 자꾸 즐거워지는

신·수편기 스이돈 강좌

이번 테마는 '끌어올려뜨기'입니다.
지난 여름호에서 소개한 '바늘 빼기'와 조합해서 투명감 있는 비침무늬를 떠보세요.

photograph Hironori Handa styling Masayo Akutsu hair&make-up Yuri Arai model Silvija(177cm)

바늘 빼기와 끌어올려뜨기 기법을 사용해서
꽃 모양의 무늬를 떠보았습니다. 가벼운 모헤
어와 트리밍용 피코뜨기로 부드러운 무늬가
더욱 돋보입니다. 메리야스뜨기 부분이 많아
도 수편기라면 손쉽게 뜰 수 있어요. 모헤어
실도 깔끔하게 마무리할 수 있답니다.

Design／실버편물연구회 오쿠무라 리에코
How to make／P.202
Yarn／올림포스 피노

Skirt／산타모니카 하라주쿠점

똑같은 바늘 빼기와 끌어올려뜨기를 사용하
는 기법이라도 약간만 변화를 주면 다른 무늬
가 만들어집니다. 밑단과 목둘레는 색을 바꿔
서 스캘럽으로 완성했습니다. 장식적인 끝단
은 심플한 무늬에 포인트가 되어주지요.

Design／실버편물연구회 오쿠무라 리에코
How to make／P.203
Yarn／하마나카 아메리
Skirt／SLOW 오모테산도점

신·수편기 스이돈 강좌

지난 여름호의 '바늘 빼기 무늬'에 '끌어올려뜨기 무늬'를 조합해서 사랑스러운 무늬를 만들었습니다.
수편기라서 가능한 원 포인트의 비침무늬를 즐겨보세요.

촬영/모리야 노리아키

무늬 A 뜨는 법(P.103 작품)

1
버림실 뜨기한 ◆의 코를 바늘에서 빼내고 빈 바늘을 A 위치까지 내립니다.

2
작품을 뜨는 실로 6단을 뜹니다. ◆의 코가 바늘 빼기가 됐습니다.

3
코가 빠지기 쉬우므로 ◆의 양쪽 바늘을 D 위치로 꺼냅니다.

4
◆의 바늘의 1단 아래에서 옮김바늘을 넣고, 바늘 빼기 부분의 걸친 실 6가닥을 들어올려서 빈 바늘에 겁니다.

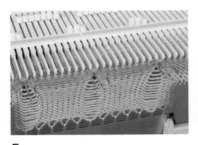

5
걸린 바늘(◆)을 D 위치까지 꺼내서

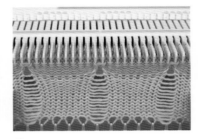

6
모든 코를 뜹니다.

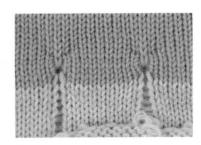

7
겉면에서 본 모습입니다. 뜬 부분은 스캘럽 상태가 됩니다.

무늬 B 뜨는 법(P.103 작품)

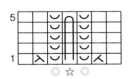

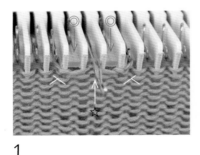

1
◎의 코를 좌우로 겹쳐서 2코 모아뜨기를 하고, 빈 바늘(◎의 바늘)을 A 위치로 내립니다. ☆의 바늘을 D 위치로 꺼내서

2
양쪽 러셀 레버를 끌어올리기(ヒキアゲ)에 놓고 4단을 뜹니다.

3
4단을 뜬 모습입니다.

4
양쪽 러셀 레버를 끌어올리기(ヒキアゲ)에 놓고, ◎의 빈 바늘을 D 위치로 꺼내서 다음 무늬까지 그대로 뜹니다.

5
무늬를 완성했습니다.

6
겉면에서 본 모습입니다.

테두리뜨기하는 법(P.102 작품)

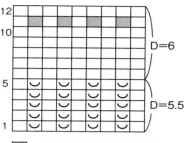

☐ = 1단의 바늘 빼기 부분의 걸친 실을
걸어서 두 겹으로 만든다

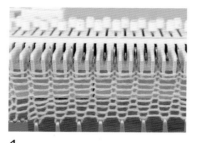

1
1코 걸러 하나씩 바늘 빼기로 버림실 뜨기를 합니다.

2
작품을 뜨는 실로 바꿔서 D=5.5로 5단을 뜨고, 빈 바늘을 B 위치로 꺼냅니다.

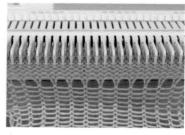

3
D=6으로 6단을 뜹니다.

4
1단의 바늘 빼기 부분의 걸친 실을 1코 걸러 바늘을 걸어 1단을 뜹니다.

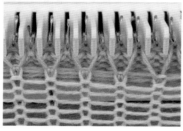

5
12단을 뜬 모습입니다.

6
버림실 뜨기를 빼내서 테두리뜨기를 완성했습니다.

7
겉면에서 본 모습입니다.

무늬뜨기하는 법(P.102 작품)

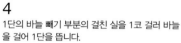

★ ◎ ☆ ◎ ★

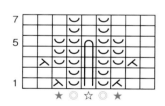

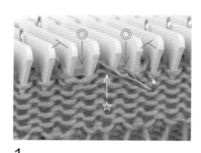

1
1단을 뜨고 ◎의 코를 좌우로 겹쳐서 2코 모아뜨기를 하고, 빈 바늘(◎의 바늘)을 A 위치로 내립니다. ☆의 바늘을 D 위치로 꺼내서

2
양쪽 러셀 레버를 끌어올리기(ヒキアゲ)에 놓고 2단을 뜹니다.

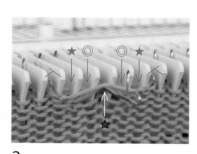

3
★의 코를 좌우로 겹쳐서 2코 모아뜨기를 하고, 빈 바늘(★의 바늘)을 A 위치로 내려서 2단을 뜹니다.

4
양쪽 러셀 레버를 끌어올리기(ヒキアゲ)에 놓고, ★의 빈 바늘을 D 위치로 꺼내서 2단을 뜹니다.

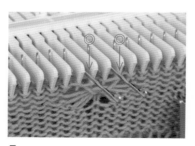

5
◎의 빈 바늘을 D 위치로 꺼내서 다음 무늬까지 그대로 뜹니다.

6
무늬를 완성했습니다.

7
겉면에서 본 모습입니다.

사랑스러운 배색 무늬
손뜨개 양말

샬럿 스톤 저 | 이순선 역 | 지금이책 | 176쪽 | 22,000원

손뜨개 전문 사이트에서 '스톤 니츠Stone Knits'라는
이름으로 감각적인 배색 양말 도안을 선보이는 샬럿
스톤이 첫 번째 도안집이다. 동물, 꽃, 음식, 자연, 기념
일을 주제로 한 각각의 챕터마다 5가지 패턴이 수록되
어 총 25가지의 다채로운 패턴 양말을 만날 수 있다.
꼼꼼한 기초 팁과 완성도를 높이는 친절한 안내에 따
라 나만의 손뜨개 양말을 만들어보자.

아무비히(amuhibi)의
가장 좋아하는 니트

우메모토 미키코 저 | 강수현 역 | 한스미디어 | 112쪽 | 16,800원

일본 유명 니트 작가 'amuhibi'의 감각적인 뜨개 작품
집으로 톡톡 튀는 색감과 매일 입고 싶은 디자인의 옷
과 소품이 가득하다. 레이어드하기 좋은 아란무늬 와
이드 베스트, 파리지앵 느낌의 빅 포켓 카디건, 영문
레터링이 귀여운 노란색 스웨터, 남녀노소 모두 어울리
는 다이아몬드 캡과 양말 등 데일리하면서도 트렌디한
옷을 뜨고 싶은 니터에게 추천한다. 게다가 뜨개에 관
한 알찬 팁 노트도 있어 더욱 알차다.

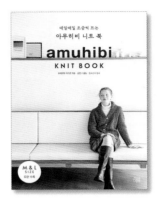

매일매일 조금씩 뜨는
아무히비 니트 북

우메모토 미키코 저 | 김한나 역 | 김수산나 감수 |
지금이책 | 104쪽 | 16,800원

지금 일본에서 가장 핫한 뜨개 숍 '아무히비amuhibi'
의 첫 도안집. 그래픽 디자이너로서의 개성과 감각을
담은 니트웨어 12종과 소품 5종을 수록했다. '아무히
비' 특유의 재치 있고 세련된 스타일로 단순하고 뜨기
쉬우면서도 갖고 싶은 작품들로 채웠다. 또한 편물을
더 아름답게 만드는 법 등 뜨개에 대한 사소한 팁과 방
법이 있어 한층 더 즐거운 뜨개를 할 수 있을 것이다.

손뜨개가 처음인 당신을 위한
5일 완성 니팅쌤 코바늘

니팅쌤 신은영 저 | 시원북스 | 152쪽 | 17,800원

EBS 뜨개 강사, 다이소 공식 뜨개 작가인 니팅쌤은 뜨
개 초보를 위해 코바늘 기초 및 작품 제작을 한 권에
마스터할 수 있는 책을 펴냈다. 5일 과정인 기초 부분
은 누구나 배우기 쉽게 친절한 설명과 사진, 영상(QR)
까지 담았으며 이후 진행되는 실전 부분에서는 난이
도별로 도전할 수 있는 13가지 작품을 만들어볼 수 있
다. 뜨개가 처음이라면 니팅쌤과 함께 코바늘 손뜨개
를 시작해보자.

쉽게 배우는
뜨개 도안의 기초

일본보그사 저 | 배혜영 역 | 한스미디어 | 88쪽 | 20,000원

일본보그사의 뜨개 패턴 기본서가 국내 최초로 출간
되었다. 그동안 니터들이 궁금해 한 편물 제도에 대한
모든 것을 최대한 쉽게 설명한 교과서 같은 책이다. 예
시 작품을 통해 직관적으로 니트 사이즈 조정하는 방
법을 배울 수 있으며 편물의 특성을 반영해 대바늘, 코
바늘 패턴 그리는 법까지 기초부터 차근차근 익힐 수
있다. 제도 공식에 따라 원하는 핏의 스웨터, 카디건을
만들어보자.

우리 강아지를 위한 손뜨개 옷 & 소품 25
귀여운 강아지 뜨개 옷

효도 요시코 저 | 배혜영 역 | 한스미디어 | 96쪽 | 16,800원

귀여운 우리 강아지의 사랑스러움을 업그레이드해줄
강아지 뜨개 옷과 소품을 소개한다. 꽈배기 무늬 스웨
터, 아란 스웨터, 배색 스웨터 등 초소형견부터 중대형
견까지 다양한 사이즈의 도안을 만들 수 있다. 이에 더
해 반려인과 함께 입는 커플 니트, 크로셰 하우스, 장
난감과 산책용 가방까지 강아지를 위한 뜨개 아이템이
가득하다. 이제 책장을 펴서 우리 아이에게 어울릴 옷
이 무엇일지 골라보자.

뜨개하는 날들

박은영 저 | 시공사 | 204쪽 | 17,000원

손뜨개란 시간, 정성, 기술, 마음이 적잖이 들어가는 공예. 이 책에서는 자기만의 뜨개 세상을 선보이는 10인의 작가들의 일과 삶을 엿본다. 포코 그란데의 강보송 작가, 마마랜스 스튜디오의 이하니 작가, 슬로우핸드의 박혜심 작가, 나나스바스켓의 이현주 작가 등 각각의 니터마다 자기만의 디자인을 구축하고 또 그것을 대중에게 소개하고 수익을 창출하기까지 10인의 니터가 걸어온 길을 만나보자.

에코안다리아 디자인 31
어른스러운 손뜨개 가방과 모자

가네코 사치코 외 저 | 제리 역 | 오롯한날 | 96쪽 | 16,000원

프릴, 레이스, 꽃 모티브 등 아기자기한 디자인부터 방안무늬, 줄무늬, 다이아무늬 등 스타일리시한 디자인까지! 코바늘로 뜨는 다양한 가방과 모자를 한 권으로 만날 수 있다. 총 26가지 작품에 베리에이션 디자인 5가지가 수록되어 있으며 상세한 그림 도안과 코바늘 기초 기법도 담아 초보자도 부담없이 도전할 수 있다. 책장을 넘기며 내 취향과 용도에 맞춰 뜨고 싶은 가방을 골라보자.

코바늘로 뜨는 시원한 여름 모자와 가방
BASIC PLAN+

X-KNOWLEDGE 저 | 일본콘텐츠전문번역팀 역 | 크루 | 104쪽 | 22,000원

여름 스타일링을 위한 시원하고 멋스러운 20가지 코바늘 모자와 가방 20가지를 소개한다. 누구에게나 어울리는 기본 스타일부터 아이디어를 곁들인 응용 스타일까지 다채로운 가방과 모자 뜨는 법을 담았다. 더 나아가 모자 톱과 브림의 다양한 조합 제시와 모자에 포인트를 줄 수 있는 리본 활용법까지 더해 뻔하지 않은 여름 패션 스타일링을 제안한다. 이 책과 함께라면 매년 돌아오는 여름이 더 즐거워질 것이다.

기초부터 스틱 기법까지 페어아일의 모든 것
바람공방의 페어아일 니팅

바람공방 저 | 배혜영 역 | 한스미디어 | 144쪽 | 24,000원

페어아일은 대바늘 뜨개의 꽃으로 어려운 난이도로 명성이 높지만 그만큼 멋진 작품이기도 하다. 이 책에서는 뜨개의 대가, 바람공방이 작품 예시를 통해 페어아일 뜨는 법을 차근차근 알려준다. 준비물, 배색뜨기부터 스틱 기법까지 과정별 사진과 함께 차근차근 기본기와 테크닉을 배워가고 조금씩 변형한 응용 작품을 뜨다 보면 어느새 책 한 권으로 페어아일을 마스터할 수 있다.

바람공방 지음 | 남궁가윤 옮김

바람공방의

마음에 드는 니트

한스미디어

바람공방의
마음에 드는 니트

글로벌 니트 디자이너 '바람공방'만의
멋진 니트 작품

마음에 쏙 드는 데일리 니트 작품이 가득!
경사뜨기, 배색무늬 등 심화 기법까지
과정별 사진으로 친절하게 알려줘요

Fair Isle Knitting

바람공방의 페어아일 니팅

배색뜨기부터 스틱 기법까지!
단 하나의 페어아일 교과서

바람공방 지음 | 배혜영 옮김 | 144쪽 | 24,000원

바람공방의 페어아일 작품 23가지

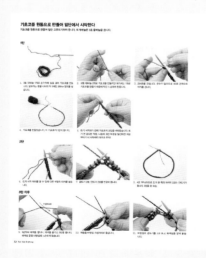

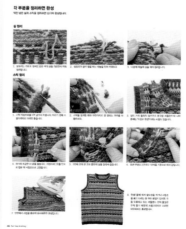

과정별 사진과 꼼꼼한 설명으로 배우는 페어아일의 모든 것!

「뜨개꾼의 심심풀이 뜨개」
여보세요~ 실에 소리를 실어 전하는 '뜨개실 전화'가 있는 풍경

여보세요 여보세요
종이컵을 입에 대고

여보세요 여보세요
종이컵을 귀에 대고

들리세요?
안 들리나요?

실을 팽팽하게 당기고
좀 더 큰 소리로
여보세요 여보세요

들리세요?
전하고 싶은 말을 실에 실어
듣고 싶은 말을 실이 전해요

여보세요 여보세요
다음엔 틀림없이 들릴 거예요

다음번엔 내 마음을 실이 전해줄 거예요
여보세요 여보세요

뜨개꾼 203gow(니마루산고)
색다른 뜨개 작품 '이상한 뜨개'를 제작한다. 온 거리를
뜨개 작품으로 메우려는 게릴라 뜨개 집단 '뜨개 기습단'
을 창설했다. 백화점 쇼윈도, 패션 잡지 배경, 미술관 및
갤러리 전시, 워크숍 등 다양한 활동을 전개하고 있다.
https://203gow.weebly.com(이상한 뜨개 HP)

글·사진/203gow 참고 작품

실을 가로로 걸치는
배색무늬뜨기

※ 일본어 사이트

재료
Keito 컴백. ※실의 색이름·색번호·사용량은 표를 참고하세요.

도구
대바늘 8호·6호

완성 크기
[풀오버]
S…가슴둘레 95cm, 기장 59.5cm, 화장 70cm
M…가슴둘레 103cm, 기장 63.5cm, 화장 73.5cm
L…가슴둘레 109cm, 기장 67.5cm, 화장 76.5cm
[모자]
M…머리둘레 53cm, 높이 21cm
L…머리둘레 57cm, 높이 23cm

게이지
배색무늬뜨기 A 18코=10cm, 18단=8cm. 메리야스
뜨기, 배색무늬뜨기 B(10×10cm) 18코×25단

POINT
●풀오버…손가락에 실을 걸어서 기초코를 만들어 뜨기 시작해 1코 고무뜨기, 배색무늬뜨기 A·B, 메리야스뜨기로 뜹니다. 배색무늬뜨기는 실을 가로

로 걸치는 방법으로 뜹니다. 거싯의 코는 쉼코, 래글런선의 줄임코는 1코째와 2코째를 2코 모아뜨기를 합니다. 소매 밑선의 늘림코는 1코 안쪽에서 걸기코를 하고 다음 단에서 돌려뜨기를 합니다. 뜨개 끝은 덮어씌워 코막음합니다. 래글런선은 파란색 실을 갈라서 1코 안쪽을 반박음질로 연결합니다. 옆선·소매 밑선은 떠서 꿰매기, 거싯의 코는 메리야스 잇기, 거싯과 앞뒤 단차는 코와 단 잇기로 연결합니다. 목둘레는 지정된 콧수를 주워 1코 고무뜨기로 원형뜨기를 합니다. 뜨개 끝은 무늬를 이어서 뜨면서 덮어씌워 코막음합니다. 77페이지를 참고해 선세탁해서 마무리합니다.

●모자…손가락에 실을 걸어서 기초코를 만들어 뜨기 시작해 1코 고무뜨기, 배색무늬뜨기 A, 메리야스뜨기로 원형뜨기를 합니다. 배색무늬뜨기는 실을 가로로 걸치는 방법으로 뜹니다. 분산 줄임코는 도안을 참고하세요. 뜨개 끝은 마지막 단의 코에 실을 2번 통과시켜 조입니다. 77페이지를 참고해 선세탁해서 마무리합니다.

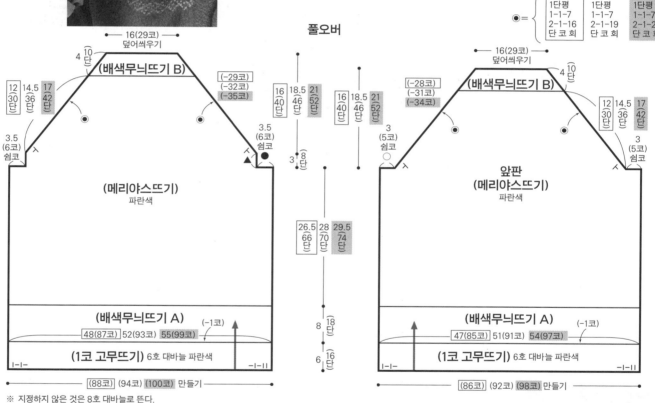

풀오버

풀오버의 실 사용량

	S	M	L
파란색(07)	390g 4볼	430g 5볼	470g 5볼
에크뤼(00)	35g 1볼	35g 1볼	35g 1볼

※ 지정하지 않은 것은 8호 대바늘로 뜬다.
※ □는 S, ▨는 L, 그 외는 M 또는 공통.
※ ●와 ○는 메리야스 잇기, ▲끼리는 코와 단 잇기를 한다.

배색무늬뜨기 A

배색 { □=파란색 ▨=에크뤼 }

뒤판(M) · 소매(S) 소매(M) 뒤판(S·L)
앞판(S·L) · 소매(L)
뜨개 시작
앞판(M) · 모자

배색무늬뜨기 B
파란색으로 덮어씌워 코막음
□ = 중심

배색 { □=파란색 ▨=에크뤼 }

1코 고무뜨기
□ = 目 목둘레 · 모자 밑단 · 소맷부리
뜨개 시작

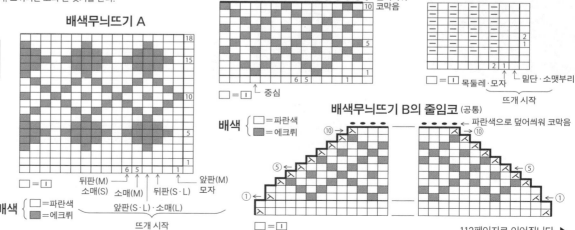

배색무늬뜨기 B의 줄임코 (공통)
파란색으로 덮어씌워 코막음
□ = 目

112페이지로 이어집니다. ▶

★ 개수는 작품을 선택하는 기준으로 참고해주세요. ★…초심자도 안심, ★★…자신이 조금 생겼다면, ★★★…끈기도 겸비한 중·상급자, ★★★★…솜씨에 자신 있음. 실은 실물 크기입니다.

▶ 111페이지에서 이어집니다.

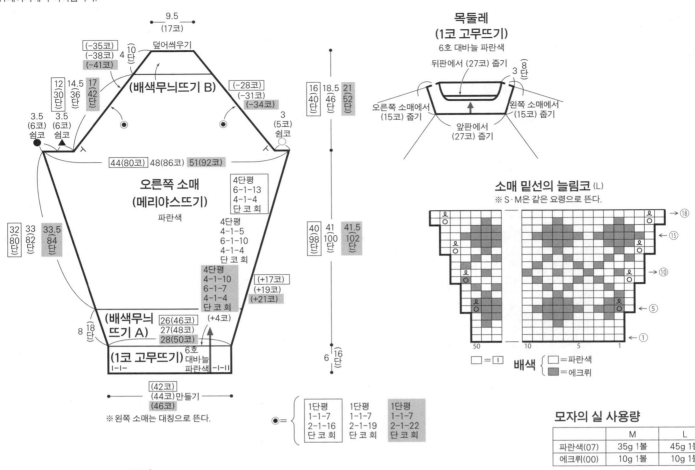

9.5
(17코)

[−35코]
(−38코)
(−41코) 4 10단
덮어씌우기

12 14.5 17
30 36 42
단 단 단

(배색무늬뜨기 B)

[−28코]
(−31코)
(−34코)

3.5 3.5
(6코) (6코)
쉼코 쉼코

3
(5코)
쉼코

44(80코) 48(86코) 51(92코)

오른쪽 소매
(메리야스뜨기)
파란색

4단평
6-1-13
4-1-4
단 코 회

4단평
4-1-5
6-1-10
4-1-4
단 코 회

32 33 33.5
80 82 84
단 단 단

4단평
4-1-10
6-1-7
4-1-4
단 코 회

[+17코]
(+19코)
(+21코)

(배색무늬
뜨기 A)
8 18단

26(46코)
27(48코)
28(50코)

(+4코)

(1코 고무뜨기) 6호
대바늘
파란색
I−I− I−I−II

(42코)
(44코)만들기
(46코)

※ 왼쪽 소매는 대칭으로 뜬다.

16 18.5 21
40 46 52
단 단 단

40 41 41.5
98 100 102
단 단 단

6 16
단

◉= {
1단평 1단평 1단평
1-1-7 1-1-7 1-1-7
2-1-16 2-1-19 2-1-22
단 코 회 단 코 회 단 코 회
}

목둘레
(1코 고무뜨기)

6호 대바늘 파란색

뒤판에서 (27코) 줍기

3 8단

오른쪽 소매에서
(15코) 줍기

왼쪽 소매에서
(15코) 줍기

앞판에서
(27코) 줍기

소매 밑선의 늘림코 (L)
※ S·M은 같은 요령으로 뜬다.

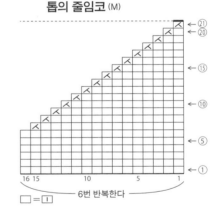

→⑱
→⑮
→⑩
→⑤
→①

50 10 5 1

□=I

배색 {
□=파란색
▨=에크뤼
}

모자의 실 사용량

	M	L
파란색(07)	35g 1볼	45g 1볼
에크뤼(00)	10g 1볼	10g 1볼

모자

분산 줄임코
총 (−90코) (−96코)
※ 도안 참고.

(6코) 마지막 단의 코에 실을
2번 통과시켜 조인다

(메리야스뜨기) 파란색

8.5 10.5
21 26
단 단

(배색무늬뜨기 A)

8 18단

53(96코) 57(102코)

(1코 고무뜨기) 6호 대바늘
파란색

4.5 12
단

(96코) (102코) 만들기

※ 지정하지 않은 것은 8호 대바늘로 뜬다.
※ ▨ 는 L, 그 외는 M 또는 공통.

톱의 줄임코 (L)

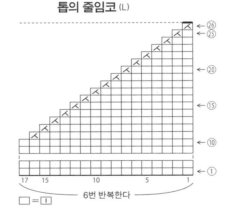

←㉖
←㉕
←⑳
←⑮
←⑩
←①

17 15 10 5 1

6번 반복한다

□=I

톱의 줄임코 (M)

←㉑
←⑳
←⑮
←⑩
←⑤
←①

16 15 10 5 1

6번 반복한다

□=I

재료
S…Keito 컴백 회색(02) 455g 5볼, 노란색(05)
10g 1볼
M…Keito 컴백 회색(02) 510g 6볼, 노란색(05)
10g 1볼
L…Keito 컴백 회색(02) 560g 6볼, 노란색(05)
15g 1볼

도구
대바늘 6호·4호

완성 크기
S…가슴둘레 104cm, 기장 61cm, 화장 79.5cm
M…가슴둘레 112cm, 기장 67cm, 화장 84.5cm
L…가슴둘레 120cm, 기장 69cm, 화장 87.5cm

게이지(10×10cm)
메리야스뜨기 20코×29단

POINT
●몸판·소매…손가락에 실을 걸어서 기초코를 만
들어 뜨기 시작해 2코 고무뜨기 줄무늬 A, 메리야
스뜨기로 뜹니다. 래글런선과 목둘레의 줄임코는
도안을 참고하세요. 소매 밑선의 늘림코는 1코 안
쪽에서 돌려뜨기 늘림코를 합니다.
●마무리…래글런선·옆선·소매 밑선은 떠서 꿰매
기, 거싯의 코는 메리야스 잇기를 합니다. 목둘레는
지정된 콧수를 주워 2코 고무뜨기 줄무늬 B로 원
형뜨기를 합니다. 뜨개 끝은 무늬를 이어서 뜨면서
덮어씌워 코막음합니다. 77페이지를 참고해 선세
탁해서 마무리합니다.

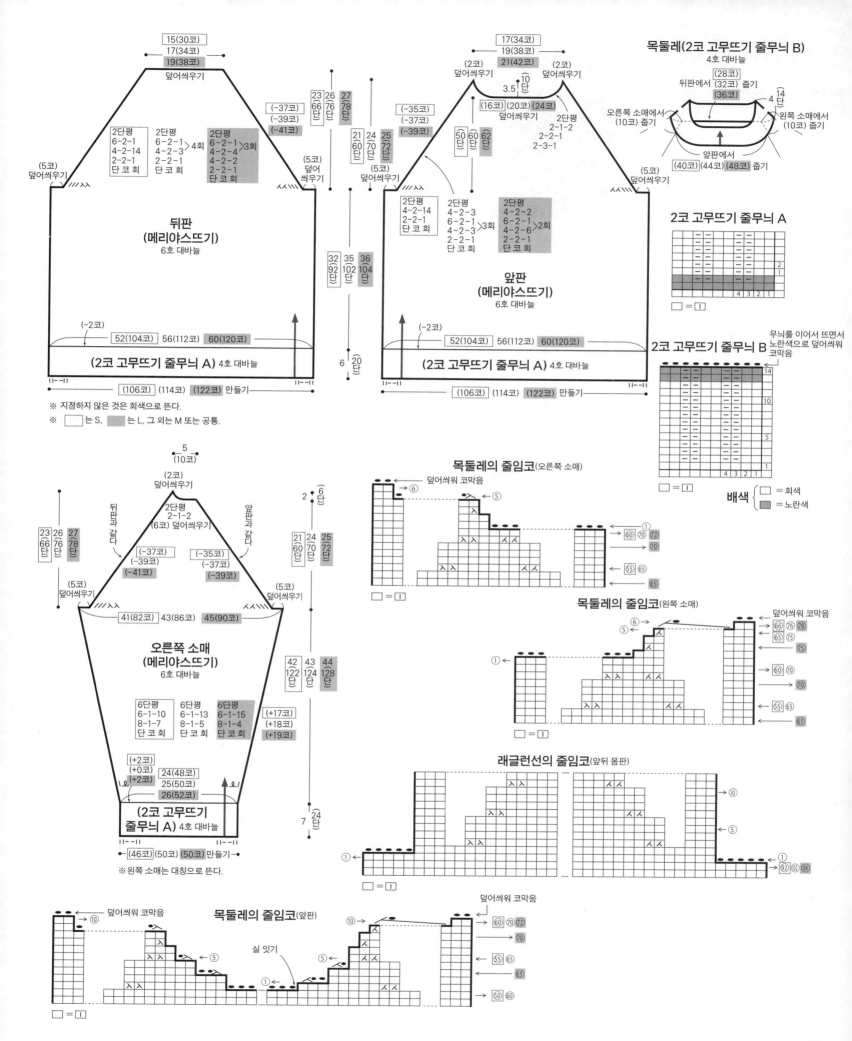

재료

[실]

S…퍼피 린칸토 no.9 남색(904) 780g 16볼, 회색(903) 20g 1볼

M…퍼피 린칸토 no.9 남색(904) 820g 17볼, 회색(903) 20g 1볼

L…퍼피 린칸토 no.9 남색(904) 870g 18볼, 회색(903) 25g 1볼

[공통]

단추…지름 15mm×3개

도구

대바늘 11호

완성 크기

S…가슴둘레 115.5㎝, 어깨너비 46㎝, 기장 62.5㎝, 소매 길이 53.5㎝

M…가슴둘레 115.5㎝, 어깨너비 46㎝, 기장 66㎝, 소매 길이 57㎝

L…가슴둘레 115.5㎝, 어깨너비 46㎝, 기장 69.5㎝, 소매 길이 60.5㎝

게이지(10×10㎝)

무늬뜨기 22.5코×24단

POINT

●몸판·소매…손가락에 실을 걸어서 기초코를 만들어 뜨기 시작해 1코 고무뜨기 줄무늬, 무늬뜨기로 뜹니다. 줄임코는 2코 이상은 덮어씌우기, 1코는 가장자리 1코를 세우는 줄임코를 합니다. 소매 밑선의 늘림코는 1코 안쪽에서 돌려뜨기 늘림코를 합니다.

●마무리…어깨는 덮어씌워 잇기, 옆선·소매 밑선은 떠서 꿰매기를 합니다. 앞단·목둘레는 지정된 콧수를 주워 1코 고무뜨기 줄무늬로 뜹니다. 오른쪽 앞단에는 단춧구멍을 냅니다. 뜨개 끝은 무늬를 이어서 뜨면서 덮어씌워 코막음합니다. 소매는 빼뜨기 꿰매기로 몸판과 연결합니다. 단추를 달아 마무리합니다.

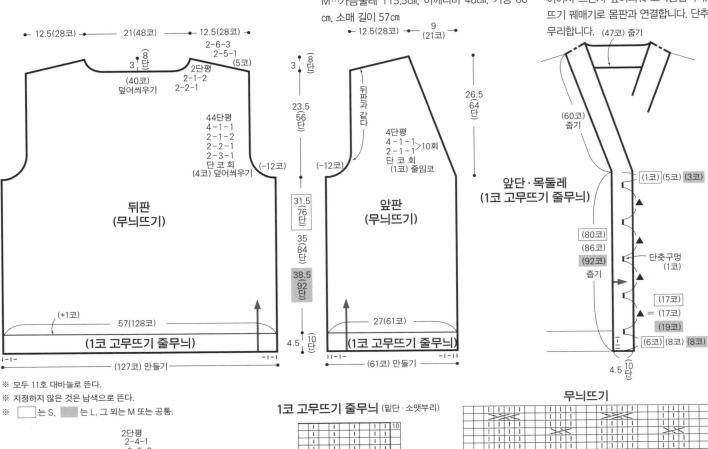

※ 모두 11호 대바늘로 뜬다.
※ 지정하지 않은 것은 남색으로 뜬다.
※ ☐ 는 S, ▨ 는 L, 그 외는 M 또는 공통.

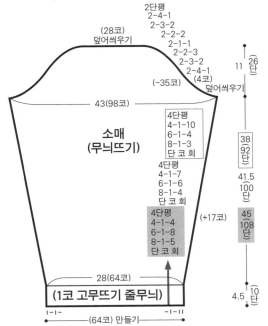

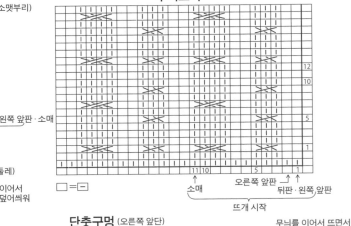

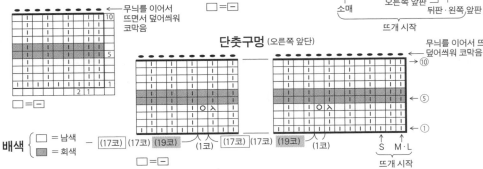

재료
S…퍼피 토르멘타 다크 브라운(607) 200g 4볼
M…퍼피 토르멘타 다크 브라운(607) 220g 5볼
L…퍼피 토르멘타 다크 브라운(607) 245g 5볼

도구
대바늘 6호

완성 크기
S…가슴둘레 96㎝, 어깨너비 42㎝, 기장 61㎝
M…가슴둘레 100㎝, 어깨너비 44㎝, 기장 64.5㎝
L…가슴둘레 104㎝, 어깨너비 46㎝, 기장 68㎝

게이지(10×10㎝)
무늬뜨기 20코×30단

POINT
●몸판…손가락에 실을 걸어서 기초코를 만들어 뜨기 시작해 1코 고무뜨기, 무늬뜨기로 뜹니다. 줄임코는 2코 이상은 덮어씌우기, 1코는 가장자리 1코를 세우는 줄임코를 합니다.
●마무리…어깨는 덮어씌워 잇기, 옆선은 떠서 꿰매기를 합니다. 목둘레·진동둘레는 지정된 콧수를 주워 1코 고무뜨기로 원형뜨기를 합니다. 뜨개 끝은 무늬를 이어서 뜨면서 덮어씌워 코막음합니다.

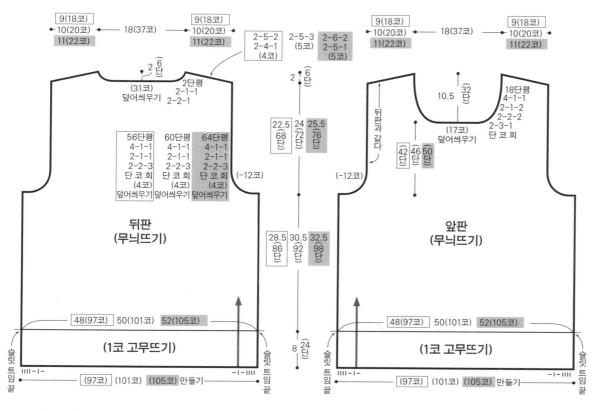

무늬뜨기

※ 모두 6호 대바늘로 뜬다.
※ ☐는 S, (회색)는 L, 그 외는 M 또는 공통.

목둘레·진동둘레 (1코 고무뜨기)

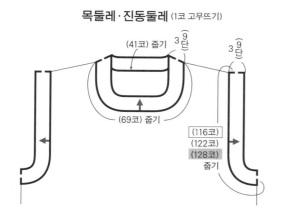

1코 고무뜨기 (밑단)

뜨개 끝   뜨개 시작
☐ = ☐

1코 고무뜨기 (목둘레·진동둘레)

무늬를 이어서 뜨면서
덮어씌워 코막음

☐ = ☐

트윗

영국 고무뜨기
(양면 끌어올리기)

※ 일본어 사이트

재료
S…퍼피 트윗 검정색·갈색 계열 믹스(1809) 360g
9볼
M…퍼피 트윗 검정색·갈색 계열 믹스(1809)
390g 10볼
L…퍼피 트윗 검정색·갈색 계열 믹스(1809) 420g
11볼

도구
대바늘 13호·8호

완성 크기
S…가슴둘레 110cm, 기장 61.5cm, 화장 77.5cm
M…가슴둘레 114cm, 기장 63.5cm, 화장 80.5cm
L…가슴둘레 118cm, 기장 65cm, 화장 83.5cm

게이지(10×10cm)
무늬뜨기 12.5코×26단

POINT
●몸판·소매…몸판은 손가락에 실을 걸어서 기초
코를 만들어 뜨기 시작해 1코 고무뜨기, 무늬뜨기
로 뜹니다. 목둘레의 줄임코는 2코 이상은 덮어씌
우기, 1코는 가장자리 1코를 세우는 줄임코를 합니
다. 어깨는 덮어씌워 잇기를 합니다. 소매는 몸
판에서 코를 주워 무늬뜨기, 1코 고무뜨기로 뜹니
다. 소매 밑선의 줄임코는 가장자리 1코를 세우는
줄임코를 합니다. 뜨개 끝은 무늬를 이어서 뜨면서
덮어씌워 코막음합니다.
●마무리…목둘레는 지정된 콧수를 주워 1코 고무
뜨기로 원형뜨기를 합니다. 뜨개 끝은 소맷부리와
같은 방법으로 정리합니다. 옆선·소매 밑선은 떠서
꿰매기를 합니다.

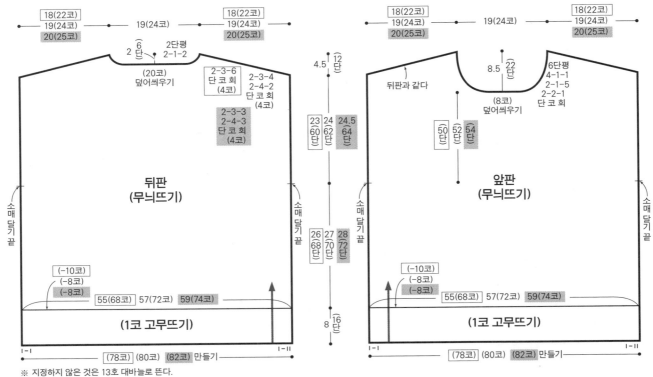

※ 지정하지 않은 것은 13호 대바늘로 뜬다.
※ □는 S, (회색)는 L, 그 외는 M 또는 공통.

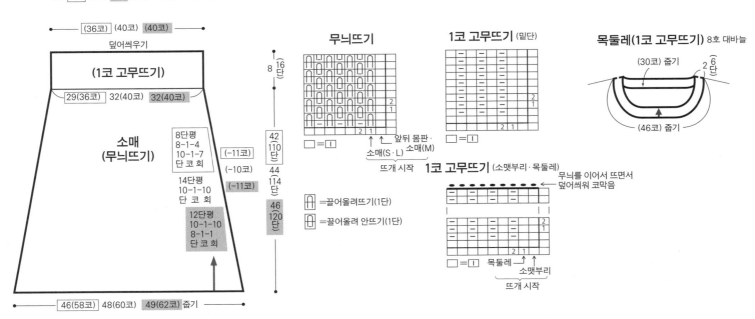

재료
S…데오리야 쿠 울 연갈색(02) 205g, 벽돌색(07) 195g
M…데오리야 쿠 울 연갈색(02) 245g, 벽돌색(07) 230g
L…데오리야 쿠 울 연갈색(02) 270g, 벽돌색(07) 255g

도구
대바늘 8호·6호

완성 크기
S…가슴둘레 110cm, 기장 58.5cm, 화장 76.5cm
M…가슴둘레 118cm, 기장 68cm, 화장 79.5cm
L…가슴둘레 122cm, 기장 72cm, 화장 83cm

게이지
메리야스뜨기, 무늬뜨기(10×10cm) B·B' 16.5코×26.5단, 무늬뜨기 A·A'·A"(10×10cm) 16.5코×29단. 무늬뜨기 D·D' 1무늬 11코=6.5cm, 26.5단=10cm

POINT
●몸판·소매…모두 지정한 실 2가닥으로 뜹니다. 손가락에 실을 걸어서 기초코를 만들어 뜨기 시작해 몸판은 1코 돌려 고무뜨기, 메리야스뜨기, 무늬뜨기 A·B·B'·C를 배치해 뜹니다. 소매는 양면 1코 돌려 고무뜨기, 무늬뜨기 A'·A"·D·D', 메리야스뜨기를 배치해 뜹니다. 몸판의 줄임코는 2코 이상은 덮어씌우기, 1코는 가장자리에서 3코째와 4코째를 2코 모아뜨기를 합니다. 소매 밑선의 늘림코는 1코 안쪽에서 돌려뜨기 늘림코를 합니다. 소매의 줄임코는 도안을 참고하세요.
●마무리…■와 □끼리 코와 단 잇기, 래글런선·옆선·소매 밑선은 떠서 꿰매기, 거싯은 메리야스 잇기를 합니다. 목둘레는 지정된 콧수를 주워 1코 돌려 고무뜨기로 원형뜨기를 합니다. 뜨개 끝은 1코 돌려 고무뜨기 코막음을 합니다.

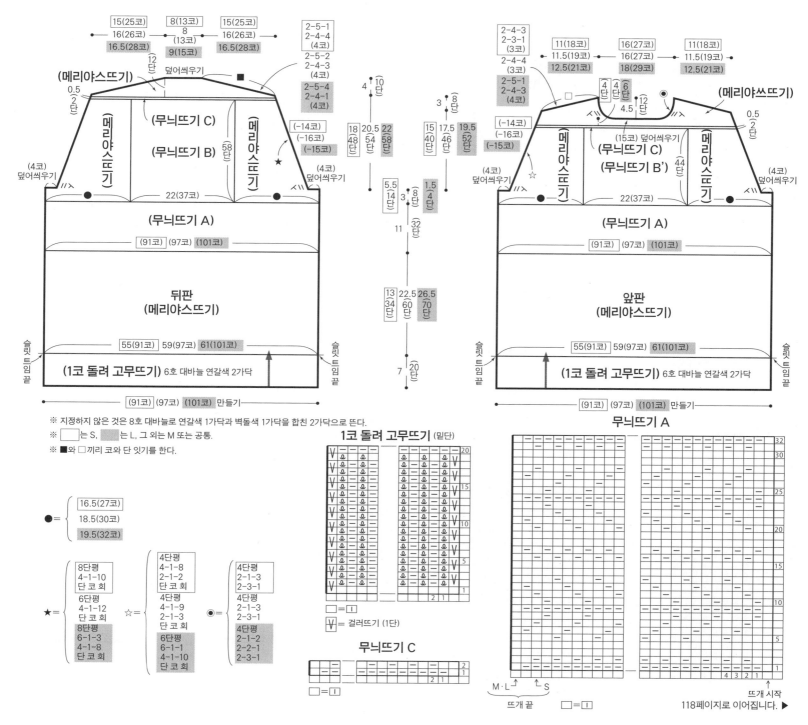

※ 지정하지 않은 것은 8호 대바늘로 연갈색 1가닥과 벽돌색 1가닥을 합친 2가닥으로 뜬다.
※ ☐는 S, ▨는 L, 그 외는 M 또는 공통.
※ ■와 □끼리 코와 단 잇기를 한다.

1코 돌려 고무뜨기 (밑단)
☐＝Ｉ
Ⅴ＝ 걸러뜨기 (1단)

무늬뜨기 C
☐＝Ｉ

무늬뜨기 A
뜨개 끝
M·L↑　↑S
뜨개 시작
☐＝Ｉ

118페이지로 이어집니다. ▶

▶ 117페이지에서 이어집니다.

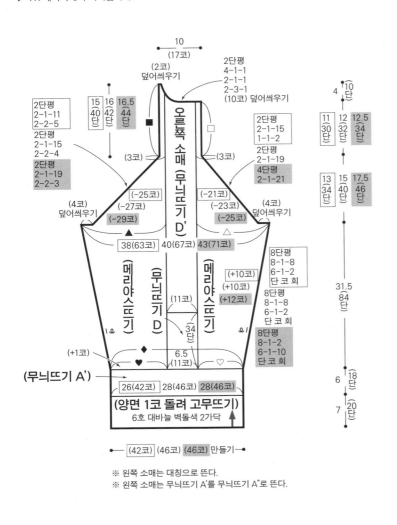

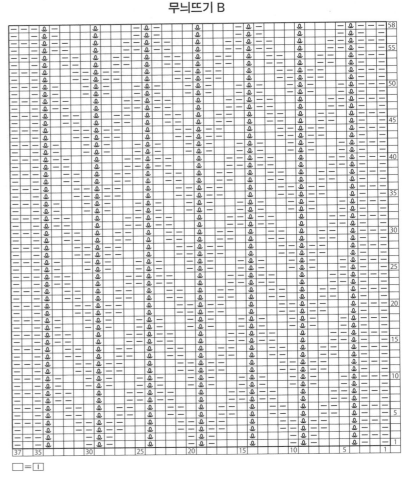

무늬뜨기 B

□=□

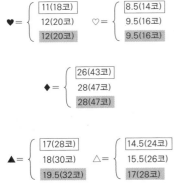

♥ = {
11(18코)
12(20코)
12(20코)
}

♡ = {
8.5(14코)
9.5(16코)
9.5(16코)
}

◆ = {
26(43코)
28(47코)
28(47코)
}

▲ = {
17(28코)
18(30코)
19.5(32코)
}

△ = {
14.5(24코)
15.5(26코)
17(28코)
}

무늬뜨기 D · D'

양면 1코 돌려 고무뜨기

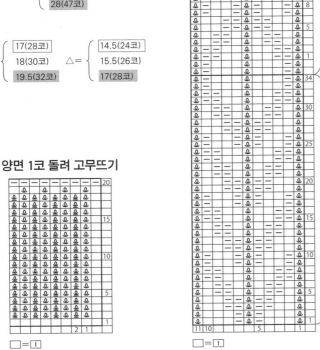

무늬뜨기 B'

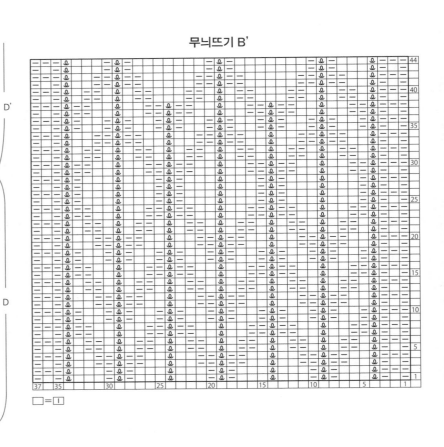

□=□

□=□

무늬뜨기 A'

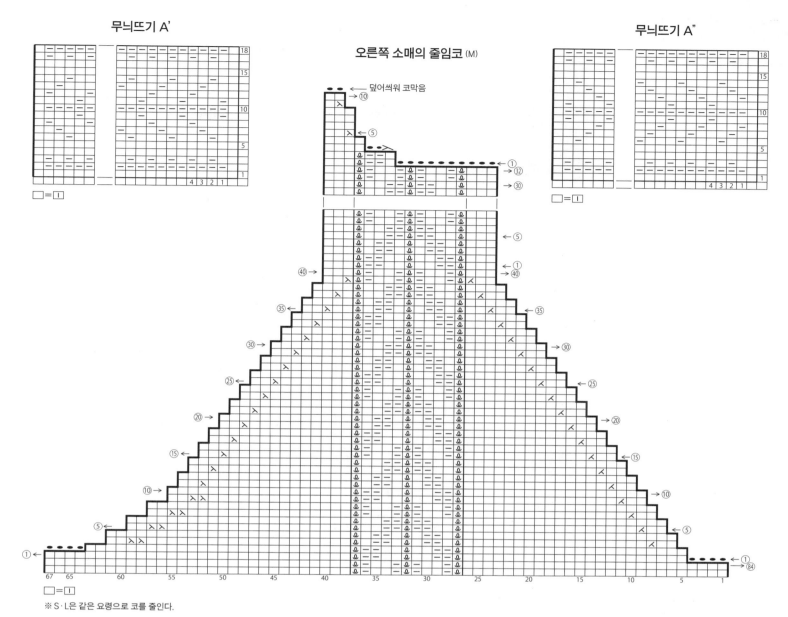

□=☐

오른쪽 소매의 줄임코 (M)

← 덮어씌워 코막음

※ S·L은 같은 요령으로 코를 줄인다.

□=☐

무늬뜨기 A"

□=☐

1코 돌려 고무뜨기 (목둘레)

□=☐

목둘레 (1코 돌려 고무뜨기)
6호 대바늘 연갈색 2가닥

뒤판에서 (13코)(13코)(15코) 줄기

오른쪽 소매에서 (20코) 줄기

4 12단

왼쪽 소매에서 (20코) 줄기

(43코)(43코)(45코) 줄기

코와 단 잇기

떠서 꿰매기

메리야스 잇기

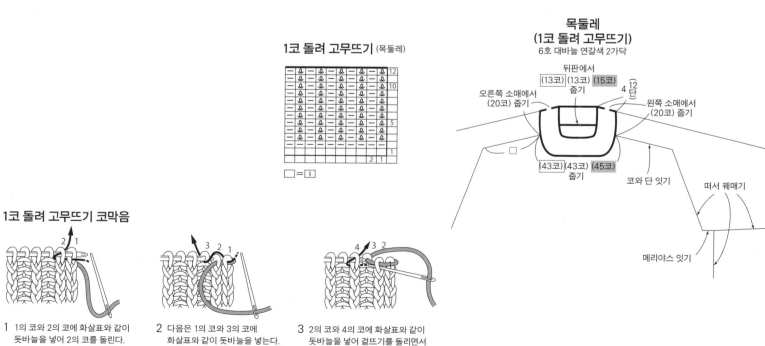

1코 돌려 고무뜨기 코막음

1 1의 코와 2의 코에 화살표와 같이 돗바늘을 넣어 2의 코를 돌린다.

2 다음은 1의 코와 3의 코에 화살표와 같이 돗바늘을 넣는다.

3 2의 코와 4의 코에 화살표와 같이 돗바늘을 넣어 겉뜨기를 돌리면서 1코 고무뜨기 코막음을 한다.

재료

S…데오리야 모크 울 B 남색(28) 350g, 갈색(10) 295g

M…데오리야 모크 울 B 남색(28) 385g, 갈색(10) 325g

L…데오리야 모크 울 B 남색(28) 415g, 갈색(10) 355g

도구

코바늘 8/0호, 대바늘 6호

완성 크기

S…가슴둘레 100㎝, 어깨너비 40㎝, 기장 57.5㎝, 소매 길이 49.5㎝

M…가슴둘레 108㎝, 어깨너비 44㎝, 기장 61.5 ㎝, 소매 길이 49.5㎝

L…가슴둘레 114㎝, 어깨너비 47㎝, 기장 66㎝, 소매 길이 49.5㎝

게이지(10×10㎝)

줄무늬 무늬뜨기 18코×9.5단

POINT

●몸판·소매…몸판은 사슬뜨기 기초코로 뜨기 시작해 줄무늬 무늬뜨기로 뜹니다. 진동둘레와 목둘레의 줄임코는 도안을 참고하세요. 마지막 단은 불규칙해지므로 주의합니다. 밑단은 기초코 사슬에서 코를 주워 1코 고무뜨기로 뜹니다. 뜨개 끝은 1코 고무뜨기 코막음을 합니다. 어깨는 사슬뜨기와 빼뜨기로 잇기를 합니다. 소매는 지정 위치에서 코를 주워 줄무늬 무늬뜨기로 뜹니다. 줄임코는 도안을 참고하세요. 소맷부리는 1코 고무뜨기로 뜹니다. 뜨개 끝은 밑단처럼 정리합니다.

●마무리…옆선·소매 밑선은 사슬뜨기와 빼뜨기로 꿰매기와 떠서 꿰매기를 합니다. 목둘레는 지정된 콧수를 주워 1코 고무뜨기로 원형뜨기를 합니다. 뜨개 끝은 밑단처럼 정리합니다. 77페이지를 참고해 선세탁해서 마무리합니다.

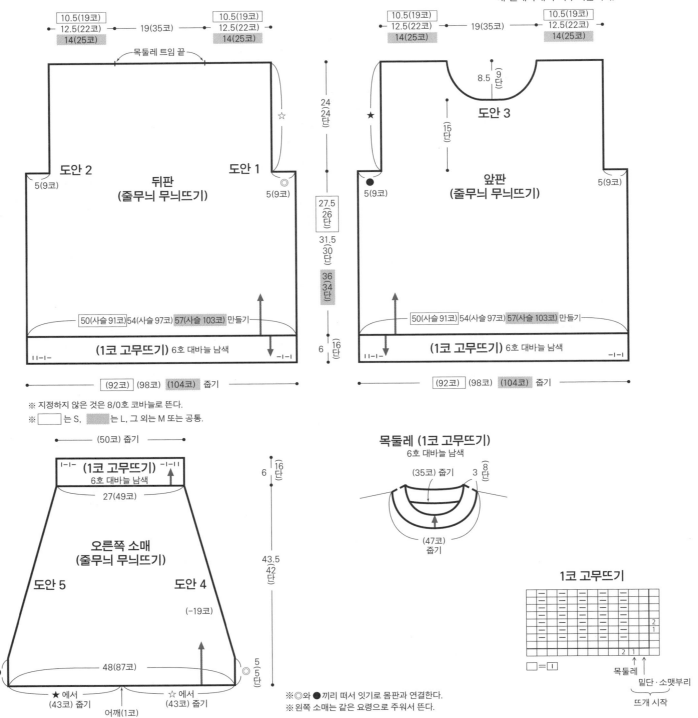

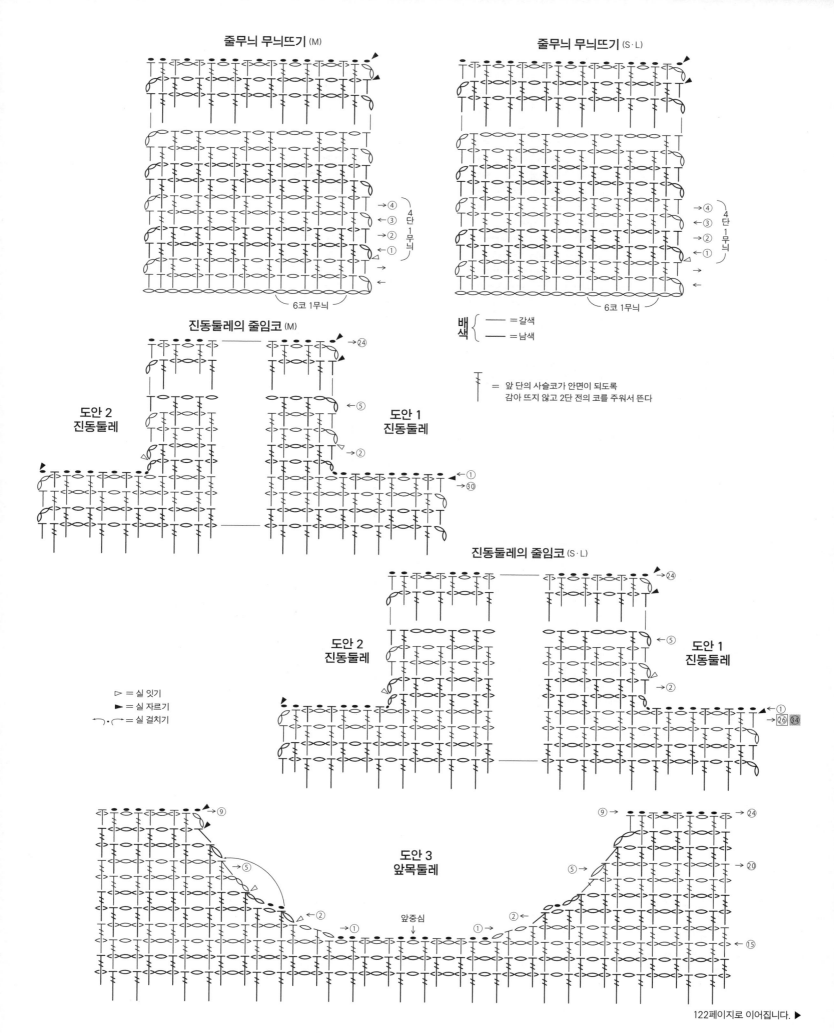

줄무늬 무늬뜨기 (M)

줄무늬 무늬뜨기 (S·L)

→④
←③ ｝4단 1무늬
→②
←①
→
←

6코 1무늬

→④
←③ ｝4단 1무늬
→②
←①
→
←

6코 1무늬

배
색 ｛ —— = 갈색
      —— = 남색

진동둘레의 줄임코 (M)

도안 2
진동둘레

도안 1
진동둘레

→㉔
←⑤
→②
←①
→㉚

┤ = 앞 단의 사슬코가 안면이 되도록
    감아 뜨지 않고 2단 전의 코를 주워서 뜬다

진동둘레의 줄임코 (S·L)

도안 2
진동둘레

도안 1
진동둘레

→㉔
←⑤
→②
←①
㉖ ㉞

▷ = 실 잇기
► = 실 자르기
⌐•⌐ = 실 걸치기

도안 3
앞목둘레

⑨
←②
←①
앞중심
①→
②→
⑤→
⑨→

㉔→
⑳→
⑮→

122페이지로 이어집니다. ▶

▶ 121페이지에서 이어집니다.

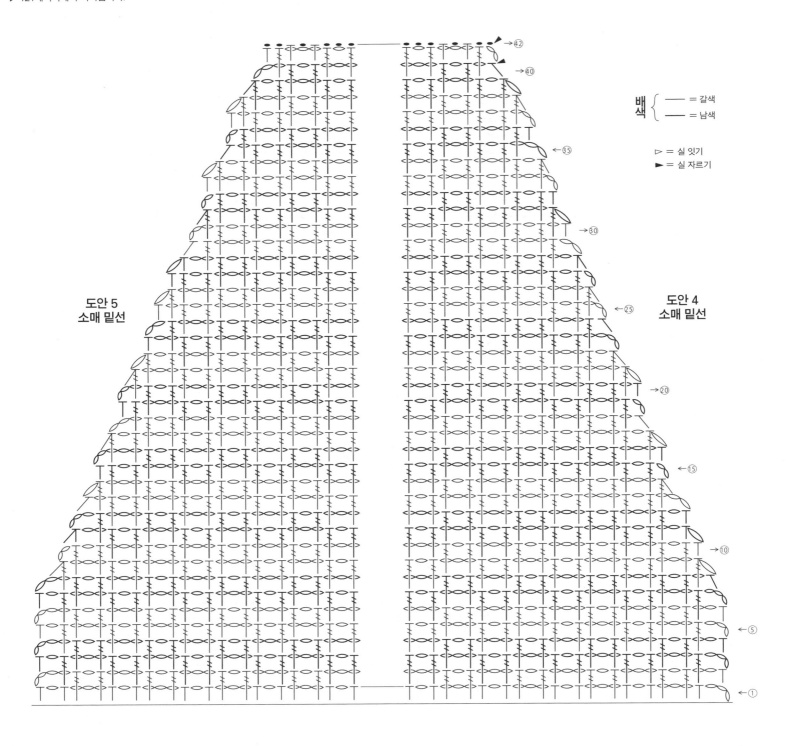

배
색 {
— = 갈색
— = 남색

▷ = 실 잇기
► = 실 자르기

도안 5
소매 밑선

도안 4
소매 밑선

소매 줍는 법 (S·L)

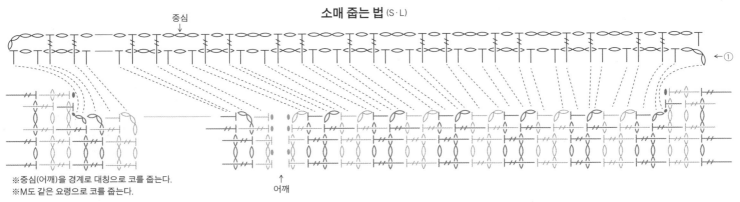

중심

※중심(어깨)을 경계로 대칭으로 코를 줍는다.
※M도 같은 요령으로 코를 줍는다.

어깨

긴가-3

걸러뜨기
(2단)

※ 일본어 사이트

재료

S···Silk HASEGAWA 긴가-3 차콜 그레이
(3 CHARCOAL) 130g 4볼, 잿빛 파란색(57
FRENCH MAUVE) 110g 3볼

M···Silk HASEGAWA 긴가-3 차콜 그레이
(3 CHARCOAL) 145g 4볼, 잿빛 파란색(57
FRENCH MAUVE) 125g 4볼

L···Silk HASEGAWA 긴가-3 차콜 그레이
(3 CHARCOAL) 155g 4볼, 잿빛 파란색(57
FRENCH MAUVE) 135g 4볼

도구

대바늘 5호·3호

완성 크기

S···가슴둘레 100㎝, 기장 55.5㎝, 화장 28㎝
M···가슴둘레 108㎝, 기장 57.5㎝, 화장 30㎝
L···가슴둘레 114㎝, 기장 60.5㎝, 화장 31.5㎝

게이지(10×10cm)

메리야스뜨기 20.5코×28단, 줄무늬 무늬뜨기
20.5코×33단

POINT

●몸판···모두 지정한 실 2가닥으로 뜹니다. 손가
락에 실을 걸어서 기초코를 만들어 뜨기 시작해
1코 고무뜨기, 메리야스뜨기, 줄무늬 무늬뜨기로
뜨되, 줄무늬 무늬뜨기의 마지막 2단은 불규칙하
지므로 주의합니다. 목둘레의 줄임코는 2코 이상
은 덮어씌우기, 1코는 가장자리 1코를 세우는 줄
임코를 합니다.

●마무리···어깨는 덮어씌워 잇기, 옆선은 떠서 꿰
매기를 합니다. 목둘레·소맷부리는 지정된 콧수를
주워 1코 고무뜨기로 원형뜨기를 합니다. 뜨개 끝
은 무늬를 이어서 뜨면서 덮어씌워 코막음합니다.

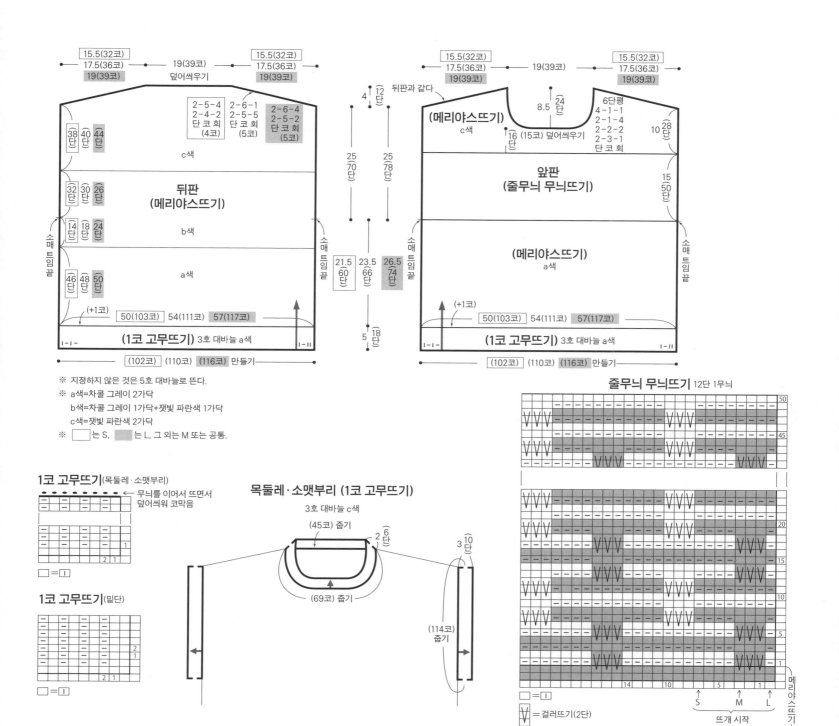

긴가 –3

세이카 403

재료
Silk HASEGAWA 긴가–3, 세이카403. ※실의 색이름·색번호·사용량은 표를 참고하세요.

도구
대바늘 5호·4호

완성 크기
[풀오버]
S…가슴둘레 106cm, 기장 64.5cm, 화장 76cm
M…가슴둘레 114cm, 기장 68.5cm, 화장 80cm
L…가슴둘레 122cm, 기장 72.5cm, 화장 84cm
[머플러]
폭 30cm, 길이 179cm

게이지(10×10cm)
무늬뜨기 B·D 25.5코×32단, 무늬뜨기 C 25.5코×30.5단

POINT
●풀오버…모두 긴가–3과 세이카403 각 1가닥을 합사해 뜹니다. 몸판은 손가락에 실을 걸어서 기초코를 만들어 뜨기 시작해 무늬뜨기 A·B·C로 뜹니다. 목둘레의 줄임코는 2코 이상은 덮어씌우기, 1코는 가장자리 1코를 세우는 줄임코를 합니다. 어깨는 덮어씌워 잇기를 합니다. 소매는 몸판에서 코를 주워 무늬뜨기 C, 1코 돌려 고무뜨기로 뜹니다. 소매 밑선의 줄임코는 가장자리에서 2코째와 3코째를 2코 모아뜨기를 합니다. 뜨개 끝은 무늬를 이어서 뜨면서 덮어씌워 코막음합니다. 옆선·소매 밑선은 떠서 꿰매기를 합니다. 목둘레는 지정된 콧수를 주워 1코 돌려 고무뜨기로 원형뜨기를 합니다. 뜨개 끝은 소매와 같은 방법으로 정리합니다.
●머플러…손가락에 실을 걸어서 기초코를 만들어 뜨기 시작해 무늬뜨기 A·B·B´·C·D로 뜹니다. 뜨개 끝은 무늬를 이어서 뜨면서 덮어씌워 코막음합니다.

풀오버

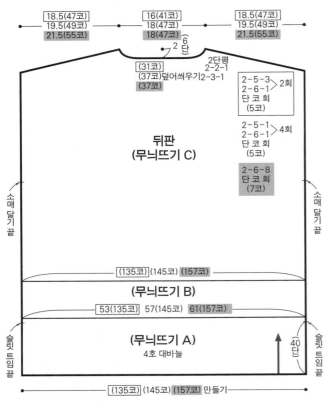

※ 모두 긴가–3과 세이카403 각 1가닥을 합사해 뜬다.
※ 지정하지 않은 것은 5호 대바늘로 뜬다.
※ ☐ 는 S, ▨ 는 L, 그 외는 M 또는 공통.

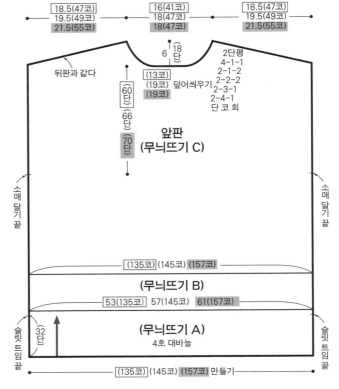

무늬뜨기 C (소매)

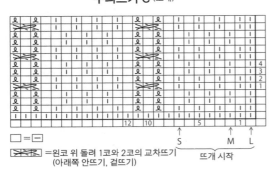

☐ = ─
✕ = 왼코 위 돌려 1코와 2코의 교차뜨기
　　(아래쪽 안뜨기, 겉뜨기)

뜨개 시작

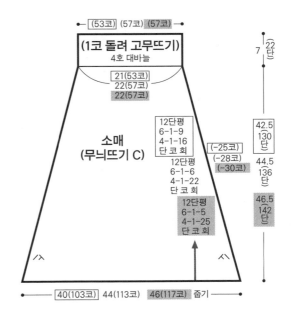

실 사용량

	색이름(색번호)	S	M	L	머플러
긴가–3	잿빛 녹색(119 BASIL)	240g 6볼	270g 7볼	300g 8볼	140g 4볼
세이카403	연한 올리브그린(M9 OASIS)	105g 5볼	120g 5볼	130g 6볼	60g 3볼

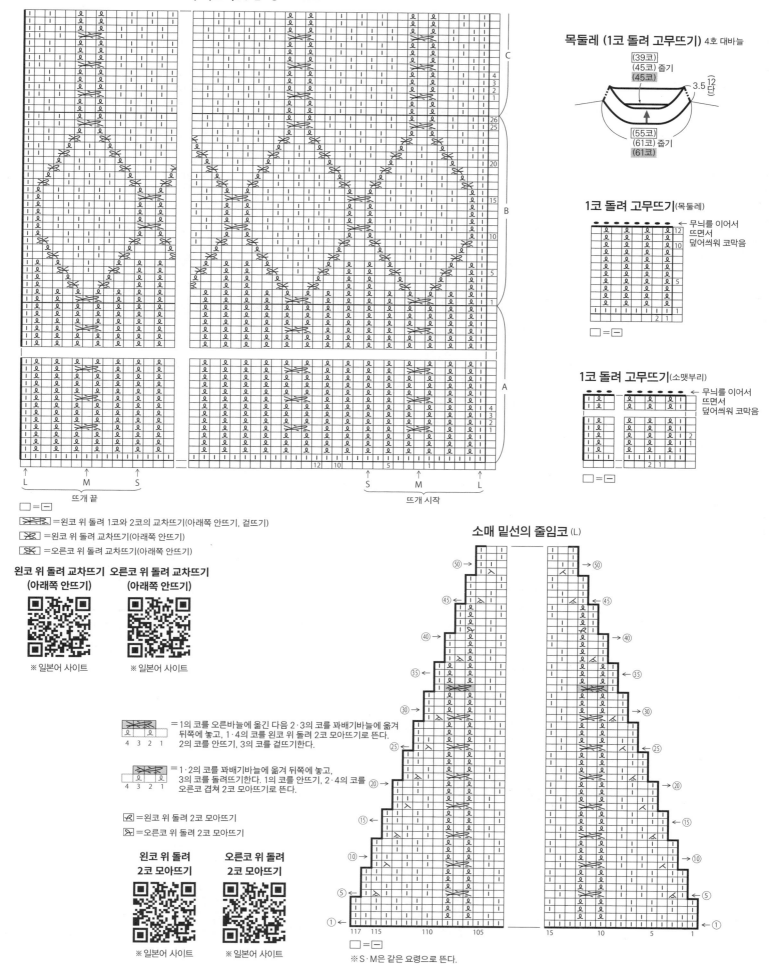

무늬뜨기 A·B·C (앞뒤 몸판)

C
B
A

4
3
2
1

26
25

20

15

10

5

1

L M S
뜨개 끝

12 10   5   1
S   M   L
뜨개 시작

□ = ─

교차뜨기 =왼코 위 돌려 1코와 2코의 교차뜨기(아래쪽 안뜨기, 겉뜨기)
교차뜨기 =왼코 위 돌려 교차뜨기(아래쪽 안뜨기)
교차뜨기 =오른코 위 돌려 교차뜨기(아래쪽 안뜨기)

왼코 위 돌려 교차뜨기 (아래쪽 안뜨기)
※ 일본어 사이트

오른코 위 돌려 교차뜨기 (아래쪽 안뜨기)
※ 일본어 사이트

=1의 코를 오른바늘에 옮긴 다음 2·3의 코를 꽈배기바늘에 옮겨
뒤쪽에 놓고, 1·4의 코를 왼코 위 돌려 2코 모아뜨기로 뜬다.
2의 코를 안뜨기, 3의 코를 겉뜨기한다.
4 3 2 1

=1·2의 코를 꽈배기바늘에 옮겨 뒤쪽에 놓고,
3의 코를 돌려뜨기한다. 1의 코를 안뜨기, 2·4의 코를
오른코 겹쳐 2코 모아뜨기로 뜬다.
4 3 2 1

=왼코 위 돌려 2코 모아뜨기
=오른코 위 돌려 2코 모아뜨기

왼코 위 돌려 2코 모아뜨기
※ 일본어 사이트

오른코 위 돌려 2코 모아뜨기
※ 일본어 사이트

목둘레 (1코 돌려 고무뜨기) 4호 대바늘

(39코)
(45코) 줍기
[45코]

3.5 [12단]

(55코)
(61코) 줍기
[61코]

1코 돌려 고무뜨기(목둘레)

← 무늬를 이어서
뜨면서
덮어씌워 코막음
12
10

5
1
2 1

□ = ─

1코 돌려 고무뜨기(소맷부리)

← 무늬를 이어서
뜨면서
덮어씌워 코막음

2
1
2 1

□ = ─

소매 밑선의 줄임코 (L)

50
45
40
35
30
25
20
15
10
5
1

117 115   110   105

15   10   5   1

□ = ─

※ S·M은 같은 요령으로 뜬다.

126페이지로 이어집니다. ▶

▶ 125페이지에서 이어집니다.

머플러

덮어씌우기

(무늬뜨기 A) 4호 대바늘	8.5 / 28단
(무늬뜨기 B')	▲
(무늬뜨기 C)	○
(무늬뜨기 D)	▲
(무늬뜨기 C)	○
(무늬뜨기 D)	▲
(무늬뜨기 C)	29.5 / 90단 ○
(무늬뜨기 B)	8 / 26단 ▲
(무늬뜨기 A) 4호 대바늘	12.5 / 40단 ↑

179 / 558단

3번 반복한다

◀── 30(77코) 만들기 ──▶

무늬뜨기 A·B·C (머플러)

□ = ─

=왼코 위 돌려 1코와 2코의 교차뜨기(아래쪽 안뜨기, 겉뜨기)

=왼코 위 돌려 교차뜨기(아래쪽 안뜨기)

=오른코 위 돌려 교차뜨기(아래쪽 안뜨기)

※ 지정하지 않은 것은 5호 대바늘로 뜬다.
※ 모두 긴가-3과 세이카403 각 1가닥을 합사해 뜬다.

무늬뜨기 B'

무늬를 이어서
뜨면서
덮어씌워 코막음

□ = ─

무늬뜨기 D

□ = ─

127페이지에서 이어집니다. ◀

무늬뜨기 B

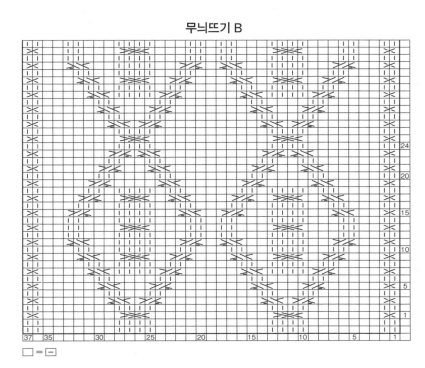

□ = ─

소프트 도네갈

오른코 위 2코와
1코의 교차뜨기
(아래쪽 안뜨기)

※ 일본어 사이트

왼코 위 2코와
1코의 교차뜨기
(아래쪽 안뜨기)

※ 일본어 사이트

재료
S…퍼피 소프트 도네갈 연그레이·베이지 계열 믹스(5229) 535g 14볼
M…퍼피 소프트 도네갈 연그레이·베이지 계열 믹스(5229) 570g 15볼
L…퍼피 소프트 도네갈 연그레이·베이지 계열 믹스(5229) 610g 16볼

도구
대바늘 10호

완성 크기
S…가슴둘레 112cm, 기장 62cm, 화장 76cm
M…가슴둘레 112cm, 기장 65cm, 화장 78.5cm
L…가슴둘레 112cm, 기장 68cm, 화장 81cm

게이지
메리야스뜨기(10×10cm) 16코×25단. 멍석뜨기(10×10cm) 16.5코×25단. 무늬뜨기 B(10×10cm) 20.5코×25단. 무늬뜨기 A 1무늬 13코=6cm, 25단=10cm

POINT
●몸판·소매…몸판은 손가락에 실을 걸어서 기초코를 만들어 뜨기 시작해 1코 고무뜨기로 뜹니다. 이어서 뒤판은 메리야스뜨기, 멍석뜨기, 앞판은 메리야스뜨기, 멍석뜨기, 무늬뜨기 A·B를 배치해 뜹니다. 줄임코는 2코 이상은 덮어씌우기, 1코는 가장자리 1코를 세우는 줄임코를 합니다. 어깨는 앞코를 한 군데 겹쳐서 덮어씌워 잇기를 합니다. 소매는 몸판에서 코를 주워 메리야스뜨기, 멍석뜨기, 무늬뜨기 A, 1코 고무뜨기로 뜹니다. 뜨개 끝은 무늬를 이어서 뜨면서 덮어씌워 코막음합니다.
●마무리…옆선·소매 밑선은 떠서 꿰매기를 합니다. 목둘레는 지정된 콧수를 주워 1코 고무뜨기로 원형뜨기를 합니다. 브이넥 끝부분의 줄임코는 도안을 참고하세요. 뜨개 끝은 소맷부리와 같은 방법으로 정리합니다.

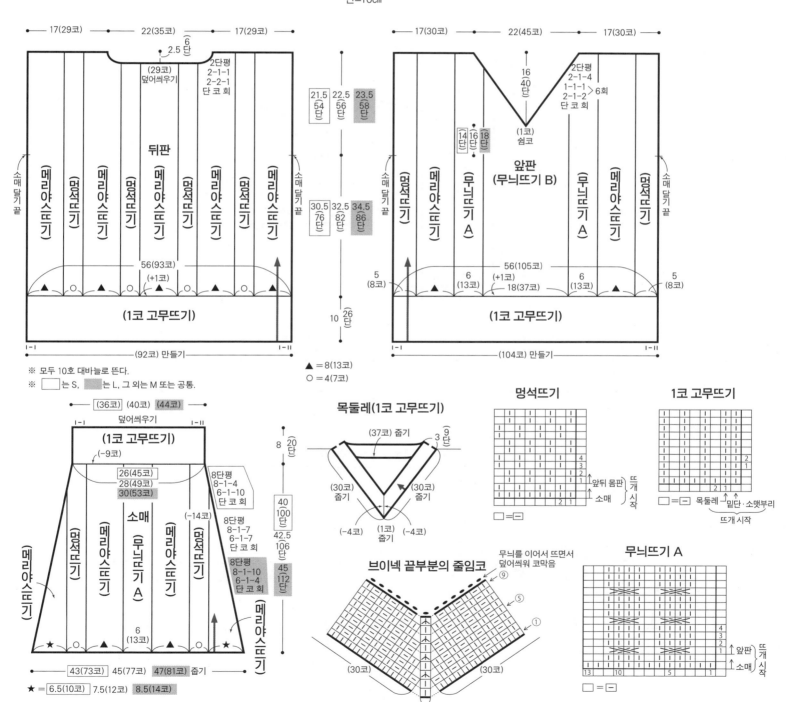

◀ 126페이지로 이어집니다.

탐탐

순모 극세

한길 긴 앞걸어뜨기

※ 일본어 사이트

한길 긴 뒤걸어뜨기

※ 일본어 사이트

재료
S…고쇼산업 게이토피에로 탐탐 그랜드마(04) 305g 13볼. 순모 극세 모카 브라운(02) 250g 7볼, 아이보리(01) 65g 2볼, 애시 그레이(06) 35g 1볼
M…고쇼산업 게이토피에로 탐탐 그랜드마(04) 325g 13볼. 순모 극세 모카 브라운(02) 275g 7볼, 아이보리(01) 65g 2볼, 애시 그레이(06) 35g 1볼
L…고쇼산업 게이토피에로 탐탐 그랜드마(04) 370g 15볼. 순모 극세 모카 브라운(02) 315g 8볼, 아이보리(01) 75g 2볼, 애시 그레이(06) 40g 1볼

도구
코바늘 7.5/0호·7/0호·6/0호

완성 크기
S…가슴둘레 102cm, 기장 64.5cm, 화장 73cm
M…가슴둘레 110cm, 기장 67.5cm, 화장 76cm
L…가슴둘레 118cm, 기장 71cm, 화장 80cm

게이지(10×10cm)
줄무늬 무늬뜨기 15.5코×8단, 무늬뜨기 B 16.5코×11단

POINT
●몸판·소매…실은 뜨는 위치에 따라 사용하는 실과 가닥수가 달라지므로 주의합니다. 사슬뜨기 기초코로 뜨기 시작해 몸판은 줄무늬 무늬뜨기, 소매는 무늬뜨기 B로 뜹니다. 증감코는 도안을 참고하세요. 밑단·소맷부리는 지정된 콧수를 주워 무늬뜨기 A로 뜹니다.
●마무리…어깨는 사슬뜨기와 빼뜨기로 잇기, 옆선·소매 밑선은 사슬뜨기와 빼뜨기로 꿰매기를 합니다. 목둘레는 지정된 콧수를 주워 무늬뜨기 A로 게이지 조정을 하면서 원형뜨기를 합니다. 소매는 사슬뜨기와 빼뜨기로 잇기로 몸판과 연결합니다.

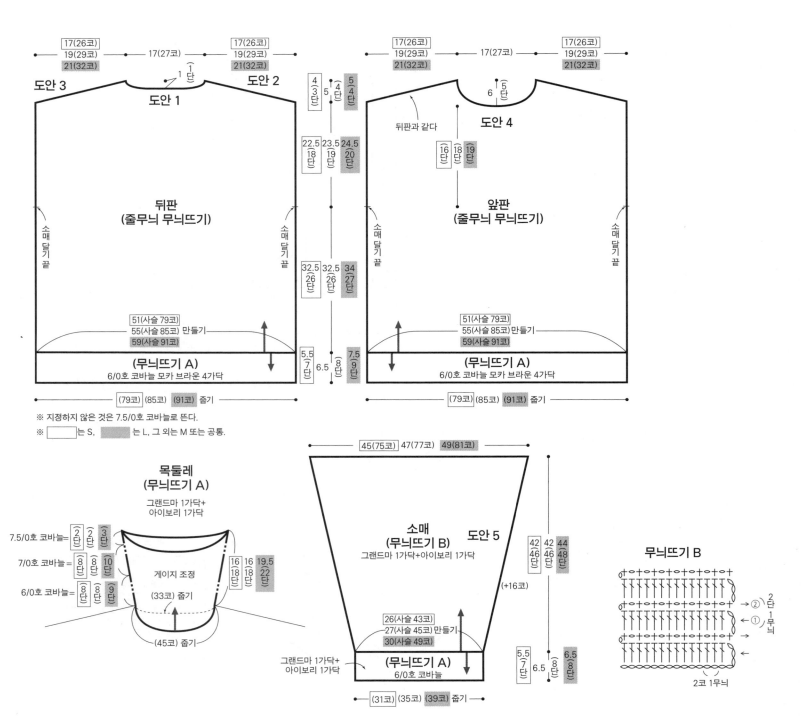

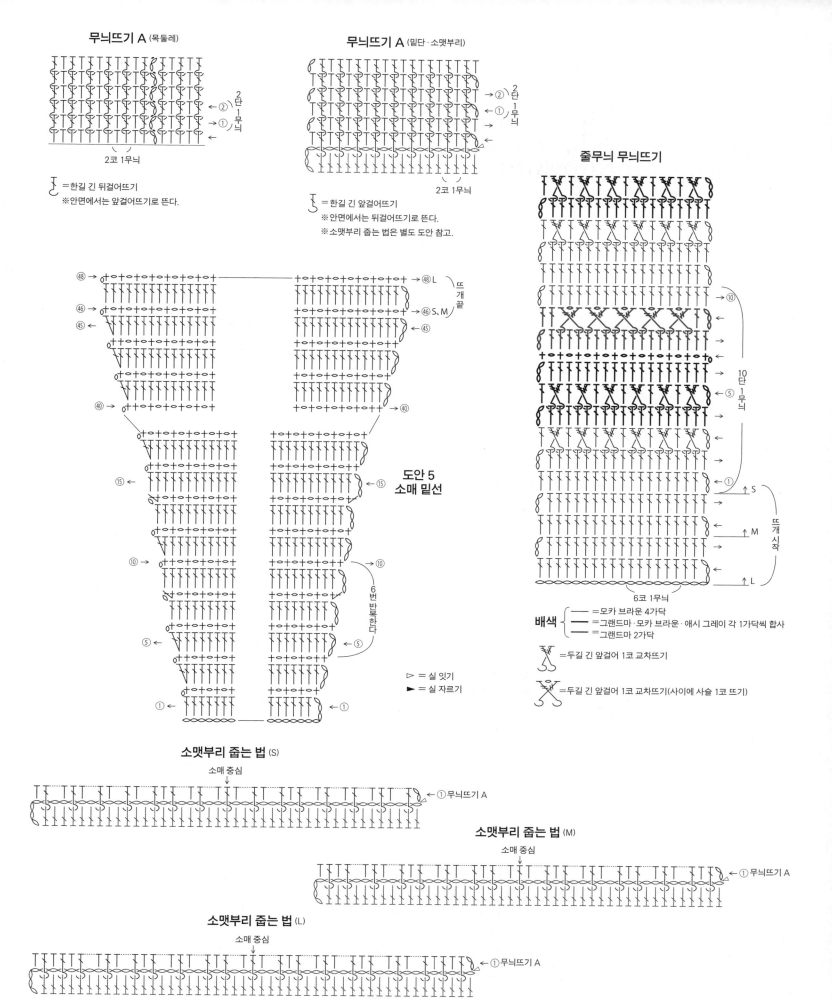

무늬뜨기 A (목둘레)

2단
1무늬
2코 1무늬

↰ =한길 긴 뒤걸어뜨기
※안면에서는 앞걸어뜨기로 뜬다.

무늬뜨기 A (밑단·소맷부리)

2단
1무늬
2코 1무늬

↰ =한길 긴 앞걸어뜨기
※안면에서는 뒤걸어뜨기로 뜬다.
※소맷부리 줍는 법은 별도 도안 참고.

줄무늬 무늬뜨기

10단
1무늬

뜨개시작

6코 1무늬

배색 {
── =모카 브라운 4가닥
── =그랜드마·모카 브라운·애시 그레이 각 1가닥씩 합사
── =그랜드마 2가닥

✕ =두길 긴 앞걸어 1코 교차뜨기

✕ =두길 긴 앞걸어 1코 교차뜨기(사이에 사슬 1코 뜨기)

도안 5
소매 밑선

뜨개끝

6번 반복하다

▷ = 실 잇기
► = 실 자르기

소맷부리 줍는 법 (S)
소매 중심
← ①무늬뜨기 A

소맷부리 줍는 법 (M)
소매 중심
← ①무늬뜨기 A

소맷부리 줍는 법 (L)
소매 중심
← ①무늬뜨기 A

130페이지로 이어집니다. ▶

▶ 129페이지에서 이어집니다.

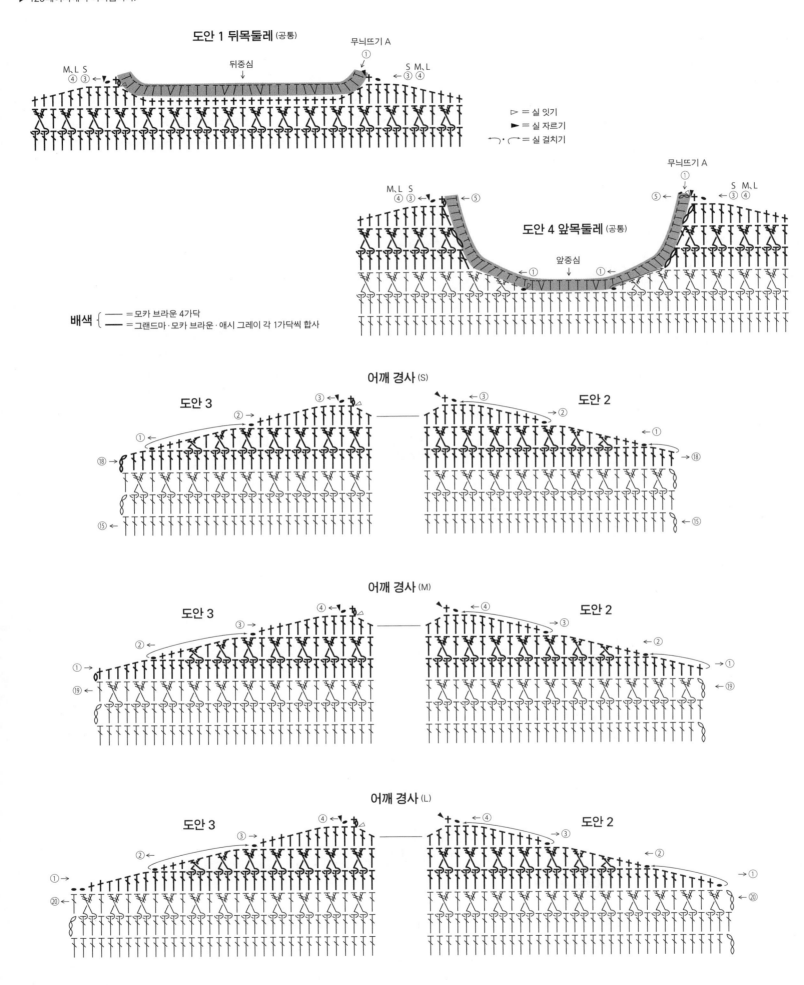

도안 1 뒤목둘레 (공통)

▷ = 실 잇기
► = 실 자르기
↶·↷ = 실 걸치기

도안 4 앞목둘레 (공통)

배색 {
— = 모카 브라운 4가닥
— = 그랜드마·모카 브라운·애시 그레이 각 1가닥씩 합사

어깨 경사 (S)

도안 3   도안 2

어깨 경사 (M)

도안 3   도안 2

어깨 경사 (L)

도안 3   도안 2

파인 메리노

왼코에 꿴 매듭뜨기
(3코일 때)

※ 일본어 사이트

재료
S…고쇼산업 게이토피에로 파인 메리노 오프 화이트(01) 300g 10볼
M…고쇼산업 게이토피에로 파인 메리노 오프 화이트(01) 325g 11볼
L…고쇼산업 게이토피에로 파인 메리노 오프 화이트(01) 365g 13볼

도구
대바늘 6호·4호

완성 크기
S…가슴둘레 105cm, 어깨너비 45cm, 기장 61.5cm
M…가슴둘레 111cm, 어깨너비 48cm, 기장 63.5cm
L…가슴둘레 117cm, 어깨너비 51cm, 기장 67.5cm

게이지(10×10cm)
무늬뜨기 A 29코×31단, 무늬뜨기 B·D 30코×31단, 무늬뜨기 C 28.5코×31단

POINT
●몸판…손가락에 실을 걸어서 기초코를 만들어 뜨기 시작해 2코 고무뜨기, 가터뜨기로 뜹니다. 이어서 뒤판은 무늬뜨기 A·B·C, 앞판은 무늬뜨기 A·D로 뜹니다. 줄임코는 2코 이상은 덮어씌우기, 1코는 가장자리 1코를 세우는 줄임코를 하되, 앞목둘레는 도안을 참고하세요.
●마무리…어깨는 덮어씌워 잇기, 옆선은 떠서 꿰매기를 합니다. 목둘레·진동둘레는 지정된 콧수를 주워 2코 고무뜨기로 원형뜨기를 합니다. 목둘레 2번째 단의 늘림코와 브이넥 끝부분의 줄임코는 도안을 참고해 뜹니다. 뜨개 끝은 무늬를 이어서 뜨면서 덮어씌워 코막음합니다.

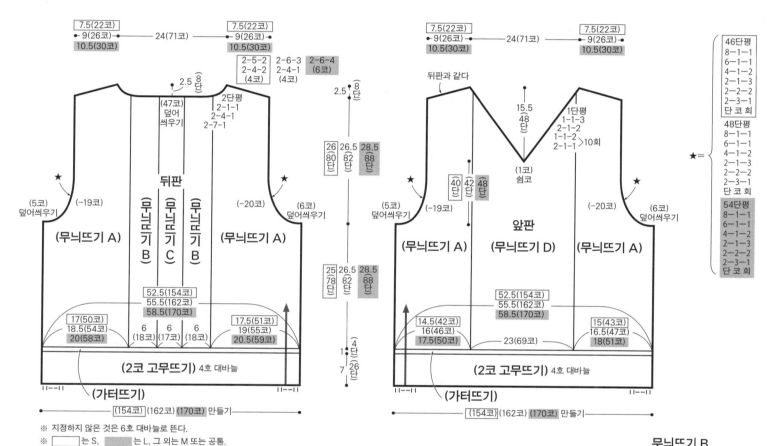

※ 지정하지 않은 것은 6호 대바늘로 뜬다.
※ ▢ 는 S, (회색) 는 L, 그 외는 M 또는 공통.

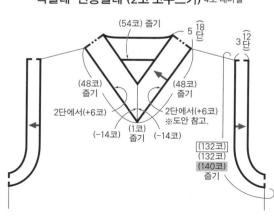

목둘레·진동둘레 (2코 고무뜨기) 4호 대바늘

2코 고무뜨기

가터뜨기

무늬뜨기 A

▢ = ▭

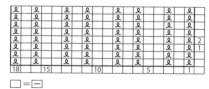

★ =

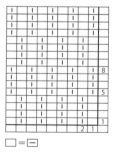

무늬뜨기 B

무늬뜨기 C

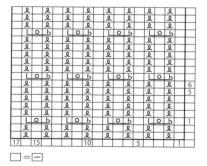

▢ = ▭

ꞁꞁ०b =왼코에 꿴 매듭뜨기(3코일 때)

132페이지로 이어집니다. ▶

▶ 131페이지에서 이어집니다.

무늬뜨기 D

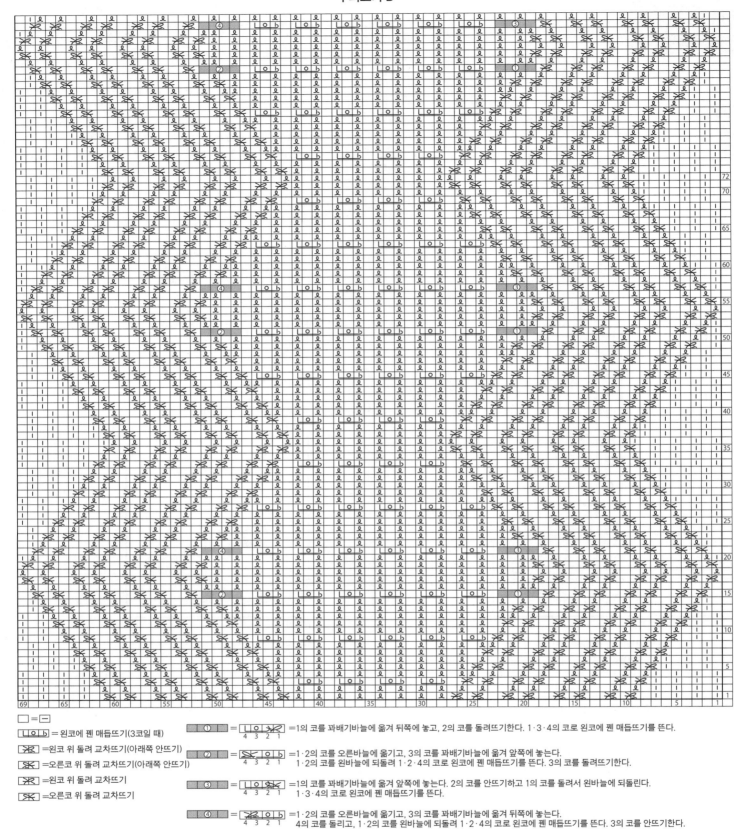

□ = ─

□₀b = 왼코에 꿴 매듭뜨기(3코일 때)

⤬ = 왼코 위 돌려 교차뜨기(아래쪽 안뜨기)

⤬ = 오른코 위 돌려 교차뜨기(아래쪽 안뜨기)

⤬ = 왼코 위 돌려 교차뜨기

⤬ = 오른코 위 돌려 교차뜨기

① = 4 3 2 1 = 1의 코를 꽈배기바늘에 옮겨 뒤쪽에 놓고, 2의 코를 돌려뜨기한다. 1·3·4의 코로 왼코에 꿴 매듭뜨기를 뜬다.

② = 4 3 2 1 = 1·2의 코를 오른바늘에 옮기고, 3의 코를 꽈배기바늘에 옮겨 앞쪽에 놓는다.
1·2의 코를 왼바늘에 되돌려 1·2·4의 코로 왼코에 꿴 매듭뜨기를 뜬다. 3의 코를 돌려뜨기한다.

③ = 4 3 2 1 = 1의 코를 꽈배기바늘에 옮겨 앞쪽에 놓는다. 2의 코를 안뜨기하고 1의 코를 돌려서 왼바늘에 되돌린다.
1·3·4의 코로 왼코에 꿴 매듭뜨기를 뜬다.

④ = 4 3 2 1 = 1·2의 코를 오른바늘에 옮기고, 3의 코를 꽈배기바늘에 옮겨 뒤쪽에 놓는다.
4의 코를 돌리고, 1·2의 코를 왼바늘에 되돌려 1·2·4의 코로 왼코에 꿴 매듭뜨기를 뜬다. 3의 코를 안뜨기한다.

왼코 위 돌려 교차뜨기
(아래쪽 안뜨기)

※ 일본어 사이트

오른코 위 돌려 교차뜨기
(아래쪽 안뜨기)

※ 일본어 사이트

왼코 위 돌려
교차뜨기

※ 일본어 사이트

오른코 위 돌려
교차뜨기

※ 일본어 사이트

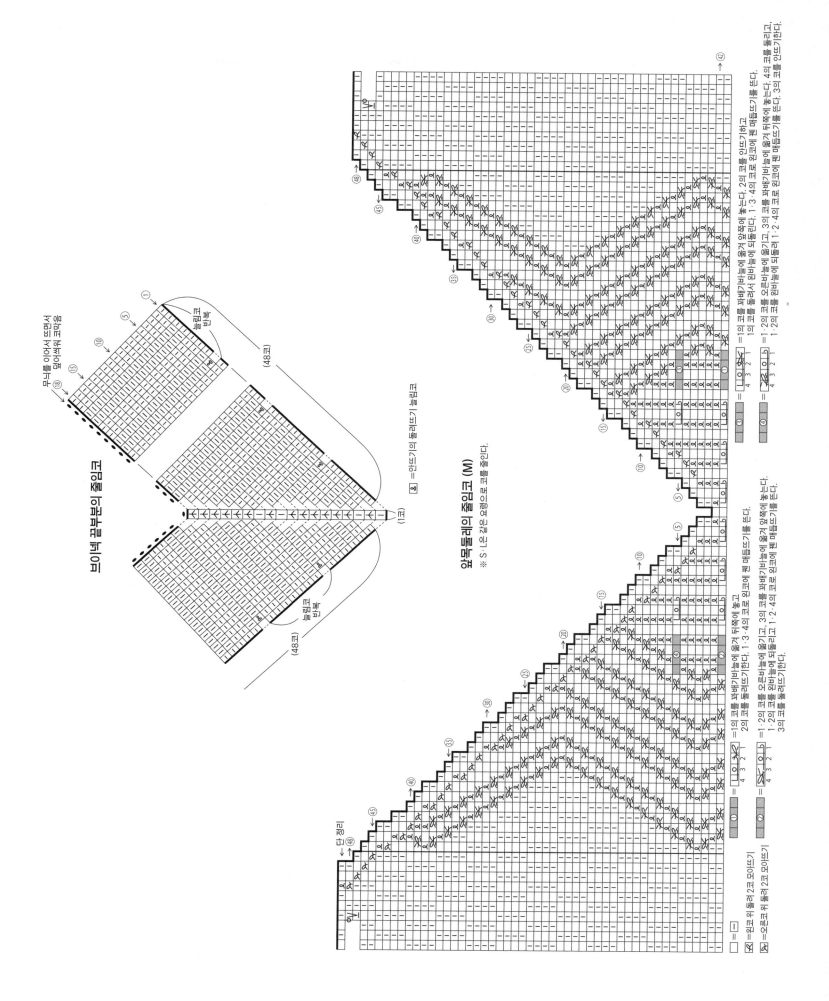

목둘레 꿰부분의 줄임코

무릎을 이어서 뜨면서
앞어서 코마음

늘림코
반복

(48코)

ⓩ =안뜨기의 돌려뜨기 늘림코

(1코)

늘림코
반복

(48코)

앞목둘레의 줄임코 (M)
※ S·L은 같은 요령으로 코를 줄인다.

단 정리

□ =안코 위 돌려 2코 모아뜨기

ⓧ =오른코 위 돌려 2코 모아뜨기

⌐ =1의 코를 꽈배기바늘에 옮겨 앞쪽에 놓고
   2의 코를 돌려뜨기한다. 1·3·4의 코를 왼코에 꿰 매듭뜨기를 뜬다.

√ =1·2의 코를 오른바늘에 옮기고, 3의 코를 꽈배기바늘에 옮겨 앞쪽에 놓는다.
   1·2의 코를 왼바늘에 되돌리고 3의 코를 왼코에 꿰 매듭뜨기를 뜬다.
   3의 코를 돌려뜨기한다.

ⓞ = 1의 코를 꽈배기바늘에 옮겨 앞쪽에 놓는다. 2의 코를 안뜨기하고
   1의 코를 돌려서 왼뜨기에 되돌린다. 1·3·4의 코를 왼코에 꿰 매듭뜨기를 뜬다.

√ =1·2의 코를 오른바늘에 옮기고, 3의 코를 꽈배기바늘에 옮겨 뒤쪽에 놓는다. 4의 코를 돌리고,
   1·2의 코를 왼바늘에 되돌려 1·2·4의 코를 왼코에 꿰 매듭뜨기를 뜬다. 3의 코를 안뜨기한다.

□ =
ⓩ =오른코 위 돌려뜨기 늘림코
ⓧ =왼코 위 돌려뜨기 늘림코

4size knitting
26 page ★★★

젠슨얀

걸쳐뜨기
(1단일 때)

※ 일본어 사이트

오른코 늘려뜨기   왼코 늘려뜨기

※ 일본어 사이트   ※ 일본어 사이트

재료
이사거 젠슨얀 잿빛 핑크(61s)
S…310g 4볼, 폭 25mm 고무벨트 59cm
M…355g 4볼, 폭 25mm 고무벨트 64cm
L…385g 4볼, 폭 25mm 고무벨트 70cm
XL…425g 5볼, 폭 25mm 고무벨트 78cm

도구
대바늘 6호·4호

완성 크기
S…허리둘레 76cm, 기장 94cm
M…허리둘레 80cm, 기장 98cm
L…허리둘레 86cm, 기장 102cm
XL…허리둘레 94cm, 기장 106cm

게이지(10×10cm)
메리야스뜨기 19코×26단

POINT
●바지…오른쪽 다리와 왼쪽 다리는 각각 손가락에 걸어서 만드는 기초코로 뜨개를 시작해서 무늬뜨기 A, B, 메리야스뜨기를 원형뜨기합니다. 증감코는 도안을 참고하세요. 밑아래까지 뜨면 지정된 콧수만큼 쉼코를 하고 좌우 다리에서 코를 주워서 앞·뒤판을 이어서 뜹니다. 계속해서 벨트를 뜨고 뜨개 끝은 쉼코를 합니다.
●마무리…▲, △끼리 빼뜨기잇기를 합니다. 고무벨트는 2cm를 겹쳐 꿰매서 원형으로 만듭니다. 벨트는 고무벨트를 끼워서 안쪽으로 접어서 감침질합니다.

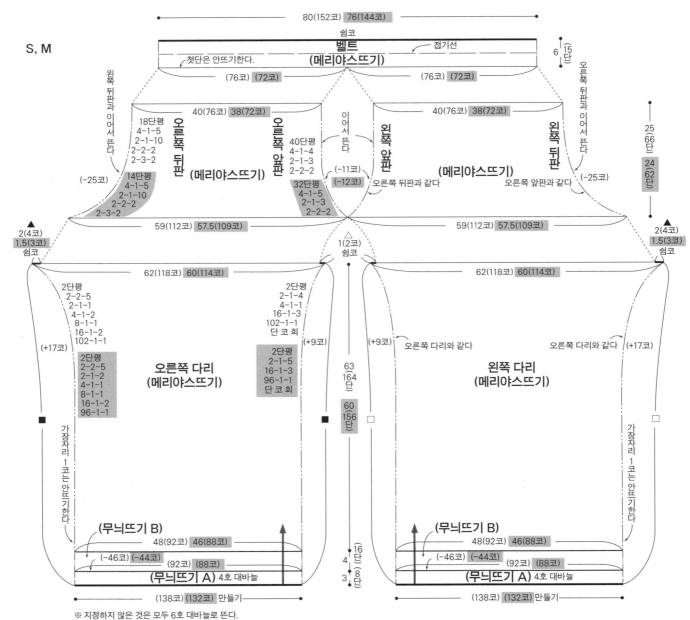

S, M

80(152코) 76(144코)

쉼코
벨트
(메리야스뜨기)   접기선
첫단은 안뜨기한다.   6(15단)

(76코) (72코)   (76코) (72코)

왼쪽 뒤판과 이어서 뜬다

40(76코) 38(72코)   40(76코) 38(72코)

18단평
4-1-5
2-1-10
2-2-2
2-3-2

오른쪽 뒤판 (메리야스뜨기)

오른쪽 앞판

이어서 뜬다
40단평
4-1-4
2-1-3
2-2-2
(-11코)
(-12코)

왼쪽 앞판

왼쪽 뒤판 (메리야스뜨기)

14단평
4-1-5
2-1-10
2-2-2
2-3-2
(-25코)

32단평
4-1-5
2-1-3
2-2-2

오른쪽 뒤판과 같다

오른쪽 앞판과 같다

(-25코)

25(66단)
24(62단)

59(112코) 57.5(109코)   59(112코) 57.5(109코)

▲ 2(4코) 1.5(3코) 쉼코

△ 1(2코) 쉼코

▲ 2(4코) 1.5(3코) 쉼코

62(118코) 60(114코)   62(118코) 60(114코)

2단평
2-2-5
2-1-1
4-1-2
8-1-1
16-1-2
102-1-1
(+17코)

2단평
2-1-4
4-1-1
16-1-3
102-1-1
단 코 회

(+9코)   (+9코)

63(164단)

오른쪽 다리 같다   오른쪽 다리와 같다

(+17코)

2단평
2-2-5
2-1-2
4-1-1
8-1-1
16-1-2
96-1-1

오른쪽 다리 (메리야스뜨기)

2단평
2-1-5
16-1-3
96-1-1
단 코 회

왼쪽 다리 (메리야스뜨기)

■

60(156단)

■   □

가장자리 1코는 안뜨기한다

(무늬뜨기 B)
48(92코) 46(88코)
(-46코)(-44코)
(92코) (88코)
(무늬뜨기 A) 4호 대바늘

가장자리 1코는 안뜨기한다

(무늬뜨기 B)
48(92코) 46(88코)
(-46코)(-44코)
(92코) (88코)
(무늬뜨기 A) 4호 대바늘

16단(8단)
4
3

(138코) (132코) 만들기   (138코) (132코) 만들기

※ 지정하지 않은 것은 모두 6호 대바늘로 뜬다.
※ ▨ 는 S, 그 외에는 M 또는 공통.
※ ■, □ 끼리 이어서 뜬다.
※ △, ▲ 끼리 빼뜨기잇기한다.

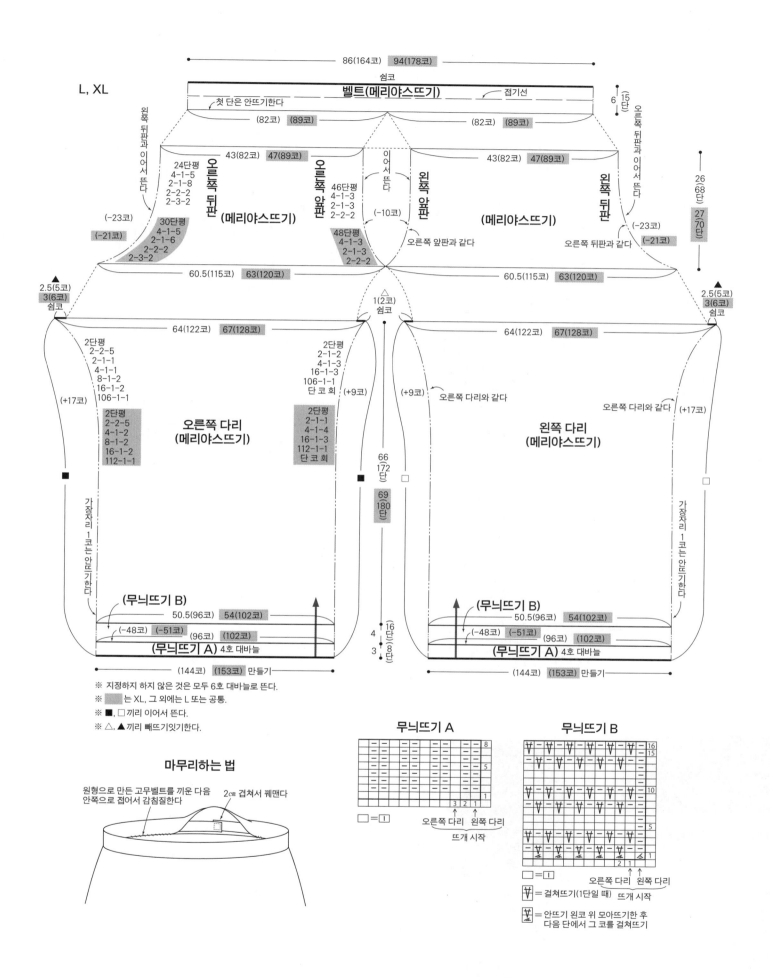

L, XL

86(164코)　94(178코)

쉼코
벨트(메리야스뜨기)　접기선
첫 단은 안뜨기한다

6 ⌈15단⌉

(82코) 89코　(82코) 89코

왼쪽 뒤판과 이어서 뜬다

43(82코) 47(89코)　이어서 뜬다　43(82코) 47(89코)

오른쪽 뒤판과 이어서 뜬다

24단평
4-1-5
2-1-8
2-2-2
2-3-2

오른쪽 뒤판 (메리야스뜨기)

오른쪽 앞판

46단평
4-1-3
2-1-3
2-2-2

(-10코)

왼쪽 앞판

오른쪽 앞판과 같다

왼쪽 뒤판

(메리야스뜨기)

오른쪽 뒤판과 같다

26 ⌈68단⌉
27 70단

(-23코)

30단평
4-1-5
2-1-6
2-2-2
2-3-2

(-21코)

48단평
4-1-3
2-1-3
2-2-2

(-23코)

(-21코)

60.5(115코) 63(120코)　60.5(115코) 63(120코)

▲ 2.5(5코)
3(6코)
쉼코

△ 1(2코)
쉼코

▲ 2.5(5코)
3(6코)
쉼코

64(122코) 67(128코)　64(122코) 67(128코)

2단평
2-2-5
2-1-1
4-1-1
8-1-2
16-1-2
106-1-1

2단평
2-1-2
4-1-3
16-1-3
106-1-1
단 코 회

(+9코)　(+9코)

오른쪽 다리와 같다

(+17코)

오른쪽 다리
(메리야스뜨기)

2단평
2-2-5
4-1-2
8-1-2
16-1-2
112-1-1

2단평
2-1-1
4-1-4
16-1-3
112-1-1
단 코 회

66 ⌈172단⌉

왼쪽 다리
(메리야스뜨기)

오른쪽 다리와 같다

(+17코)

69 180단

가장자리 1코는 안뜨기한다

■　□

가장자리 1코는 안뜨기한다

(무늬뜨기 B)

50.5(96코) 54(102코)

(-48코) (-51코)

(96코) (102코)

(무늬뜨기 A) 4호 대바늘

66 ⌈172단⌉
69 180단

4 ⌈16단⌉
3 ⌈8단⌉

(무늬뜨기 B)

50.5(96코) 54(102코)

(-48코) (-51코)

(96코) (102코)

(무늬뜨기 A) 4호 대바늘

(144코) (153코) 만들기　(144코) (153코) 만들기

※ 지정하지 하지 않은 것은 모두 6호 대바늘로 뜬다.
※ ▨ 는 XL, 그 외에는 L 또는 공통.
※ ■, □끼리 이어서 뜬다.
※ △, ▲끼리 빼뜨기잇기한다.

마무리하는 법

원형으로 만든 고무벨트를 끼운 다음
안쪽으로 접어서 감침질한다

2cm 겹쳐서 꿰맨다

무늬뜨기 A

8

5

□ = ①

3 2 1
오른쪽 다리　왼쪽 다리
뜨개 시작

무늬뜨기 B

16
15

10

5

1

□ = ①

2 1
오른쪽 다리　왼쪽 다리
뜨개 시작

Ⅴ = 걸쳐뜨기(1단일 때)

= 안뜨기 왼코 위 모아뜨기한 후
다음 단에서 그 코를 걸쳐뜨기

136페이지로 이어집니다. ▶

▶ 135페이지에서 이어집니다.

왼쪽 다리·왼쪽 뒤판·왼쪽 앞 증감코
(M사이즈)

오른쪽 다리·오른쪽 앞판·오른쪽 뒤판 증감코
(M사이즈)

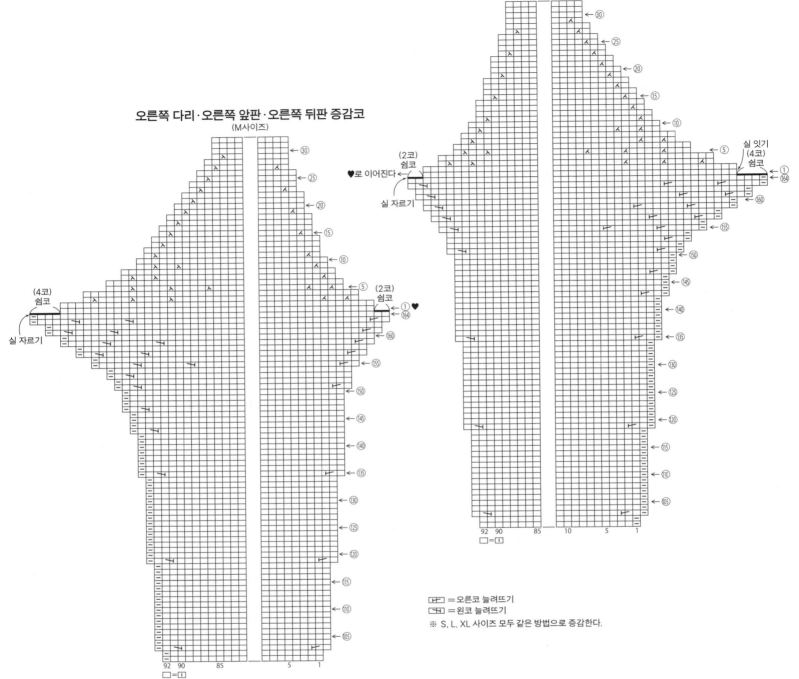

(2코) 쉼코
♥로 이어진다
실 자르기

실 잇기
(4코) 쉼코

(4코) 쉼코
실 자르기

(2코) 쉼코
①164 ♥

□=①

☐F = 오른코 늘려뜨기
F☐ = 왼코 늘려뜨기
※ S, L, XL 사이즈 모두 같은 방법으로 증감한다.

Enjoy Keito
42 page ★★★

슈퍼 소프트

**실을 가로로 걸치는
배색무늬뜨기**

※ 일본어 사이트

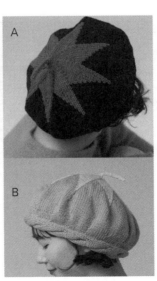

A

B

재료
[A]라나 가토 슈퍼 소프트 남색(10214) 70g 2볼, 잿빛 블루(14527) 15g 1볼
[B]라나 가토 슈퍼 소프트 잿빛 물색(14608) 70g 2볼, 노란색(14648) 15g 1볼

도구
대바늘 6호

완성 크기
머리둘레 56cm, 깊이 25.5cm

게이지
무늬뜨기 13코=4cm, 무늬뜨기 28단=10cm, 메리야스뜨기(10×10cm) 21코×28단, 배색무늬뜨기(10×10cm) 21코×28단

POINT
●모자 입구는 별도 사슬을 만들어 뜨기 시작하고 무늬뜨기로 뜹니다. 155단을 다 떴으면 기초코의 사슬을 풀고 뜨개 시작 쪽과 뜨개 끝 쪽을 1단 만 들면서 메리야스 잇기를 합니다. 이어서 모자 입구에서 코를 주워 메리야스뜨기, 배색무늬뜨기로 원형뜨기를 합니다. 배색무늬뜨기는 실을 가로로 걸치는 방법으로 뜨지만 실이 길게 걸치는 부분은 다음 단에서 걸치는 실을 끼워서 뜹니다. 분산 증감코는 도안을 참고합니다. 뜨개 끝은 실을 통과시켜 오므립니다.

모자 입구

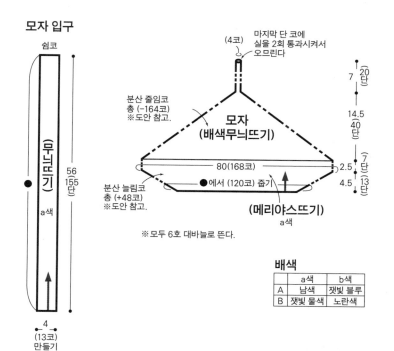

쉼코

(무늬뜨기)

a색

56
(155
단)

4
(13코)
만들기

마지막 단 코에
실을 2회 통과시켜서
오므린다

(4코)

분산 줄임코
총 (−164코)
※도안 참고.

모자
(배색무늬뜨기)

80(168코)

분산 늘림코
총 (+48코)
※도안 참고.

●에서 (120코) 줍기

(메리야스뜨기)
a색

7 {20
단}

14.5 {40
단}

2.5 {7
단}

4.5 {13
단}

※모두 6호 대바늘로 뜬다.

배색

	a색	b색
A	남색	잿빛 블루
B	잿빛 물색	노란색

무늬뜨기

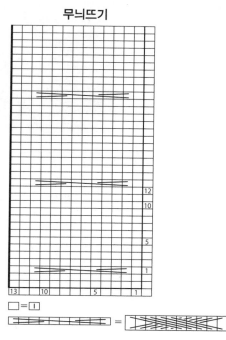

□ = |

배색무늬뜨기와 분산 증감코

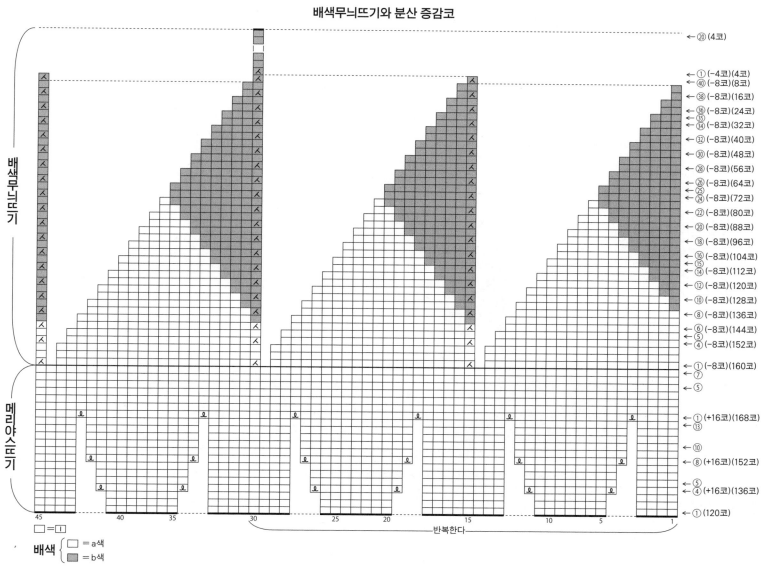

배색무늬뜨기

메리야스뜨기

←⑳(4코)

←①(−4코)(4코)
←㊵(−8코)(8코)
←㊳(−8코)(16코)
←㊱(−8코)(24코)
←㉟
←㉞(−8코)(32코)
←㉜(−8코)(40코)
←㉚(−8코)(48코)
←㉘(−8코)(56코)
←㉖(−8코)(64코)
←㉕
←㉔(−8코)(72코)
←㉒(−8코)(80코)
←⑳(−8코)(88코)
←⑱(−8코)(96코)
←⑯(−8코)(104코)
←⑮
←⑭(−8코)(112코)
←⑫(−8코)(120코)
←⑩(−8코)(128코)
←⑧(−8코)(136코)
←⑥(−8코)(144코)
←⑤
←④(−8코)(152코)

←①(−8코)(160코)
←⑦
←⑤

←①(+16코)(168코)
←⑬

←⑩

←⑧(+16코)(152코)

←⑤
←④(+16코)(136코)

←①(120코)

45   40   35   30   25   20   15   10   5   1

반복한다

□ = |

배색 { □ = a색
       ▨ = b색

재료
실…스키얀 스키 클레어 에크뤼(6401) 340g 9볼,
남색(6410) 120g 3볼
도구
코바늘 8/0호
완성 크기
가슴둘레 105㎝, 기장 49㎝, 화장 54㎝
게이지
모티브 A, B 1변 10.5㎝

POINT
●몸판, 소매…몸판은 모티브 잇기로 뜹니다. 모티브 A는 실로 원을 만드는 기코초, 모티브 B는 사슬뜨기 기초코로 뜨개를 시작합니다. 2번째 장부터는 마지막 단에서 이웃하는 모티브와 연결하면서 뜹니다.
●마무리…밑단, 소맷부리는 줄무늬 무늬뜨기로 원형뜨기합니다. 목둘레는 테두리뜨기로 원형뜨기합니다.

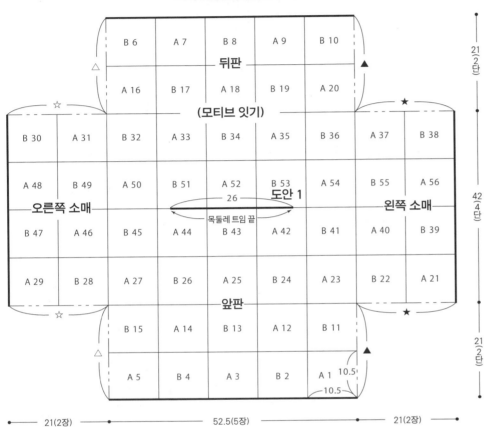

모티브 A 28장

모티브 B 28장

※ 모두 8/0호 코바늘로 뜬다.
※ 지정하지 않은 것은 에크뤼로 뜬다.
※ 모티브 안의 숫자는 연결하는 순서다.
※ 맞춤 표시는 뜨면서 잇는다.

▷ =실 잇기
► =실 자르기

변형 긴 3코 구슬뜨기
(다발로 줍기)

배색 { — = 에크뤼 / — = 남색 }

= 변형 긴 2코 구슬뜨기
(다발로줍기)

※ 일본어 사이트

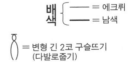

도안 1 목둘레

테두리뜨기 ①

◉ =사슬을 갈라서 빼뜨기

※ 모티브 모서리 잇는 법→P.144.

줄무늬 무늬뜨기 →①

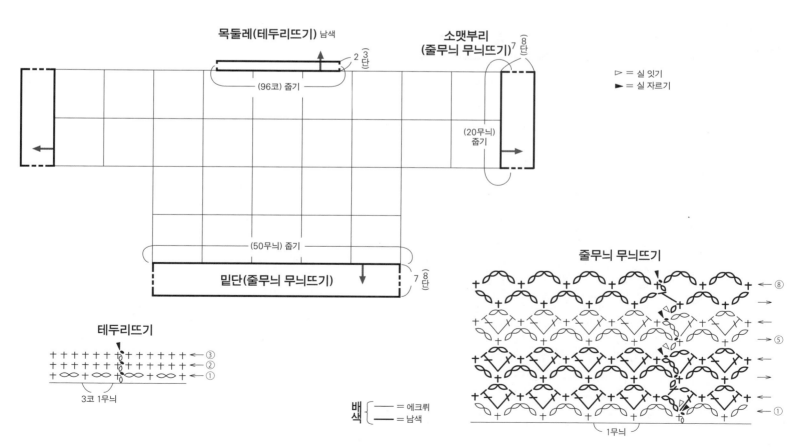

목둘레(테두리뜨기) 남색

소맷부리
(줄무늬 무늬뜨기)

▷ = 실 잇기
► = 실 자르기

(96코) 줍기

(20무늬)
줍기

(50무늬) 줍기

밑단(줄무늬 무늬뜨기)

줄무늬 무늬뜨기

테두리뜨기

3코 1무늬

배
색 = 에크뤼
= 남색

1무늬

재료
스키얀 스키 카랄 연보라색(7314) 260g 9볼
도구
코바늘 6/0호·5/0호
완성 크기
가슴둘레 125cm, 기장 43.5cm, 화장 68cm
게이지
모티브 크기 참고

POINT
●몸판, 소매…모티브 잇기로 뜹니다. 모티브는 사슬뜨기 기초코로 뜨개를 시작합니다. 2번째 장부터는 마지막 단에서 이웃한 모티브와 연결하면서 뜹니다.
●마무리…목둘레는 지정한 콧수만큼 주워서 테두리뜨기로 원형뜨기하는데 1,2단은 불규칙하므로 주의하세요.

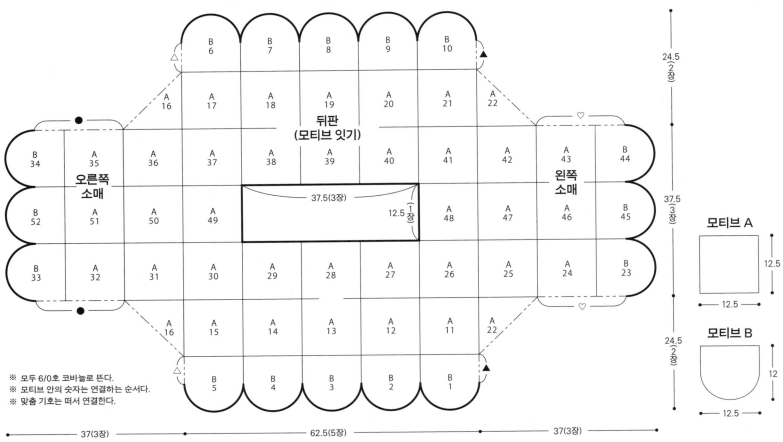

※ 모두 6/0호 코바늘로 뜬다.
※ 모티브 안의 숫자는 연결하는 순서다.
※ 맞춤 기호는 떠서 연결한다.

모티브 A
12.5
12.5

모티브 B
12
12.5

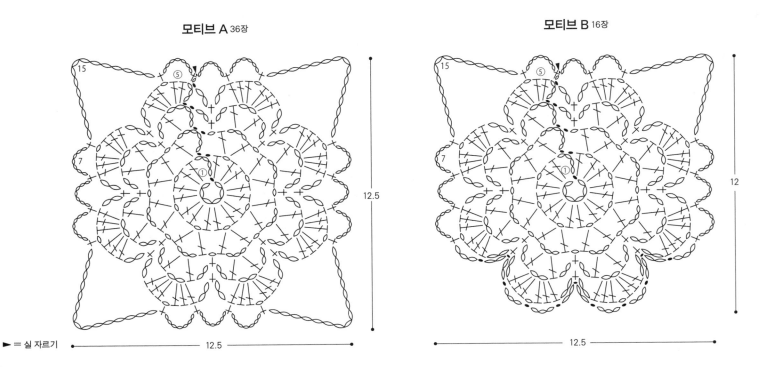

모티브 A 36장

모티브 B 16장

► = 실 자르기

12.5

12

12.5

모티브 잇는 법

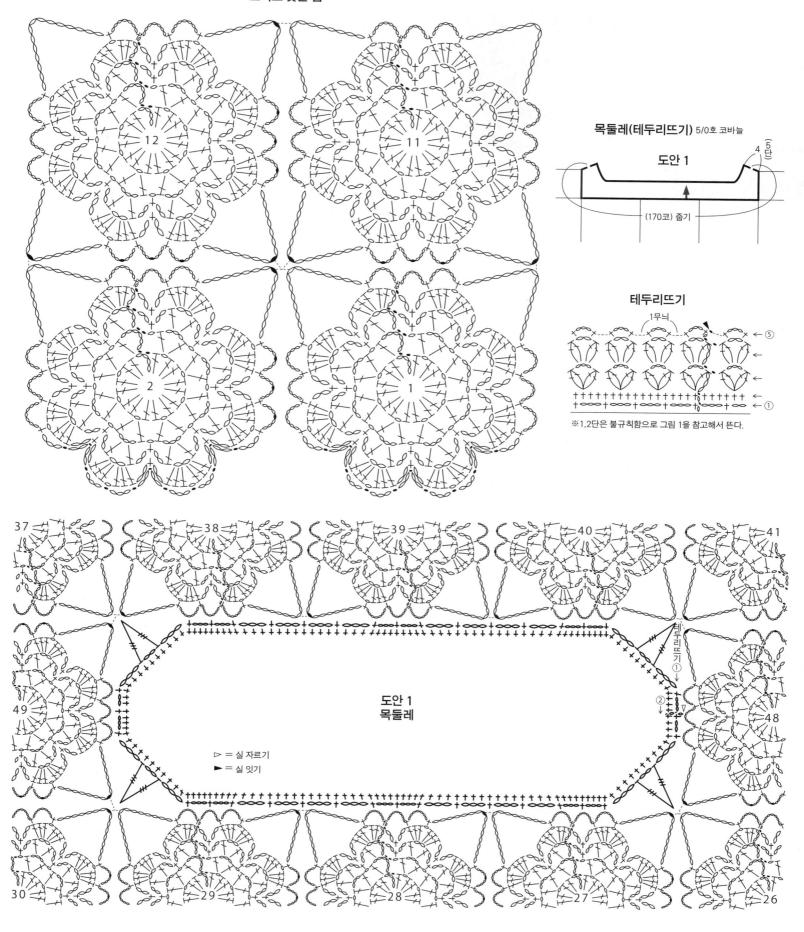

목둘레(테두리뜨기) 5/0호 코바늘

도안 1

(170코) 줍기

테두리뜨기

1무늬

← ⑤

↑
↑
↑
← ①

※1,2단은 불규칙함으로 그림 1을 참고해서 뜬다.

도안 1
목둘레

▷ = 실 자르기
► = 실 잇기

테두리뜨기
①
②

다이아 에마

다이아 에포카

한길 긴
앞걸어뜨기

한길 긴
뒤걸어뜨기

※ 일본어 사이트　　　※ 일본어 사이트

재료
실…다이아몬드 케이토 다이아 에마 초록색·파란
색·갈색 계열 그러데이션(4504) 380g 13볼.
다이아 에포카 파란색(338) 250g 7볼, 연두색
(364) 85g 3볼.
단추…지름 18㎜ 7개, 지름 25㎜ 5개
도구
코바늘 6/0호·8/0호·10/0호
완성 크기
가슴둘레 111㎝, 기장 52.5㎝, 화장 70.5㎝
게이지
모티브 크기는 도안 참고

POINT
●몸판, 소매…모티브 잇기로 뜹니다. 모티브는 원
으로 만드는 기초코로 뜨개를 시작합니다. 2번째
장부터는 마지막 단에서 이웃한 모티브와 연결하
면서 뜨는데, 모티브 D, D'의 옆선 아래는 나중에
짧은뜨기 사슬 꿰매기로 연결합니다.
●마무리…밑단, 목둘레, 앞단, 소맷부리는 지정된
콧수만큼 코를 주워서 무늬뜨기합니다. 오른쪽 앞
단에는 단춧구멍을 냅니다. 탈부착하는 칼라는 사
슬뜨기 기코초로 뜨개를 시작해서 무늬뜨기하는데
게이지를 조정하면서 뜹니다. 테두리뜨기는 기초코
에서 코를 주워서 단춧구멍을 내면서 뜹니다. 칼라
안쪽과 왼쪽 앞단에 단추를 달아서 완성합니다.

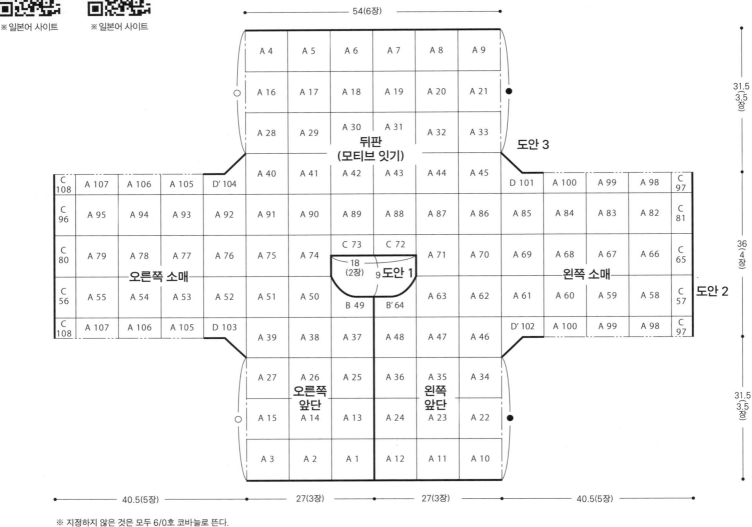

※ 지정하지 않은 것은 모두 6/0호 코바늘로 뜬다.
※ 지정하지 않은 것은 그러데이션 실로 뜬다.
※ 모티브 안의 숫자는 잇는 순서다.
※ 맞춤 기호는 떠서 연결한다.

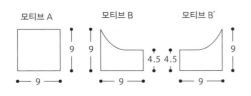

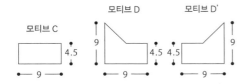

▷ =실 잇기
► = 실 자르기

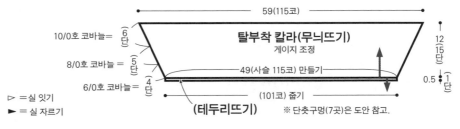

탈부착 칼라의 단춧구멍 내는 법

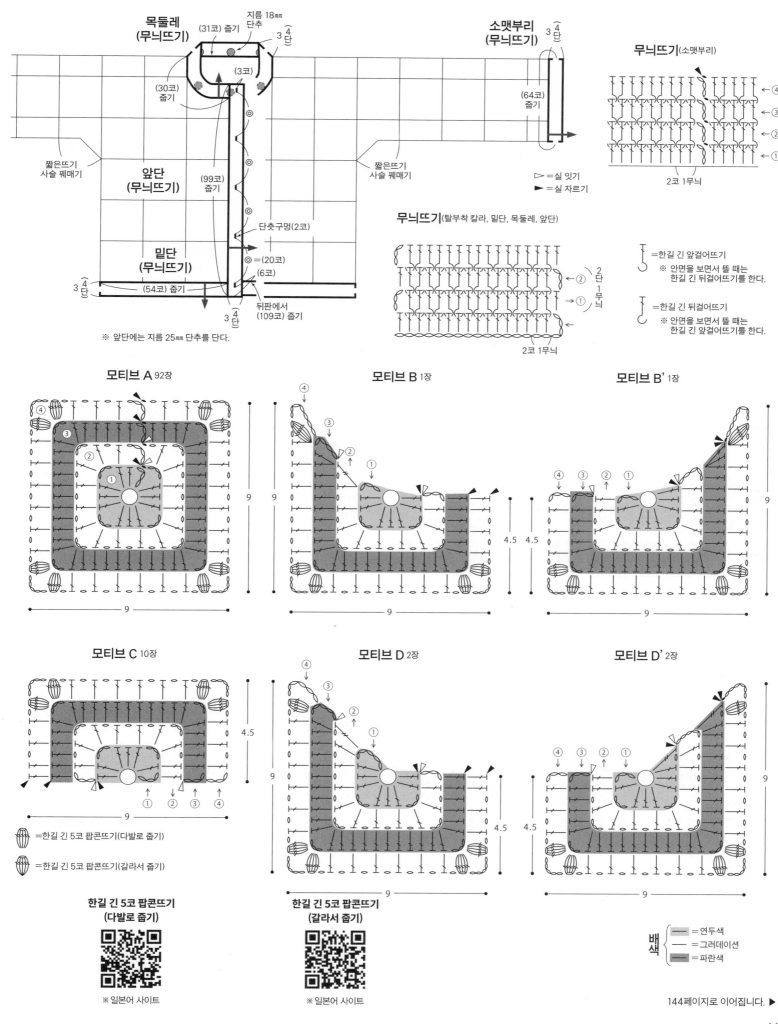

목둘레
(무늬뜨기)

(31코) 줍기

지름 18㎜
단추

3 4 단

(30코)
줍기

(3코)

짧은뜨기
사슬 꿰매기

앞단
(무늬뜨기)

(99코)
줍기

단춧구멍(2코)

밑단
(무늬뜨기)

◎ =(20코)

(6코)

3 4 단

(54코) 줍기

뒤판에서
(109코) 줍기

3 4 단

※ 앞단에는 지름 25㎜ 단추를 단다.

소맷부리
(무늬뜨기)

3 4 단

(64코)
줍기

짧은뜨기
사슬 꿰매기

▷ =실 잇기
► =실 자르기

무늬뜨기(소맷부리)

←④
←③
←②
←①

2코 1무늬

무늬뜨기(탈부착 칼라, 밑단, 목둘레, 앞단)

←②
→①
←

2단
1무늬

2코 1무늬

ʆ =한길 긴 앞걸어뜨기
　※ 안면을 보면서 뜰 때는
　　한길 긴 뒤걸어뜨기를 한다.

ʆ =한길 긴 뒤걸어뜨기
　※ 안면을 보면서 뜰 때는
　　한길 긴 앞걸어뜨기를 한다.

모티브 A 92장

9

9

모티브 B 1장

9

4.5

9

모티브 B’ 1장

4.5

9

9

모티브 C 10장

4.5

① ② ③ ④

9

모티브 D 2장

9

4.5

9

모티브 D’ 2장

4.5

9

9

한길 긴 5코 팝콘뜨기
(다발로 줍기)

※ 일본어 사이트

한길 긴 5코 팝콘뜨기
(갈라서 줍기)

※ 일본어 사이트

=한길 긴 5코 팝콘뜨기(다발로 줍기)

=한길 긴 5코 팝콘뜨기(갈라서 줍기)

배
색
{ =연두색
{ =그러데이션
{ =파란색

144페이지로 이어집니다. ►

▶ 143페이지에서 이어집니다.

모티브 잇는 법

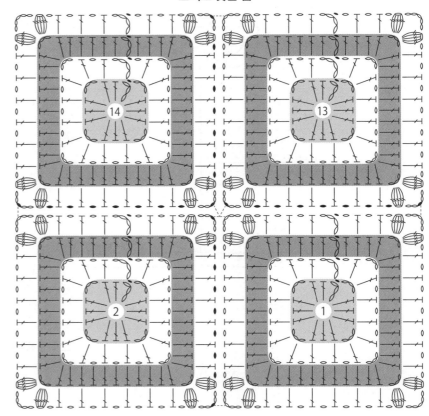

도안 3
옆선 아래

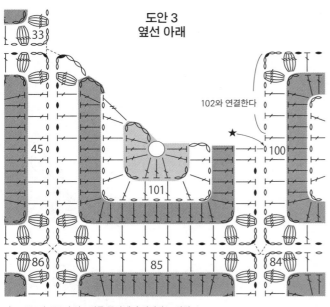

102와 연결한다

★ =101과 102의 실꼬리를 통과해서 연결하는 위치

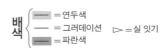

배
색
{ = 연두색
= 그러데이션   ▷ = 실 잇기
= 파란색

도안 2 소맷부리

← ① 무늬뜨기

↑
소매 밑선

=한길 긴뜨기 뜨개 끝에서 연결하는 부분은 실을 자르고
그 실꼬리에서 연결하는 쪽 모티브에 실을 통과한 다음 실정리한다.

모티브 모서리 잇는 법

1 3번째 모티브를 연결하는 위치의 바로
앞 사슬을 3코 뜨고, 2번째 모티브의
빼뜨기 코다리 2가닥에 위에서
바늘을 넣은 다음

2 실을 걸어서 빼낸다.
4번째 장도 같은 방법으로 빼낸다.

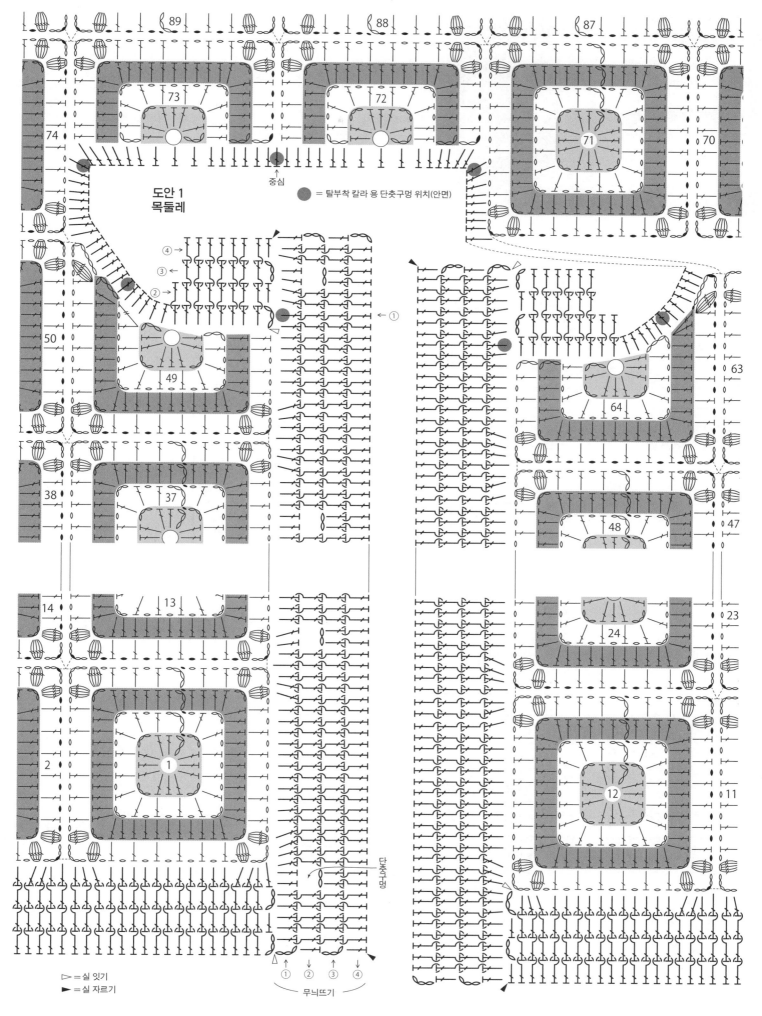

도안 1
목둘레

중심

● = 탈부착 칼라 용 단춧구멍 위치(안면)

89 88 87

74 73 72 71 70

50 49 63 64

38 37 48 47

14 13 24 23

2 1 12 11

단춧구멍

▷ = 실 잇기
► = 실 자르기

① ② ③ ④
무늬뜨기

145

노스텔지어 모티브

33 page ★★★

다이아 캐롤라이나

다이아 타탄

한길 긴 5코 팝콘 뜨기(갈라서 줍기)

※ 일본어 사이트

재료
다이아몬드 케이토 다이아 캐롤라이나 노란색·하늘색·초록색 계열 믹스(4602) 220g 8볼. 다이아 타탄 청록색(3405) 90g 3볼, 하늘색(3412) 85g 3볼.

도구
코바늘 6/0호

완성 크기
가슴둘레 100cm, 기장 52.5cm, 화장 57.5cm

게이지
모티브 크기는 도안 참고.

POINT
●몸판, 소매…모티브 잇기로 뜹니다. 모티브는 원으로 만드는 기초코로 뜨개를 시작합니다. 2번째 장부터는 마지막 단에서 이웃한 모티브와 연결하면서 뜹니다.
●마무리…밑단, 소맷부리, 목둘레는 도안을 참고하면서 가장자리를 정리한 다음 코를 주워서 줄무늬 테두리뜨기를 원형으로 왕복뜨기합니다.

		뒤판		
Ab 6	Aa 7	Ab 8	Aa 9	Ab 10
Aa 16	Ab 17	Aa 18	Ab 19	Aa 20
Ab 26	Aa 27	Ab 28	Aa 29	Ab 30

(모티브 잇기)

Ab 42	Aa 43	Ab 44	Aa 45	Ab 46	Aa 47	Ab 48	Aa 49	Ab 50	Aa 51	Ab 52
Aa 63	Ab 64	Aa 65	Ab 66	Aa 67	Ab 68	Aa 69	Ab 70	Aa 71	Ab 72	Aa 73
Ab Aa 62 61	Ab 60	Aa 59	C'b 58		Cb 57	Aa 56	Ab 55	Aa 54	Ab 53	
Aa 41	Ab 40	Aa 39	Ab 38	Aa 37	Bb 36	Aa 35	Ab 34	Aa 33	Ab 32	Aa 31

오른쪽 소매 / 왼쪽 소매

20(2장) / 15 (1.5장)

		앞판		
Aa 25	Ab 24	Aa 23	Ab 22	Aa 21
Ab 15	Aa 14	Ab 13	Aa 12	Ab 11
Aa 5	Ab 4	Aa 3	Ab 2	Aa 1

30(3장) / 50(5장) / 30(3장)

30(3장) / 40(4장) / 30(3장)

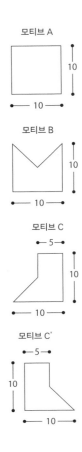

모티브 A
10 / 10

모티브 B
10 / 10

모티브 C
5 / 10 / 10

모티브 C'
5 / 10 / 10

※ 모두 6/0호 코바늘로 뜬다.
※ 모티브 안의 숫자는 연결하는 순서다.
※ 맞춤 기호는 떠서 연결한다.

줄무늬 테두리뜨기

2코 1무늬

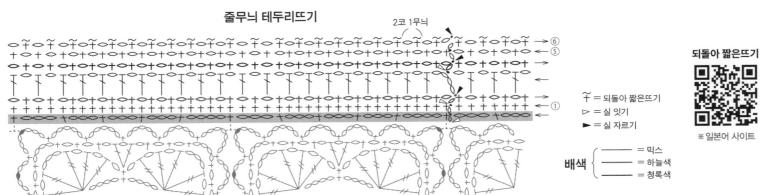

→⑥
→⑤
→
→①
←

되돌아 짧은뜨기

※ 일본어 사이트

⁀̇ = 되돌아 짧은뜨기
▷ = 실 잇기
▶ = 실 자르기

배색 { ── = 믹스 / ── = 하늘색 / ── = 청록색 }

▨ = 가장자리를 정리하는 부분(믹스)

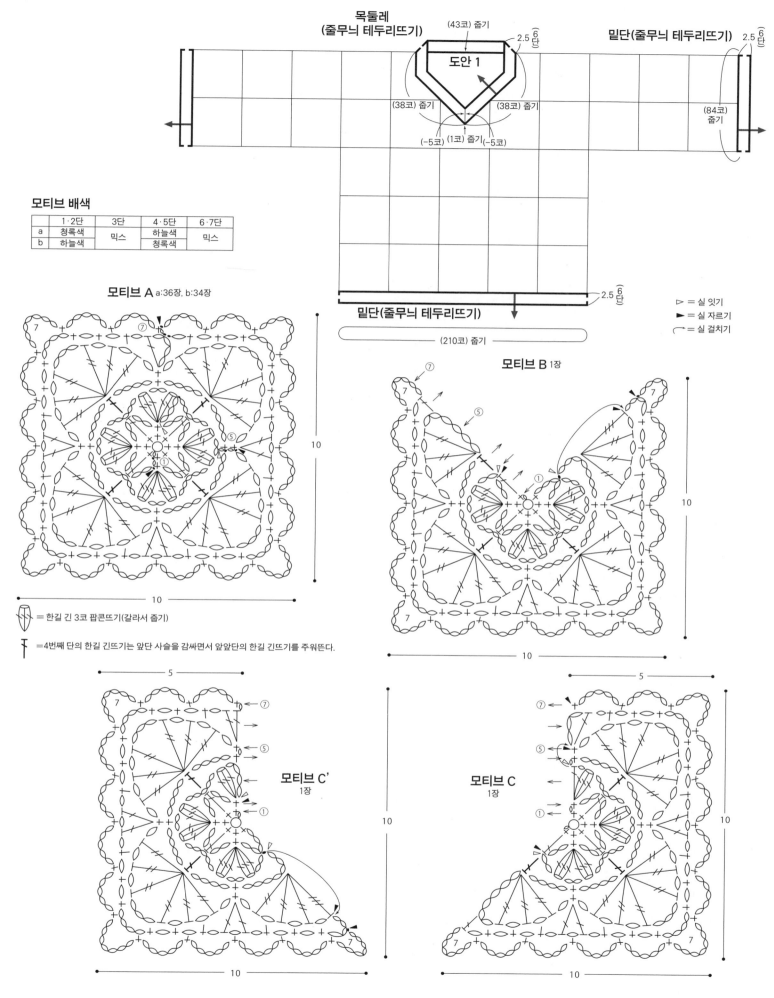

목둘레
(줄무늬 테두리뜨기)

(43코) 줍기

2.5 6단

밑단 (줄무늬 테두리뜨기)

2.5 6단

도안 1

(38코) 줍기   (38코) 줍기

(84코) 줍기

(-5코) (1코) 줍기 (-5코)

모티브 배색

	1·2단	3단	4·5단	6·7단
a	청록색	믹스	하늘색	믹스
b	하늘색	믹스	청록색	믹스

밑단 (줄무늬 테두리뜨기)

2.5 6단

(210코) 줍기

▷ = 실 잇기
▶ = 실 자르기
⌒ = 실 걸치기

모티브 A a:36장, b:34장

10

10

⬡ = 한길 긴 3코 팝콘뜨기(갈라서 줍기)

Ŧ =4번째 단의 한길 긴뜨기는 앞단 사슬을 감싸면서 앞앞단의 한길 긴뜨기를 주워뜬다.

모티브 B 1장

10

10

5

5

모티브 C'
1장

10

10

모티브 C
1장

10

10

148페이지로 이어집니다. ▶

▶ 147페이지에서 이어집니다.

모티브 잇는 법

※ 모티브 모서리 잇는 법→P.144.

도안 1

목둘레

□ = 가장자리를 정리하는 부분(믹스)
▷ = 실 잇기
► = 실 자르기

뒤판 중심

앞판 중심

시젠노 쓰무기 mofu

한길 긴 5코 팝콘뜨기
(갈라서 줍기)

※ 일본어 사이트

재료
올림포스 시젠노 쓰무기 mofu 베이비 블루(203)
295g 10볼, 민트(207) 60g 2볼
도구
코바늘 6/0호
완성 크기
가슴둘레 110cm, 기장 58.5cm, 화장 69.5cm
게이지(10×10cm)
모티브 크기는 도안 참고.

POINT
● 몸판, 소매…모티브 잇기로 뜹니다. 모티브는 원으로 만드는 기초코로 뜨개를 시작합니다. 2번째 장부터는 마지막 단에서 이웃한 모티브와 연결하면서 뜹니다.
● 마무리…밑단, 소맷부리, 목둘레는 지정한 콧수만큼 코를 주워서 줄무늬 테두리뜨기로 원형뜨기합니다. 앞단 목둘레 모서리 부분의 줄임코는 도안을 참고하세요.

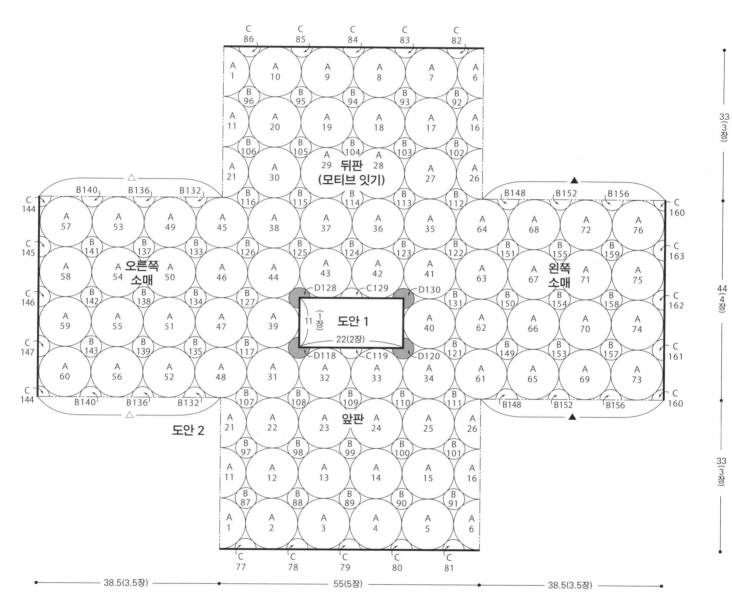

※ 모두 6/0호 코바늘로 뜬다.
※ 모티브 안의 숫자는 연결하는 순서다.
※ 맞춤 기호는 떠서 연결한다.

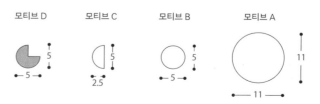

모티브 D   모티브 C   모티브 B   모티브 A

150페이지로 이어집니다. ▶

▶ 149페이지에서 이어집니다.

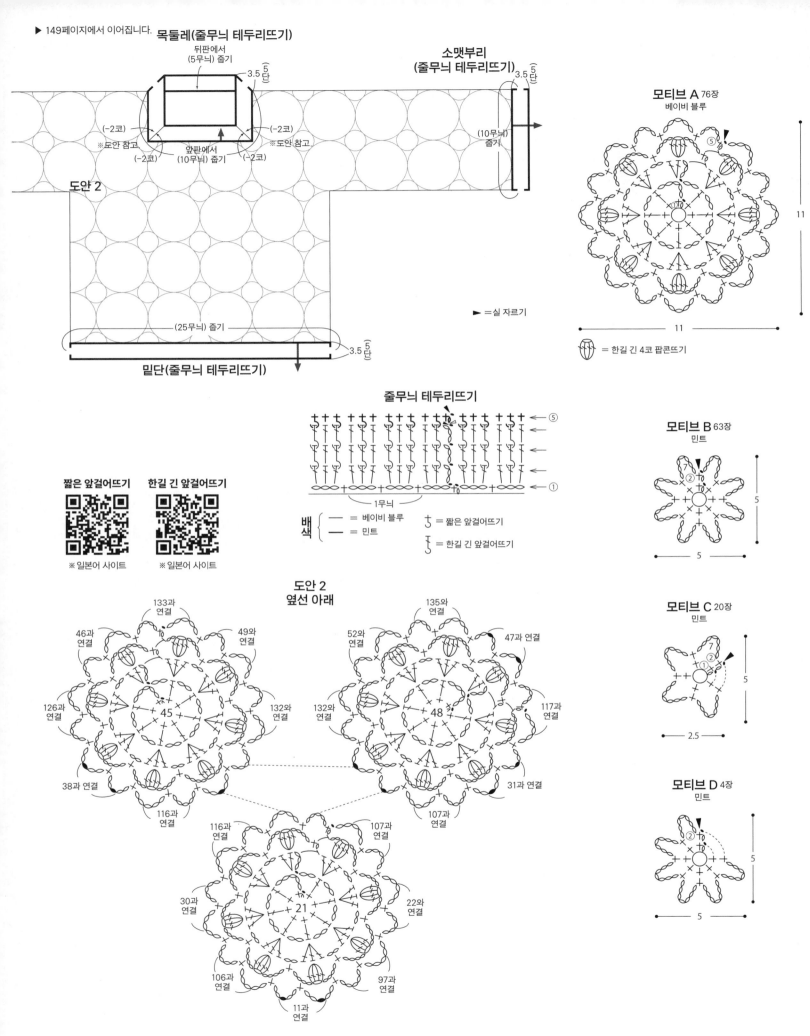

목둘레(줄무늬 테두리뜨기)

뒤판에서
(5무늬) 줍기

3.5단 ⑤

5

앞판에서
(10무늬) 줍기

(-2코)   (-2코)

(-2코)   (-2코)

※도안 참고.   ※도안 참고.

소맷부리
(줄무늬 테두리뜨기)

3.5단 ⑤

(10무늬)
줍기

도안 2

밑단(줄무늬 테두리뜨기)

(25무늬) 줍기

3.5단 ⑤

► =실 자르기

모티브 A 76장
베이비 블루

11

11

= 한길 긴 4코 팝콘뜨기

줄무늬 테두리뜨기

⑤
④
③
②
①

1무늬

배색 {
─ = 베이비 블루
─ = 민트

╂ = 짧은 앞걸어뜨기

╈ = 한길 긴 앞걸어뜨기

모티브 B 63장
민트

7
②

5

5

모티브 C 20장
민트

7
②
①

5

2.5

모티브 D 4장
민트

②

5

5

짧은 앞걸어뜨기

한길 긴 앞걸어뜨기

※ 일본어 사이트   ※ 일본어 사이트

도안 2
옆선 아래

133과
연결

46과
연결

49와
연결

135와
연결

52와
연결

47과 연결

45

126과
연결

132와
연결

132와
연결

48

117과
연결

38과 연결

116과
연결

31과 연결

107과
연결

116과
연결

107과
연결

30과
연결

21

22와
연결

106과
연결

97과
연결

11과
연결

150

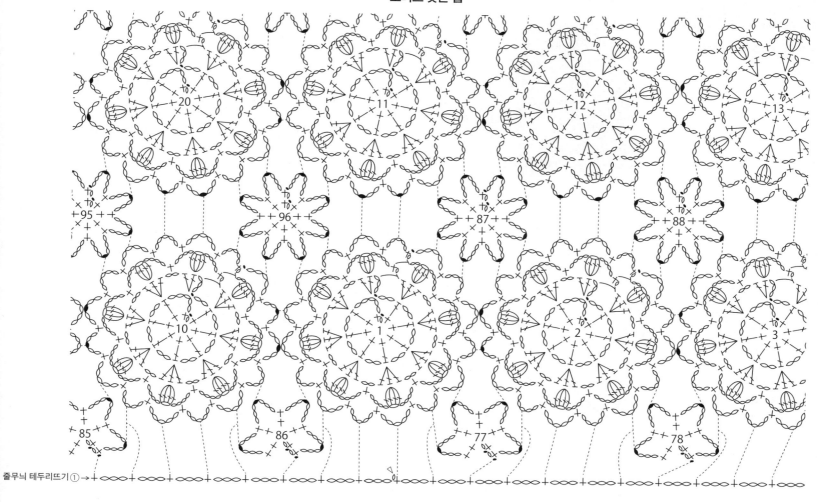

줄무늬 테두리뜨기①→

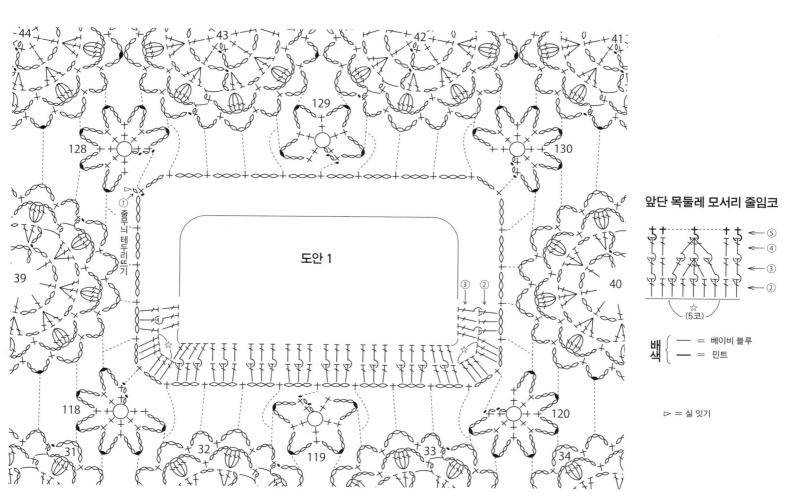

도안 1

앞단 목둘레 모서리 줄임코

☆
(5코)

배색 {
— = 베이비 블루
— = 민트
}

▷ = 실 잇기

재료

실…나이토상사 에브리 데이 솔리드 잿빛 갈색(28) 685g 7볼, 보라색(46) 50g 1볼, 노란색(58) 45g 1볼, 청록색(106) 45g 1볼, 빨간색(6) 40g 볼, 파란색(109) 40g 1볼

단추…지름 20mm 6개

도구

코바늘 6/0호, 대바늘 4호

완성 크기

가슴둘레 128cm, 어깨너비 46.5cm, 기장 69cm, 소매 기장 57cm

게이지

모티브 크기는 도안 참고. 무늬뜨기(10cm×10cm) 20코×9단

POINT

● 몸판은 모티브 잇기로 뜹니다. 모티브는 원으로 만드는 기초코로 뜨개를 시작합니다. 2번째 장부터는 잇는 법을 참고해서, 마지막 단에서 이웃한 모티브와 연결하면서 뜹니다. 짧은뜨기를 지정한 위치에서 뜹니다. 밑단, 앞단은 짧은뜨기 코머리(사슬)의 뒤 반 코를 주워서 2코 고무뜨기합니다. 왼쪽 앞단에는 단춧구멍을 냅니다. 뜨개 끝은 2코 고무뜨기 코막음을 합니다. 목둘레는 몸판의 안면을 보면서 코를 주워서 2코 고무뜨기합니다. 뜨개 끝은 밑단과 같은 방법으로 합니다. 소매는 진동 둘레에서 코를 주워서 무늬뜨기로 원형뜨기합니다. 줄임코는 도안을 참고하세요. 소맷부리는 2코 고무뜨기로 원형뜨기합니다. 뜨개 끝은 밑단과 같은 방법으로 합니다. 단추를 달아서 완성합니다.

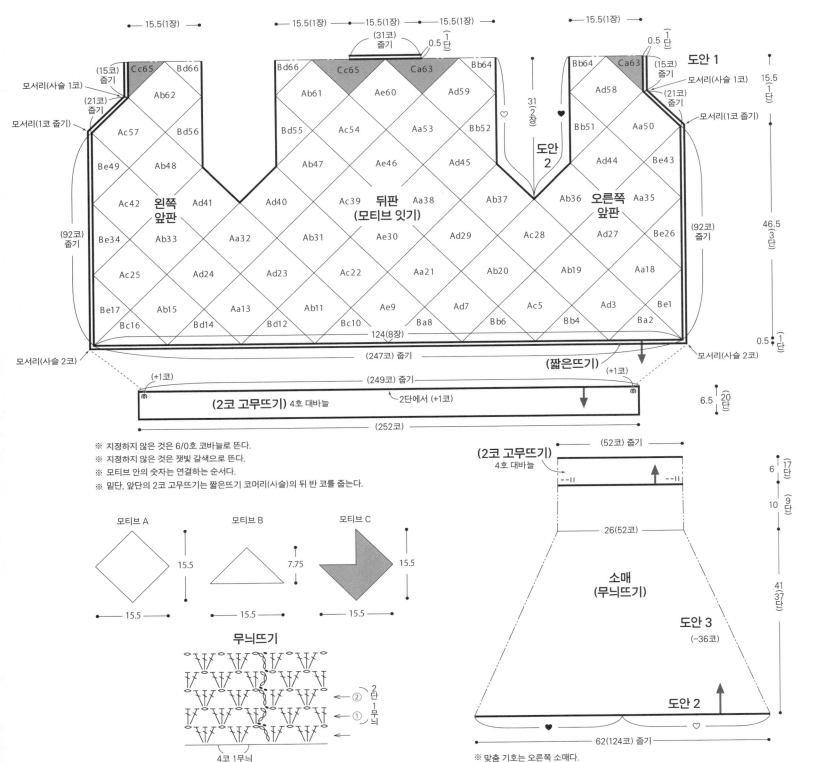

※ 지정하지 않은 것은 6/0호 코바늘로 뜬다.
※ 지정하지 않은 것은 잿빛 갈색으로 뜬다.
※ 모티브 안의 숫자는 연결하는 순서다.
※ 밑단, 앞단의 2코 고무뜨기는 짧은뜨기 코머리(사슬)의 뒤 반 코를 줍는다.

※ 맞춤 기호는 오른쪽 소매다.
※ 소맷부리는 마지막 단의 한길 긴뜨기 코머리 2가닥에 바늘을 넣어 줍는다(사슬은 다발로 줍는다).

모티브 A

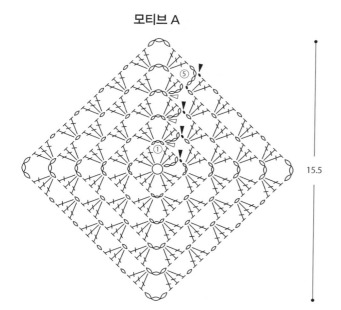

15.5

15.5

모티브 A 배색과 장수

	1단	2단	3단	4,5단	장수
a	보라색	파란색	빨간색		8장
b	노란색	청록색	보라색		12장
c	파란색	보라색	청록색	잿빛 갈색	8장
d	빨간색	노란색	파란색		12장
e	청록색	빨간색	노란색		4장

모티브 B

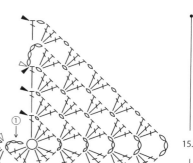

7.75

15.5

▷ =실 잇기
► =실 자르기

모티브 B 배색과 장수

	1단	2단	3단	4,5단	장수
a	보라색	파란색	빨간색		2장
b	노란색	청록색	보라색		5장
c	파란색	보라색	청록색	잿빛 갈색	2장
d	빨간색	노란색	파란색		5장
e	청록색	빨간색	노란색		6장

모티브 C

15.5

15.5

모티브 C 배색과 장수

	1단	2단	3단	4,5단	장수
a	보라색	파란색	빨간색	잿빛 갈색	1장
c	파란색	보라색	청록색		1장

모티브 잇는 법

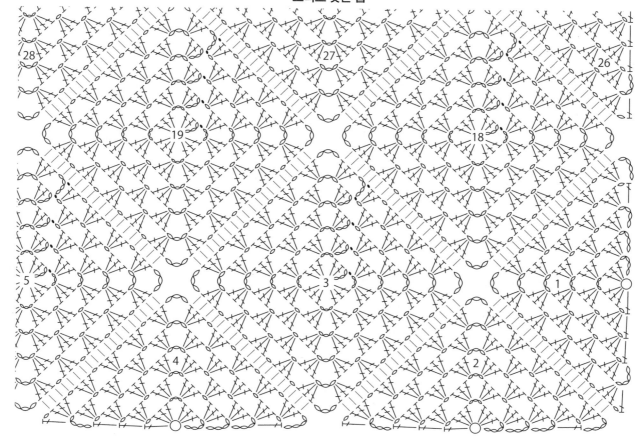

154페이지로 이어집니다. ▶

▶ 153페이지에서 이어집니다.

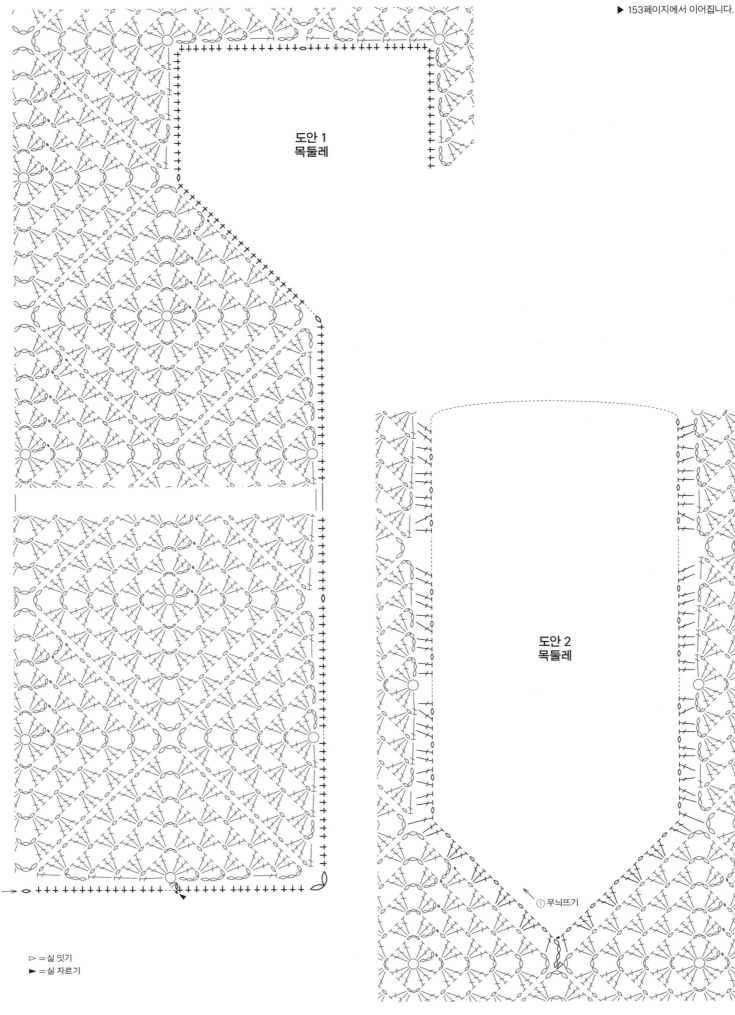

도안 1
목둘레

도안 2
목둘레

① 무늬뜨기

테두리뜨기

① →

▷ =실 잇기
► =실 자르기

154

앞단 (2코 고무뜨기) 4호 대바늘

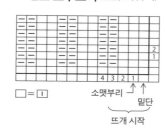

(7코)
(+1코)
단춧구멍(1코)
○=(19코)
●=(23코)
(94코) 줍기
2번째 단에서
(+19코)
※도안 참고.
(16코)
(17코) 줍기
(+1코)
3
10
단

2코 고무뜨기 (밑단, 소맷부리)

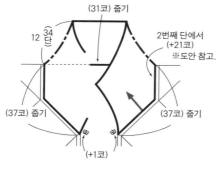

2
1
4 3 2 1
□ = I
소맷부리 ↑ ↑
밑단
뜨개 시작

목둘레(2코 고무뜨기) 4호 대바늘

(31코) 줍기
12 34단
2번째 단에서
(+21코)
※도안 참고.
(37코) 줍기
(37코) 줍기
(+1코)

※ 몸판의 안면을 보면서 짧은뜨기 코머리와 사슬코에
바늘을 넣어서 줍는다.

도안 3 소매 밑선

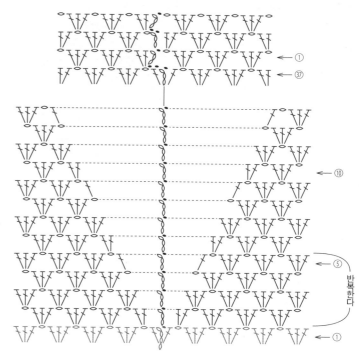

←①
←37

←⑩

←⑤
반복한다

←①

앞단 늘림코와 단춧구멍(왼쪽 앞단)

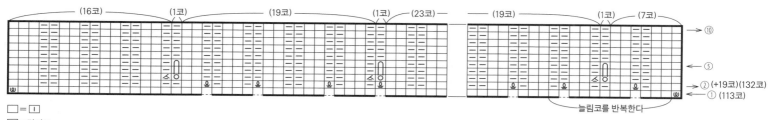

(16코) — (1코) — (19코) — (1코) — (23코) — (19코) — (1코) — (7코)
→⑩
←⑤
→②(+19코)(132코)
←①(113코)
늘림코를 반복한다

□ = I
[ω] =감아코
[Ŷ] =돌려 안뜨기
[⫲] =끌어올려뜨기(2단)

끌어올려뜨기
(2단일 때)

※ 일본어 사이트

목둘레 늘림코

←⑤
→②(+21코) (128코)
←①(107코)
반복한다

□ = I
[ω] =감아코
[Ŷ] =돌려 안뜨기

모티브를 한길 긴뜨기로 잇는 법

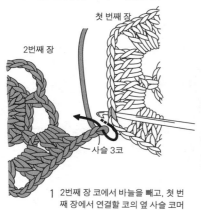

첫 번째 장
2번째 장
사슬 3코

1 2번째 장 코에서 바늘을 빼고, 첫 번째 장에서 연결할 코의 옆 사슬 코머리 2가닥에 바늘을 넣고, 빼낸 코에 바늘을 넣어서 빼낸다.

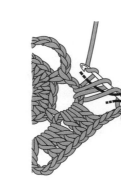

2 연결할 한길 긴뜨기의 코머리 2가닥에 바늘을 넣는다. 바늘에 실을 걸고 화살표처럼 바늘을 넣어서 실을 빼낸다.

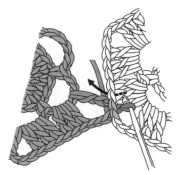

3 실을 걸어서 바늘에 걸린 고리 2개를 빼낸다. 다시 실을 걸어서 첫 번째 장을 통과해서 고리 2개를 빼낸다(한길 긴뜨기).

4 다음에 연결할 코의 코머리 2가닥에 바늘을 넣고 같은 요령으로 모티브를 이으면서 한길 긴뜨기를 한다.

노스텔지어 모티브
37 page ★★★

에브리 데이 솔리드

재료
실…나이토 상사 에브리 데이 솔리드 검정(27)
575g 6볼, 옅은 갈색(33) 300g 3볼, 청록색
(106) 110g 2볼
단추…15mm×15mm 9개
도구
코바늘 6/0호
완성 크기
가슴둘레 85.5㎝, 기장 99.5㎝, 회장 58.5㎝
게이지
모티브 크기는 도안 참조.

POINT
●몸판, 소매…모티브 잇기로 뜹니다. 모티브는 원
으로 만드는 기초코로 뜨개를 시작합니다. 2번째
장부터는 마지막 단에서 이웃한 모티브와 연결하
면서 뜹니다.
●마무리…지정된 콧수만큼 코를 주워서 목둘레는
테두리뜨기 A를 합니다. 계속해서 앞단·밑단·슬
릿은 테두리뜨기 B를 합니다. 오른쪽 앞단에는 단
춧구멍을 냅니다. 소맷부리는 테두리뜨기 A'로 원
형뜨기합니다. 단추를 달아서 마무리합니다.

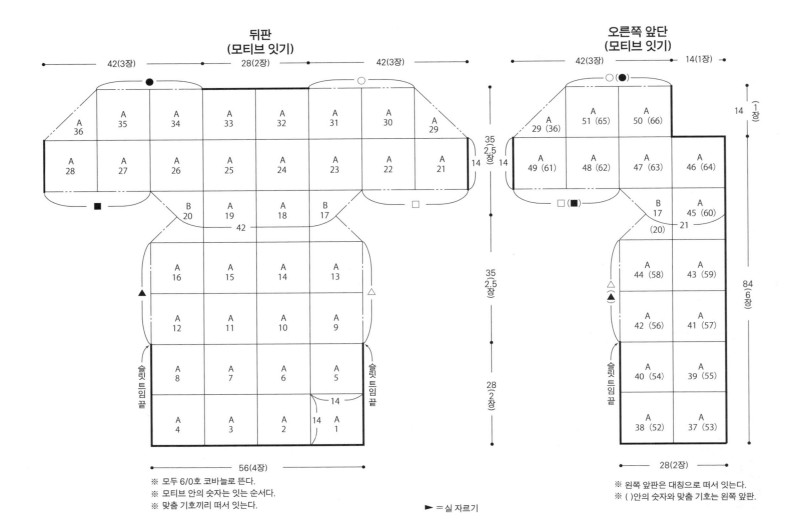

뒤판 (모티브 잇기)

오른쪽 앞단 (모티브 잇기)

※ 모두 6/0호 코바늘로 뜬다.
※ 모티브 안의 숫자는 잇는 순서다.
※ 맞춤 기호끼리 떠서 잇는다.

► =실 자르기

※ 왼쪽 앞판은 대칭으로 떠서 잇는다.
※ ( )안의 숫자와 맞춤 기호는 왼쪽 앞판.

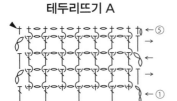

테두리뜨기 A

테두리뜨기 A'

4코 1무늬
※ 첫 단은 불규칙하므로 도안 3을 참고한다.

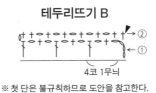

테두리뜨기 B

4코 1무늬
※ 첫 단은 불규칙하므로 도안을 참고한다.

 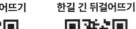

한길 긴 앞걸어뜨기
한길 긴 뒤걸어뜨기
※ 일본어 사이트

짧은 앞걸어뜨기
짧은 뒤걸어뜨기
※ 일본어 사이트

=한길 긴 앞걸어뜨기
※안면을 보면서 뜰 때는 한길 긴 뒤걸어뜨기를 한다.

=한길 긴 뒤걸어뜨기
※안면을 보면서 뜰 때는 한길 긴 앞걸어뜨기를 한다.

=짧은 앞걸어뜨기
※안면을 보면서 뜰 때는 짧은 뒤걸어뜨기를 한다.

=짧은 뒤걸어뜨기
※안면을 보면서 뜰 때는 짧은 앞걸어뜨기를 한다.

156

모티브 A 64장

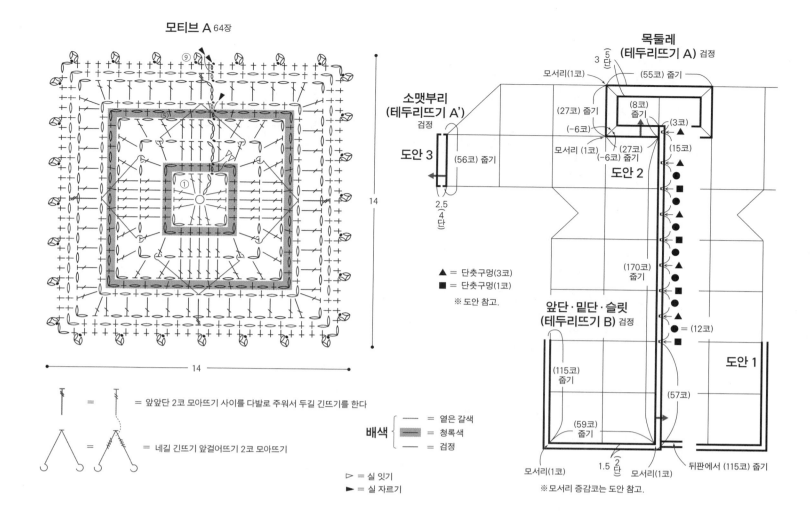

배색 ┌─── = 옅은 갈색
├─── = 청록색
└─── = 검정

= ▷ = 실 잇기
= ► = 실 자르기

│ = │ = 앞앞단 2코 모아뜨기 사이를 다발로 주워서 두길 긴뜨기를 한다

Λ = Λ = 네길 긴뜨기 앞걸어뜨기 2코 모아뜨기

목둘레 (테두리뜨기 A) 검정

3(5)단

모서리(1코) ─── (55코) 줍기

(27코) 줍기

(8코) 줍기

(-6코) 줍기 ──── (3코)

모서리 (1코) ──── (27코) ▲

(-6코) 줍기 ──── (15코)

소맷부리 (테두리뜨기 A') 검정

도안 3

(56코) 줍기

2.5 4 단

도안 2

▲ = 단춧구멍(3코)
■ = 단춧구멍(1코)

※ 도안 참고.

(170코) 줍기

앞단·밑단·슬릿 (테두리뜨기 B) 검정

(115코) 줍기

(57코)

도안 1

= (12코)

(59코) 줍기

1.5 2 단

모서리(1코) ──── 모서리(1코)

뒤판에서 (115코) 줍기

※모서리 증감코는 도안 참고.

모티브 B 2장

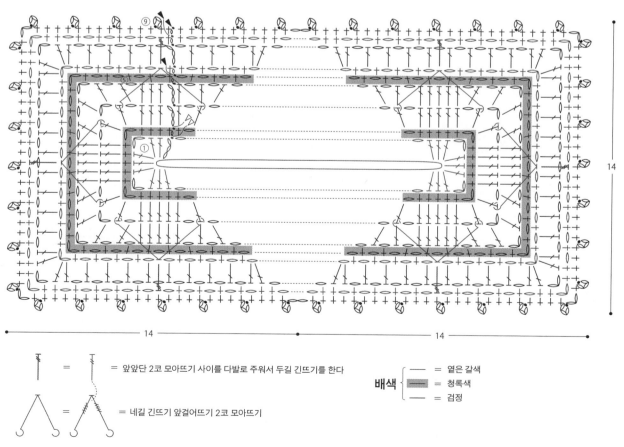

│ = │ = 앞앞단 2코 모아뜨기 사이를 다발로 주워서 두길 긴뜨기를 한다

Λ = Λ = 네길 긴뜨기 앞걸어뜨기 2코 모아뜨기

배색 ┌─── = 옅은 갈색
├─── = 청록색
└─── = 검정

158페이지로 이어집니다. ▶

▶ 157페이지에서 이어집니다.

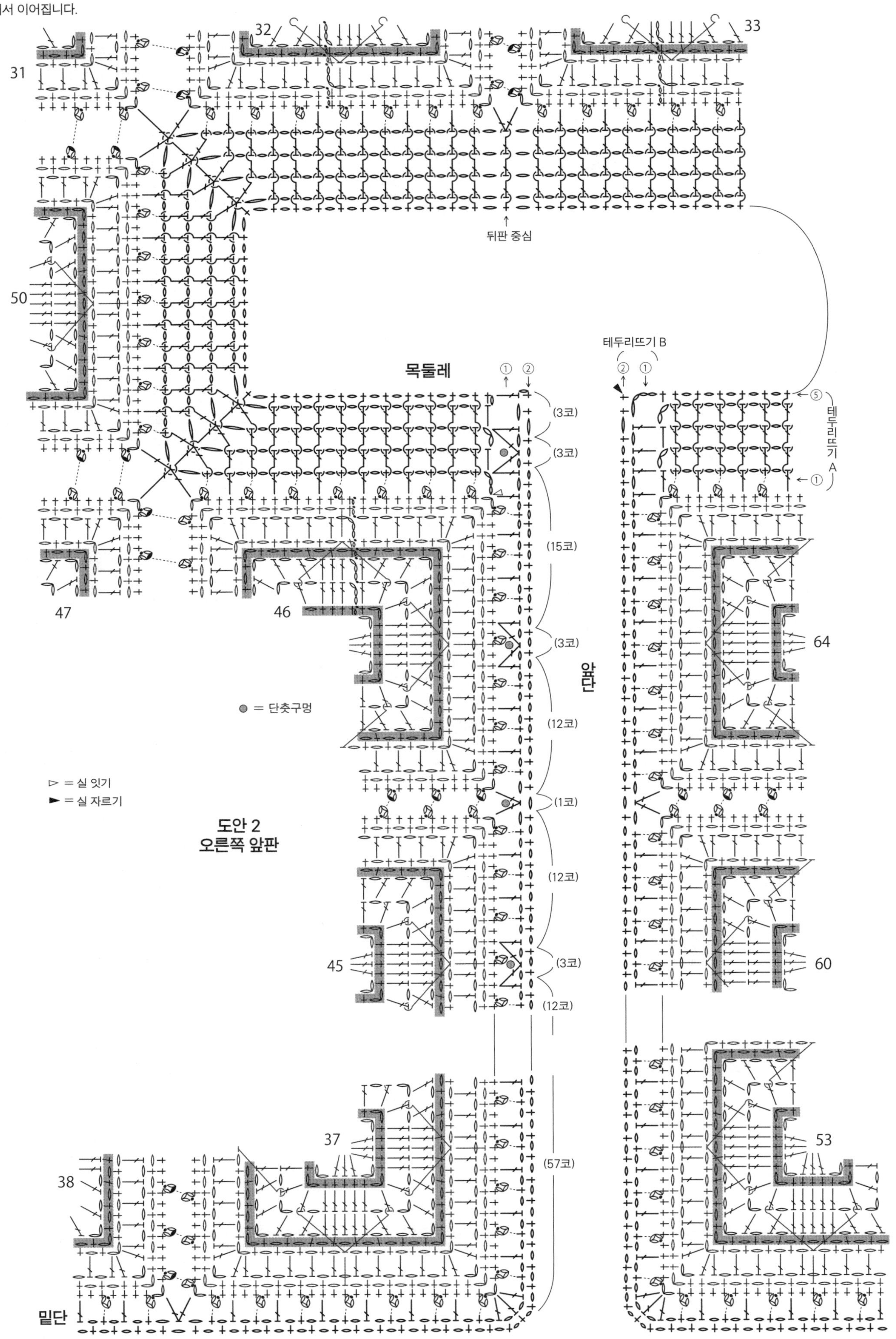

31　32　33

뒤판 중심

50

테두리뜨기 B
② ①

테두리뜨기 A
①

목둘레

① ②

(3코)

(3코)

64

(15코)

47　46

앞단

(3코)

● = 단춧구멍

(12코)

도안 2
오른쪽 앞판

(1코)

(12코)

▷ = 실 잇기
► = 실 자르기

45

60

(3코)

(12코)

(57코)

37

53

38

밑단

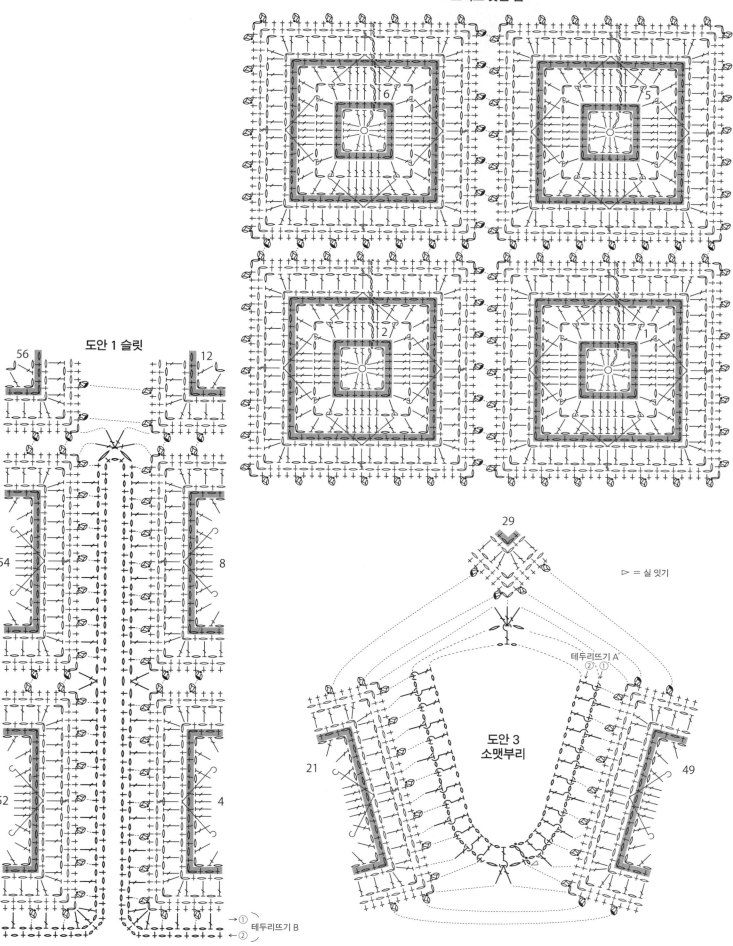

모티브 잇는 법

도안 1 슬릿

29

▷ = 실 잇기

테두리뜨기 A'

도안 3
소맷부리

테두리뜨기 B

재료
올림포스 에미 그란데 〈하우스〉, 에미 그란데 〈컬러즈〉
색이름·색번호·사용량은 도안의 표를 참고하세요

도구
코바늘 3/0호, 레이스 바늘 0호

완성 크기
도안 참고.

POINT
●도안을 참고해 각 파트를 뜹니다. 마무리하는 법을 참고해 완성합니다..

유령의 실 사용량

	색이름(색번호)	사용량	부자재
유령A	하얀색(H1)	15g	수예 솜 적당히
	검정색(H20)	10g	
	보라색(H15)	1g	
유령B	하얀색(H1)	20g	
	검정색(H20)	10g	
	오렌지색(H9)	1g	

※ 모두 에미 그란데 〈하우스〉로 뜬다.
※ 모두 3/0호 코바늘로 뜬다.

모자

반복한다

▷ = 실 잇기
► = 실 자르기

배색 {
— = 검정색
— = A:보라색, B:오렌지색
}

모자의 늘림코

단수	콧수	
18단	78코	(+6코)
17단	72코	(+18코)
16단	54코	
15단	54코	(+18코)
14단	36코	(+6코)
11~13단	30코	
10단	30코	(+6코)
9단	24코	
8단	24코	(+6코)
7단	18코	
6단	18코	(+6코)
5단	12코	
4단	12코	(+4코)
3단	8코	
2단	8코	(+2코)
1단	6코	

마무리하는 법

※ 눈과 코를 수놓은 다음 솜을 채우고,
바닥과 몸통을 합치고 몸통 마지막 단을 뜬다.

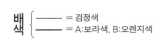

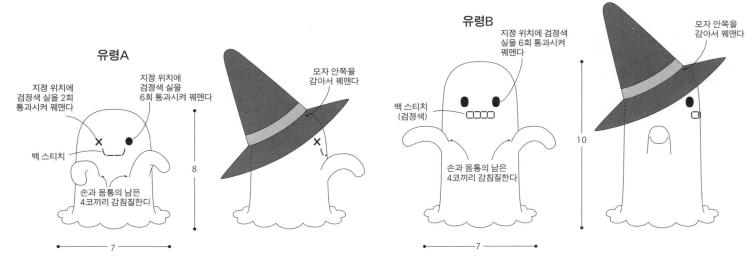

유령A

지정 위치에 검정색 실을 2회 통과시켜 꿰맨다

지정 위치에 검정색 실을 6회 통과시켜 꿰맨다

백 스티치

손과 몸통의 남은 4코끼리 감침질한다

모자 안쪽을 감아서 꿰맨다

유령B

지정 위치에 검정색 실을 6회 통과시켜 꿰맨다

백 스티치 (검정색)

손과 몸통의 남은 4코끼리 감침질한다

모자 안쪽을 감아서 꿰맨다

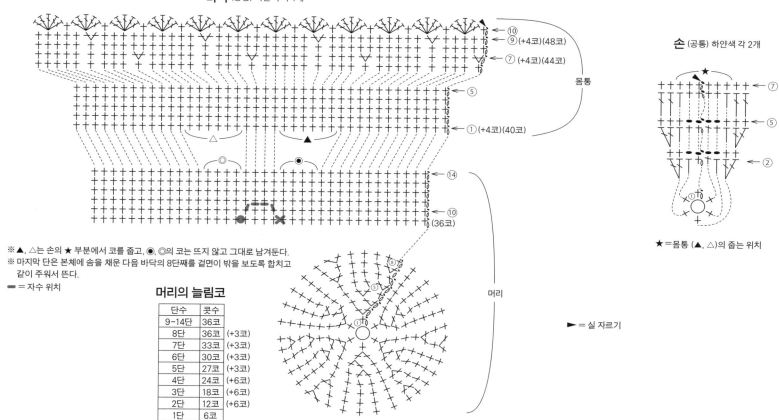

바닥 (공통) 하얀색 각 1개

손 (공통) 하얀색 각 2개

몸통

⑩
⑨ (+4코)(48코)
⑦ (+4코)(44코)

⑤

① (+4코)(40코)

△   ▲

◎   ◉

⑭

⑩
(36코)

⑦

⑤

②

★=몸통 (▲, △)의 줍는 위치

머리

※ ▲, △는 손의 ★ 부분에서 코를 줍고, ◉, ◎의 코는 뜨지 않고 그대로 남겨둔다.
※ 마지막 단은 본체에 솜을 채운 다음 바닥의 8단째를 겉면이 밖을 보도록 합치고
　같이 주워서 뜬다.
━ = 자수 위치

► = 실 자르기

머리의 늘림코

단수	콧수	
9~14단	36코	
8단	36코	(+3코)
7단	33코	(+3코)
6단	30코	(+3코)
5단	27코	(+3코)
4단	24코	(+6코)
3단	18코	(+6코)
2단	12코	(+6코)
1단	6코	

본체 (유령A) 하얀색 1개

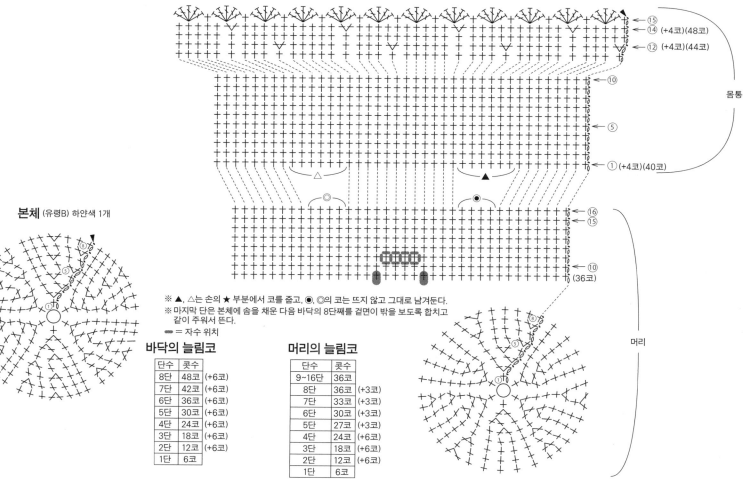

몸통

⑮
⑭ (+4코)(48코)
⑫ (+4코)(44코)

⑩

⑤

① (+4코)(40코)

△   ▲

◎   ◉

⑯
⑮

⑩
(36코)

머리

본체 (유령B) 하얀색 1개

※ ▲, △는 손의 ★ 부분에서 코를 줍고, ◉, ◎의 코는 뜨지 않고 그대로 남겨둔다.
※ 마지막 단은 본체에 솜을 채운 다음 바닥의 8단째를 겉면이 밖을 보도록 합치고
　같이 주워서 뜬다.
━ = 자수 위치

바닥의 늘림코

단수	콧수	
8단	48코	(+6코)
7단	42코	(+6코)
6단	36코	(+6코)
5단	30코	(+6코)
4단	24코	(+6코)
3단	18코	(+6코)
2단	12코	(+6코)
1단	6코	

머리의 늘림코

단수	콧수	
9~16단	36코	
8단	36코	(+3코)
7단	33코	(+3코)
6단	30코	(+3코)
5단	27코	(+3코)
4단	24코	(+6코)
3단	18코	(+6코)
2단	12코	(+6코)
1단	6코	

162페이지로 이어집니다. ►

▶ 161페이지에서 이어집니다.

달 1개 3/0호 코바늘

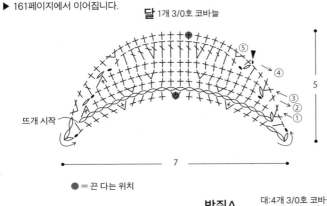

● = 끈 다는 위치

▶ = 실 자르기

가랜드의 실 사용량 (모티브 각 1개 분량)

		사용실	색이름(색번호)	사용량	부자재
달		에미 그란데 〈하우스〉	노란색(H8)	2.5g	
박쥐A	대	에미 그란데 〈하우스〉	검정색(H20)	3g	스프레이 접착제
	소	에미 그란데 〈컬러즈〉	검정색(901)	1.5g	
박쥐B	대	에미 그란데 〈하우스〉	검정색(H20)	3g	
	소	에미 그란데 〈컬러즈〉	검정색(901)	1.5g	
장식 끈, 끈		에미 그란데 〈컬러즈〉	검정색(901)	4g	

박쥐A 대:4개 3/0호 코바늘
소:2개 레이스 바늘 0호

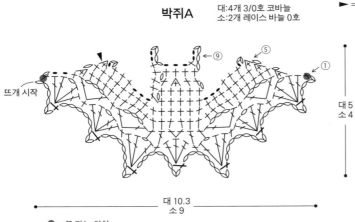

대 10.3
소 9

● =끈 다는 위치
※ 기초코의 짧은뜨기(╋)는 사슬 반 코와 뒷산을 주워서 뜬다.
※ 1단째의 한길 긴뜨기는 기초코의 짧은뜨기 다리를 갈라서 줍는다.

박쥐B 대:1개 3/0호 코바늘
소:2개 레이스 바늘 0호

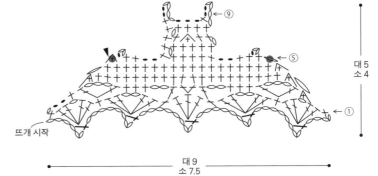

대 9
소 7.5

● =끈 다는 위치
※ 기초코의 짧은뜨기(╋)는 사슬 반 코와 뒷산을 주워서 뜬다.
※ 1단째의 한길 긴뜨기는 기초코의 짧은뜨기 다리를 갈라서 줍는다.

장식 끈 2개 레이스 바늘 0호

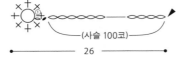

(사슬 100코)
26

끈(사슬뜨기) 9개 레이스 바늘 0호

2.5(사슬 10코)

가랜드 마무리하는 법

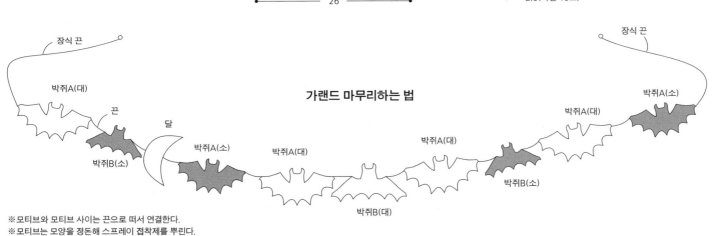

※ 모티브와 모티브 사이는 끈으로 떠서 연결한다.
※ 모티브는 모양을 정돈해 스프레이 접착제를 뿌린다.

163페이지에서 이어집니다. ◀

도안 1 밑단

← ① 테두리뜨기 A

13   14   1

도안 2 소맷부리

← ① 테두리뜨기

83   57   82

▷ = 실 잇기

짧은 뒤걸어뜨기

※ 일본어 사이트

재료
올림포스 KUKAT 셔틀즈 그린(5) 415g 9볼, 아이보리 화이트(1) 230g 5볼

도구
코바늘 6/0호

완성 크기
가슴둘레 105cm, 기장 52.5cm, 화장 52.5cm

게이지
모티브 1변 7.5cm

POINT
●모티프 잇기로 뜹니다. 모티브는 원으로 만드는 기초코로 뜨개를 시작합니다. 2번째 장부터는 마지막 단에서 이웃한 모티브와 연결하면서 뜨개를 합니다. 도안을 참고로 코를 주워서 밑단, 소맷부리는 테두리뜨기 A로, 목둘레는 테두리뜨기 B로 원형뜨기합니다.

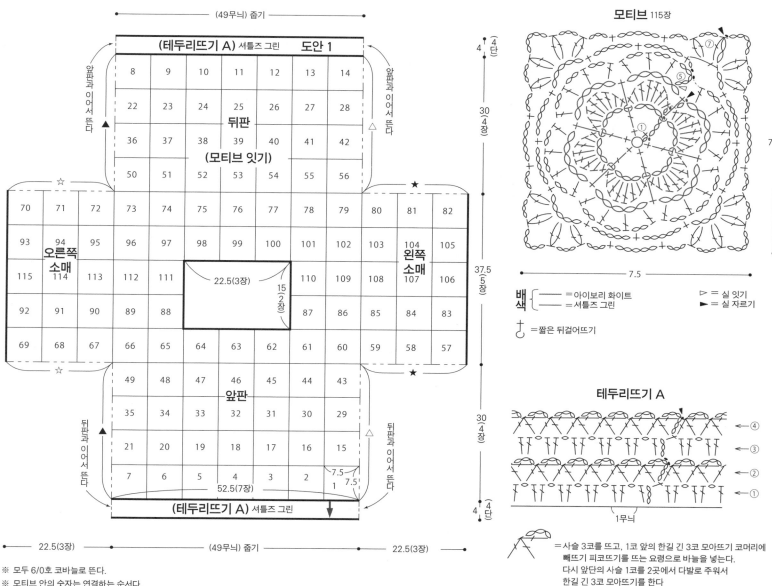

모티브 115장

7.5

7.5

배색 { ── =아이보리 화이트
        ── =셔틀즈 그린

▷ = 실 잇기
► = 실 자르기

✝ =짧은 뒤걸어뜨기

테두리뜨기 A

1무늬

= 사슬 3코를 뜨고, 1코 앞의 한길 긴 3코 모아뜨기 코머리에 빼뜨기 피코뜨기를 뜨는 요령으로 바늘을 넣는다. 다시 앞단의 사슬 1코를 2곳에서 다발로 주워서 한길 긴 3코 모아뜨기를 한다

도안 1

(테두리뜨기 A) 셔틀즈 그린

뒤판

(모티브 잇기)

앞판과 이어서 뜬다

(49무늬) 줄기

8	9	10	11	12	13	14
22	23	24	25	26	27	28
36	37	38	39	40	41	42
50	51	52	53	54	55	56

오른쪽 소매 / 왼쪽 소매

70	71	72	73	74	75	76	77	78	79	80	81	82
93	94	95	96	97	98	99	100	101	102	103	104	105
115	114	113	112	111			110	109	108	107	106	
92	91	90	89	88			87	86	85	84	83	
69	68	67	66	65	64	63	62	61	60	59	58	57

22.5(3장) 15(2장)

앞판

49	48	47	46	45	44	43
35	34	33	32	31	30	29
21	20	19	18	17	16	15
7	6	5	4	3	2	1

7.5 7.5

52.5(7장)

(테두리뜨기 A) 셔틀즈 그린

뒤판과 이어서 뜬다

30(4장) 37.5(5장) 30(4장)

4(4단) 4(4단)

22.5(3장) (49무늬) 줄기 22.5(3장)

※ 모두 6/0호 코바늘로 뜬다.
※ 모티브 안의 숫자는 연결하는 순서다.
※ 맞춤 기호끼리 떠서 잇는다.

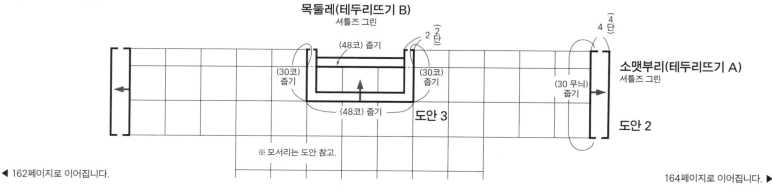

목둘레(테두리뜨기 B)
셔틀즈 그린

(48코) 줄기
(30코) 줄기 (30코) 줄기
2(2단)
(48코) 줄기
도안 3

※ 모서리는 도안 참고.

소맷부리(테두리뜨기 A)
셔틀즈 그린

(30 무늬) 줄기
4(4단)
도안 2

◀ 162페이지로 이어집니다.
164페이지로 이어집니다. ▶

▶ 163페이지에서 이어집니다.

모티브 잇는 법

▶ 테두리뜨기 B

=사슬 3코를 뜨고, 1코 앞의 한길 긴 3코 모아뜨기 코머리에
빼뜨기 피코뜨기를 뜨는 요령으로 바늘을 넣는다.
다시 앞단의 사슬 1코를 2곳에서 다발로 주워서 한길 긴 3코 모아뜨기를 한다
(한길 긴 4코 모아뜨기 부분도 같은 요령으로 뜬다)

도안 3 목둘레

▷ = 실 잇기
► = 실 자르기

셰틀랜드 헤더

재료
제이미슨스 셰틀랜드 헤더 잿빛 물색(1390 Highland Mist) 395g 8볼

도구
대바늘 8호·6호

완성 크기
가슴둘레 96cm, 어깨너비 35cm, 기장 55cm, 소매 길이 50.5cm

게이지(10×10cm)
메리야스뜨기 17코×24단, 무늬뜨기 A·B 17코 ×24단

POINT
●몸판, 소매…손가락에 실을 걸어서 만드는 기초 코로 뜨기 시작하고 2코 고무뜨기, 메리야스뜨기로 뜹니다. 몸판은 이어서 무늬뜨기 A, B로 뜹니다. 줄임코는 2코 이상은 덮어씌우기, 1코는 가장자리 1코를 세우는 줄임코를 합니다. 소매 밑선의 늘림 코는 1코 안쪽에서 돌려뜨기 늘림코를 합니다.
●마무리…어깨는 덮어씌워 잇기, 옆선, 소매 밑선 은 떠서 꿰매기를 합니다. 목둘레는 지정 콧수를 줍고 2코 고무뜨기로 원형뜨기합니다. 뜨개 끝은 무늬를 이어서 뜨면서 덮어씌워 코막음합니다. 소매는 빼뜨기로 몸판과 합칩니다.

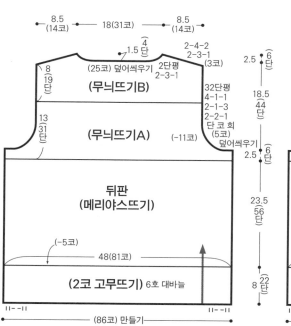

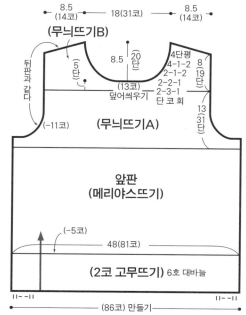

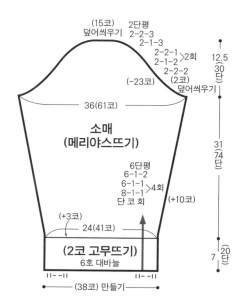

※지정하지 않은 것은 8호 대바늘로 뜬다.

목둘레(2코 고무뜨기) 6호 대바늘

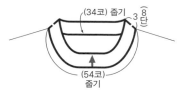

2코 고무뜨기

□ = □

무늬뜨기A

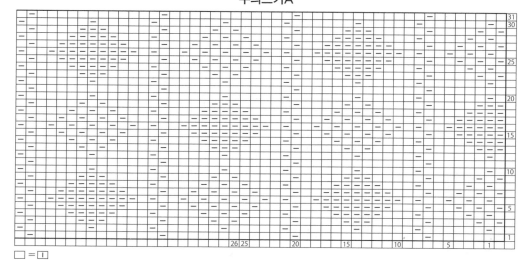

□ = □

무늬뜨기B

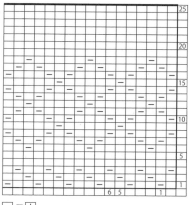

□ = □

재료
데오리야 e 울 잿빛 물색(23) 485g

도구
대바늘 10호·8호

완성 크기
가슴둘레 98cm, 기장 58cm, 화장 27.5cm

게이지(10×10cm)
무늬뜨기 B 20코×23단

POINT
●몸판…모두 2겹으로 뜹니다. 손가락에 실을 걸어서 기초코를 만들어 뜨기 시작하고, 무늬뜨기 A, B로 뜹니다. 목둘레선의 줄임코는 도안을 참고합니다.
●마무리…어깨는 빼뜨기 잇기를 합니다. 목둘레는 도안을 참고해 줄임코를 하면서 코를 주워 무늬뜨기 A'로 원형뜨기합니다. 뜨개 끝의 무늬를 이어서 뜨면서 덮어씌워 코막음합니다. 소맷부리는 지정 콧수를 주워 무늬뜨기 A로 뜹니다. 뜨개 끝의 도안을 참고해 무늬를 이어서 뜨면서 덮어씌워 코막음합니다. 옆선, 소맷부리 아래는 떠서 꿰매기를 합니다.

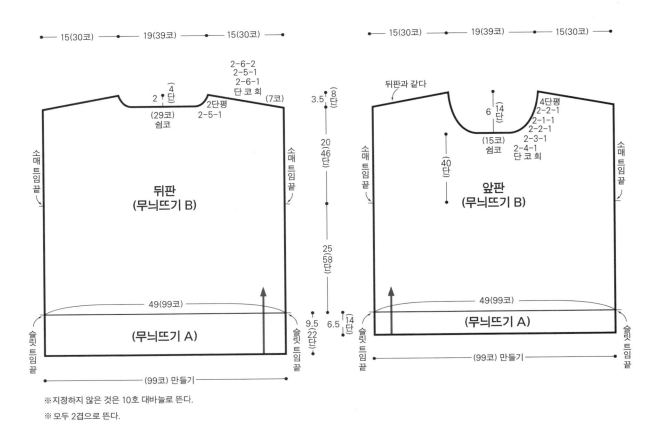

※지정하지 않은 것은 10호 대바늘로 뜬다.
※모두 2겹으로 뜬다.

무늬뜨기 A (밑단)

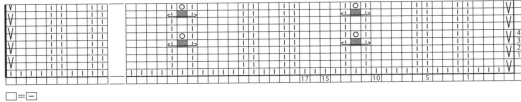

□=│─│
■=코가 없는 부분

□□ 의 뜨는 법
3 2 1
① 중심 3코 모아뜨기를 뜨듯이 1, 2의 코에 바늘을 넣어 오른바늘에 옮긴다
② 3의 코를 겉뜨기한다
③ 오른바늘에 걸린 2의 코를 1, 3코에 덮어씌우고 무늬를 이어서 뜬다

무늬뜨기 B

□=│─│
■=코가 없는 부분

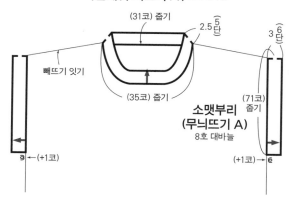

목둘레(무늬뜨기 A') 8호 대바늘

(31코) 줍기

2.5 (5)단

3 (6)단

빼뜨기 잇기

소맷부리
(무늬뜨기 A)
8호 대바늘

(35코) 줍기

(71코) 줍기

ᄀ (+1코)

(+1코) → ᄃ

앞목둘레선의 줄임코와 앞목둘레

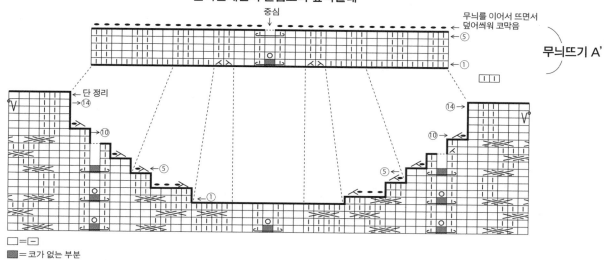

중심

무늬를 이어서 뜨면서
덮어씌워 코막음

⑤

무늬뜨기 A'

①

단 정리

⑭

⑩

⑤

①

V

□ = ⊟

■ = 코가 없는 부분

뒤목둘레선의 줄임코와 뒤목둘레

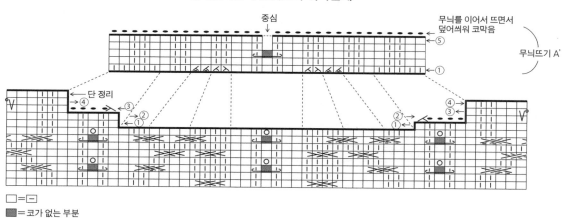

중심

무늬를 이어서 뜨면서
덮어씌워 코막음

⑤

무늬뜨기 A'

①

단 정리

④ ③ ② ①

② ① ④ ③

V

□ = ⊟

■ = 코가 없는 부분

무늬뜨기 A (소맷부리)

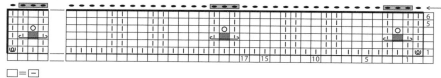

무늬를 이어서 뜨면서
덮어씌워 코막음

의 뜨는 법

① ▬ 를 뜬다
② 오른바늘의 1코째를 왼바늘에 옮긴다
③ 오른바늘에 걸린 오른쪽 코를 왼쪽 코에 덮어씌운다
④ ②의 코를 오른바늘에 옮기고 ③의 코를 덮어씌운다
⑤ 이어서 덮어씌우기를 한다

□ = ⊟
ⓦ = 감아코
■ = 코가 없는 부분

17 15 10 5

6
5

1

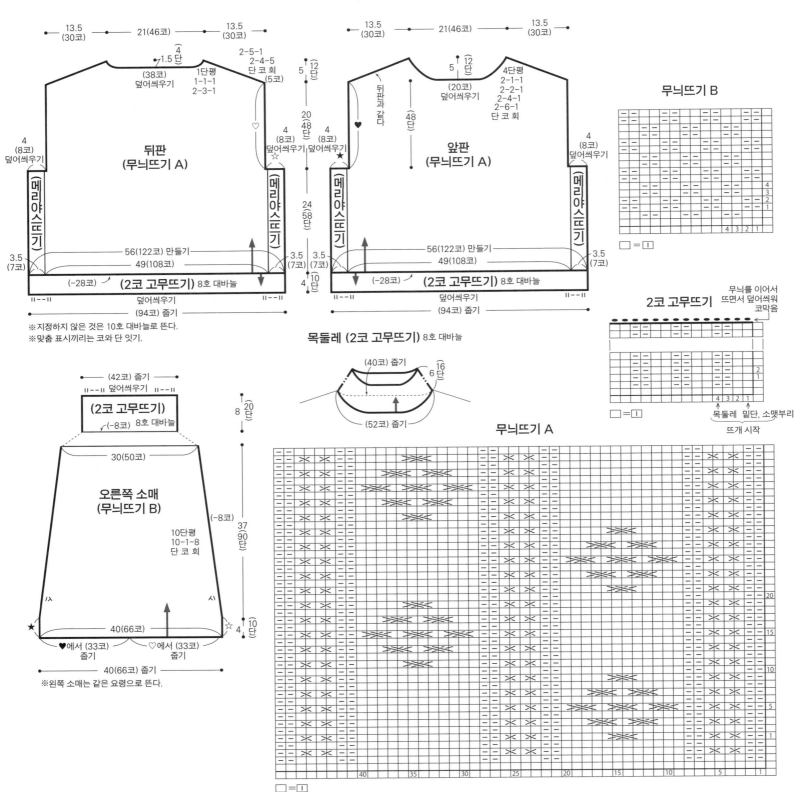

다채로운 즐거움, 꽈배기뜨기
47 page ★★★
모크 울 B

재료
데오리야 모크 울 B g 초록빛 갈색(06) 565g

도구
대바늘 10호·8호

완성 크기
가슴둘레 112cm, 어깨너비 48cm, 기장 53cm, 소매 길이 49cm

게이지(10×10cm)
무늬뜨기 A 22코×24단, 무늬뜨기 B 16.5코×24.5단

POINT
●몸판, 소매…몸판은 별도 사슬로 기초코를 만들어 뜨기 시작하고, 메리야스뜨기와 무늬뜨기 A로 뜹니다. 줄임코는 2코 이상은 덮어씌우기, 1코는 가장자리 1코를 세우는 줄임코를 합니다. 밑단은 기초코의 사슬을 풀어서 코를 줍고 2코 고무뜨기로 뜹니다. 뜨개 끝은 무늬를 이어서 뜨면서 덮어씌워 코막음합니다. 어깨는 덮어씌워 잇기를 합니다. 소매는 지정 위치에서 코를 주워 무늬뜨기 B와 2코 고무뜨기로 뜹니다. 소매 밑선의 줄임코는 끝에서 2코째와 3코째를 한 번에 뜹니다. 뜨개 끝은 밑단과 같은 방법으로 합니다.
●마무리…거싯은 코와 단 잇기, 옆선, 소매 밑선은 떠서 꿰매기를 합니다. 목둘레는 지정 콧수를 줍고, 2코 고무뜨기로 원형뜨기합니다. 뜨개 끝은 밑단과 같은 방법으로 합니다.

168

※일본어 사이트

※일본어 사이트

겉뜨기 3코 늘림코　긴뜨기 3코 구슬뜨기

재료
스키 모사 스키 클레어 연갈색(6408) 250g 7볼

도구
대바늘 10호, 코바늘 8/0호

완성 크기
가슴둘레 104cm, 어깨너비 46cm, 기장 45.5cm

게이지(10×10cm)
멍석뜨기 17코×23단, 무늬뜨기 A 22코×23단,
무늬뜨기 B 20코×23단

POINT
●몸판…손가락에 실을 걸어서 기초코를 만들어
뜨기 시작하고, 뒤판은 1코 고무뜨기, 가터뜨기,

멍석뜨기, 무늬뜨기 A, 앞판은 1코 고무뜨기, 멍석
뜨기, 무늬뜨기 A, B로 뜹니다. 뒤판 무늬 경계의
늘림코는 돌려뜨기 늘림코를 합니다. 진동둘레, 목
둘레선의 줄임코는 2코 이상은 덮어씌우기, 1코는
가장자리 2코를 세우는 줄임코를 합니다.
●마무리…어깨는 덮어씌워 잇기, 옆선은 떠서 꿰
매기를 합니다. 진동둘레는 지정 콧수를 주워 1코
고무뜨기로 원형뜨기합니다. 뜨개 끝은 1코 고무
뜨기 코막음을 합니다. 목둘레는 지정 콧수를 주워
테두리뜨기로 뜹니다. 뜨개 끝은 진동둘레와 같은
방법으로 합니다. 뒤목둘레 끝에서 코를 주워 끈을
아이코드로 뜹니다.

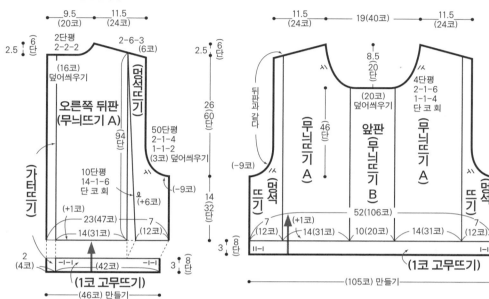

※지정하지 않은 것은 10호 대바늘로 뜬다.
※왼쪽 뒤판은 대칭으로 뜬다.

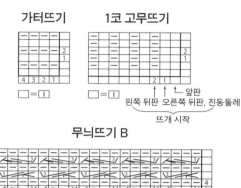

가터뜨기　1코 고무뜨기

무늬뜨기 B

멍석뜨기

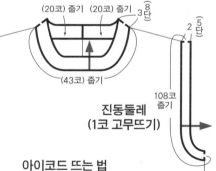

목둘레 (테두리뜨기)

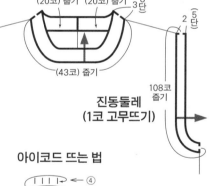

진동둘레
(1코 고무뜨기)

테두리뜨기

끈 (아이코드)

아이코드 뜨는 법

※테두리뜨기의 1코 안쪽에서 주워서 뜬다.
※오른쪽 뒤판은 대칭으로 코를 줍는다.
※뜨개 끝은 코에 실을 통과시켜 조인다.

※1단째를 다 뜬 실 끝을 뒤쪽에서 뜨개 시작 쪽으로 옮기고,
같은 방향으로 2단째를 뜬다. 이걸 반복한다.
(장갑바늘 사용)

무늬뜨기 A

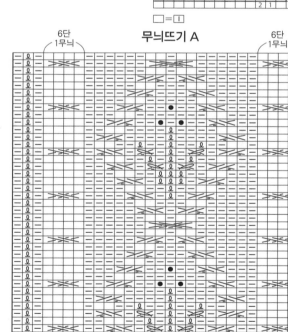

진동둘레의 줄임코 (왼쪽 뒤판)　　진동둘레의 줄임코 (오른쪽 뒤판)

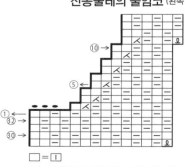

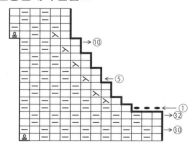

□ = 〡

◙ = 돌려뜨기 늘림코　◙ = 돌려 안뜨기 늘림코

□ = 〡

●= 긴뜨기 3코 구슬뜨기(8/0호 코바늘)

= 왼코 위 돌려 1코 교차뜨기(아래쪽이 안뜨기)

= 오른코 위 돌려 1코 교차뜨기(아래쪽이 안뜨기)

= 오른코 위 2코 교차뜨기(중앙에 안뜨기 1코 넣기)

재료
스키 모사 스키 믹스 오렌지색 계열 믹스(4103)
425g 15볼

도구
대바늘 6호·4호·3호

완성 크기
가슴둘레 108cm, 기장 60cm, 화장 67cm

게이지(10×10cm)
무늬뜨기 A 20코×27단, 무늬뜨기 C 26.5코×27단, 무늬뜨기 D 23.5코×27단, 메리야스뜨기 19.5코×25단

POINT
●몸판, 소매…몸판은 별도 사슬로 기초코를 만들어 뜨기 시작하고, 무늬뜨기 A, B, C, D를 배치해

서 뜹니다. 늘림코는 도안을 참고합니다. 목둘레선의 줄임코는 2코 이상은 덮어씌우기, 1코는 가장자리 1코를 세우는 줄임코를 합니다. 밑단은 기초코의 사슬을 풀어서 코를 줍고 2코 고무뜨기로 뜹니다. 뜨개 끝은 무늬를 이어서 뜨면서 덮어씌워 코막음합니다. 어깨는 덮어씌워 잇기를 합니다. 소매는 지정 위치에서 코를 주워 무늬뜨기 E, 메리야스뜨기, 2코 고무뜨기로 뜹니다. 뜨개 끝은 밑단과 같은 방법으로 합니다.
●마무리…옆선, 소매 밑선은 떠서 꿰매기를 합니다. 목둘레는 지정 콧수를 주워 게이지 조정을 하면서 2코 고무뜨기로 원형뜨기합니다. 뜨개 끝은 밑단과 같은 방법으로 합니다.

중심 위 1코에서
좌우 1코 교차뜨기

※ 일본어 사이트

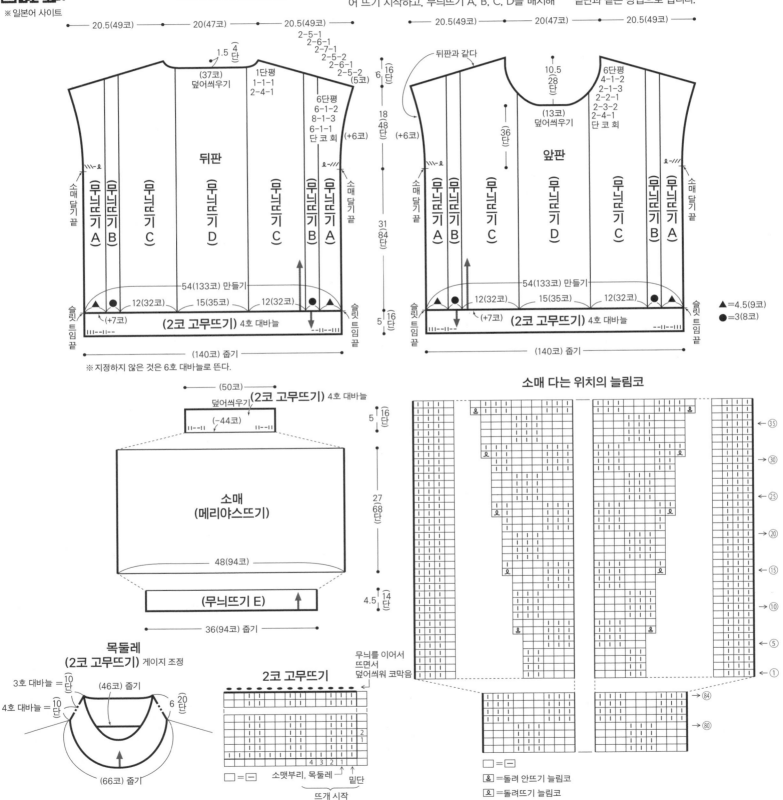

170

무늬뜨기 C

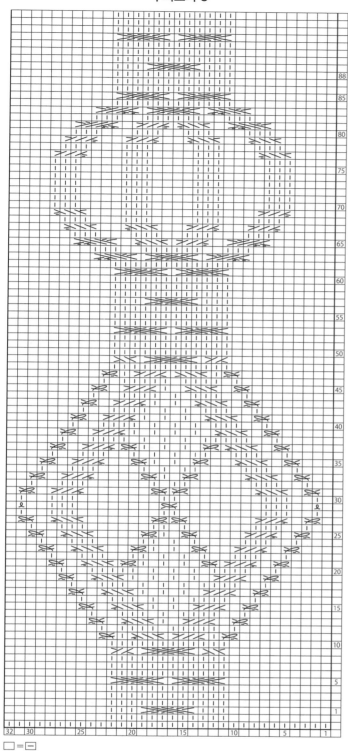

□ = ─

무늬뜨기 A

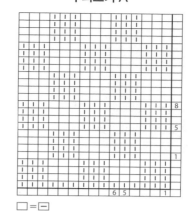

□ = ─

무늬뜨기 B

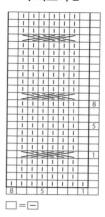

□ = ─

무늬뜨기 D

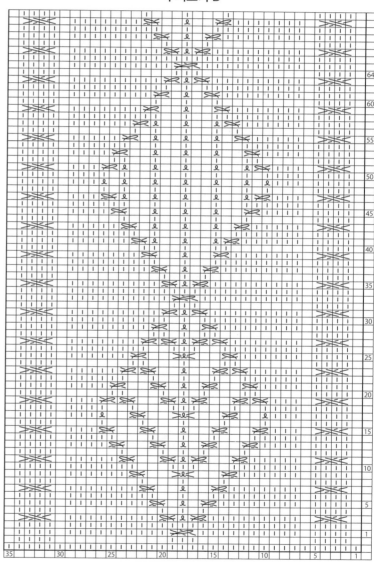

□ = ─

⊐❚8✕⊏ = 중심 위 1코 돌려뜨기에서 좌우 1코 교차뜨기

무늬뜨기 E

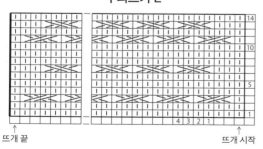

↑ 뜨개 끝   ↑ 뜨개 시작

왼코 위 돌려
1코 교차뜨기

※ 일본어 사이트

오른코 위 돌려
1코 교차뜨기

※ 일본어 사이트

왼코 위 돌려
1코 교차뜨기
(아래쪽이 안뜨기)

※ 일본어 사이트

오른코 위 돌려
1코 교차뜨기
(아래쪽이 안뜨기)

※ 일본어 사이트

다채로운 즐거움, 꽈배기뜨기
51 page ★★★

다이아 에포카

1코 고무뜨기 코막음
(원형뜨기일 때)

※ 일본어 사이트

오른코 위 1코와 2코 교차뜨기

※ 일본어 사이트

재료
다이아몬드케이토 다이아 에포카 파란색(387)
500g 13볼
도구
대바늘 9호·8호
완성 크기
가슴둘레 98cm, 기장 62cm, 화장 76cm
게이지
무늬뜨기 A 1무늬 24코=8.5cm, 26.5단=10cm. 메리야스뜨기(10×10cm)=19.5×28단, 무늬뜨기 B(10×10cm)=19.5코×28단
POINT
●요크〈아래〉는 별도 사슬로 기초코를 만들어 뜨기 시작하고, 무늬뜨기 A로 뜹니다. 뜨개 끝은 쉼코를 하고, 기초코의 사슬을 푼 코와 1단 만들면

서 메리야스 잇기로 합쳐서 원형뜨기합니다. 요크〈위〉는 요크〈아래〉에서 지정 콧수를 주워 분산 줄임코를 하면서 메리야스뜨기로 원형뜨기합니다. 이어서 목둘레를 1코 고무뜨기로 뜹니다. 뜨개 끝은 1코 고무뜨기 코막음을 합니다. 뒤판은 요크〈아래〉에서 지정 콧수를 줍고, 앞뒤 단차로 8단 왕복으로 뜹니다. 이어서 거싯의 별도 사슬과 요크〈아래〉에서 코를 주워 무늬뜨기 B로 원형뜨기합니다. 옆선의 늘림코는 도안을 참고합니다. 밑단은 1코 고무뜨기로 뜨되, 마지막 단은 겉뜨기로 뜹니다. 뜨개 끝은 덮어씌워 코막음합니다. 소매는 거싯의 별도 사슬을 푼 코와 요크〈아래〉와 뒤판의 앞뒤 단차에서 코를 줍고, 메리야스뜨기, 1코 고무뜨기로 원형뜨기합니다. 줄임코는 도안을 참고합니다. 뜨개 끝은 밑단과 같은 방법으로 합니다.

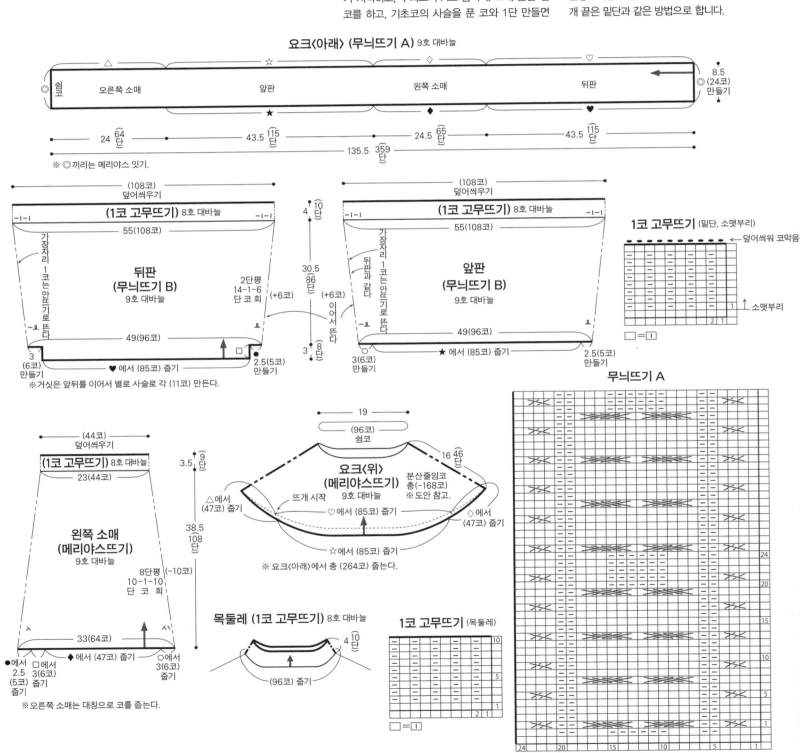

172

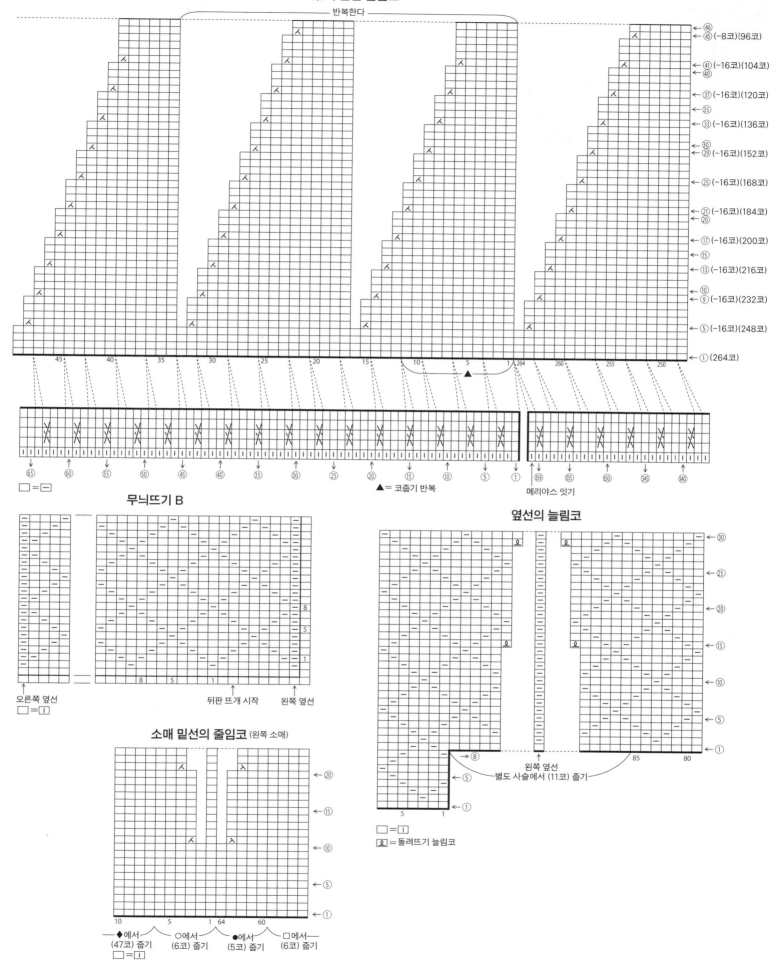

요크〈위〉의 분산 줄임코

반복한다

← ㊻
← ㊺ (-8코)(96코)

← ㊶ (-16코)(104코)
← ㊵

← ㊲ (-16코)(120코)
← ㉟

← ㉝ (-16코)(136코)

← ㉚
← ㉙ (-16코)(152코)

← ㉕ (-16코)(168코)

← ㉑ (-16코)(184코)
← ⑳

← ⑰ (-16코)(200코)
← ⑮

← ⑬ (-16코)(216코)

← ⑩
← ⑨ (-16코)(232코)

← ⑤ (-16코)(248코)

← ① (264코)

45   40   35   30   25   20   15   10   5   1 264   260   255   250

▲

☐ = ⊟

▲ = 코줍기 반복

㊺ ㊿ ㊵ ㊿ ㊺ ㊵ ㉟ ㉚ ㉕ ⑳ ⑮ ⑩ ⑤ ①   359 355 350 345 340

메리야스 잇기

무늬뜨기 B

오른쪽 옆선
☐ = ☐

8   5   1
뒤판 뜨개 시작

왼쪽 옆선

8   5   1

소매 밑선의 줄임코 (왼쪽 소매)

← ⑳
← ⑮
← ⑩
← ⑤
← ①

10   5   1   64   60

── ◆에서
(47코) 줄기
☐ = ☐

○에서
(6코) 줄기

●에서
(5코) 줄기

☐에서
(6코) 줄기

옆선의 늘림코

← ㉚
← ㉕
← ⑳
← ⑮
← ⑩
← ⑤
← ①

→ ⑧
← ⑤

5   1

왼쪽 옆선
별도 사슬에서 (11코) 줄기

85   80

← ①

☐ = ☐
ℚ = 돌려뜨기 늘림코

173

재료
DMC 빅 니트 그레이(103 SILVER MIST) 340g
2볼

도구
대바늘 12mm · 10mm

완성 크기
가슴둘레 90cm, 기장 52cm, 화장 23.5cm

게이지(10×10cm)
메리야스뜨기 7코×10단, 무늬뜨기 7.5코×10단

POINT
●요크, 몸판…요크는 손가락에 실을 걸어서 기초
코를 만들어 뜨기 시작하고, 무늬뜨기, 메리야스뜨

기로 원형뜨기합니다. 늘림코와 앞목둘레선의 되
돌아뜨기는 도안을 참고합니다. 14단을 떴으면 앞
뒤를 따로 해서 뒤판은 메리야스뜨기, 앞판은 메리
야스뜨기와 무늬뜨기로 왕복으로 뜹니다. 진동둘
레의 늘림코는 도안을 참고합니다. 지정 단수를 다
떴으면 앞뒤를 이어서 메리야스뜨기, 무늬뜨기, 2
코 고무뜨기로 원형뜨기합니다. 뜨개 끝은 무늬를
이어서 뜨면서 덮어씌워 코막음합니다.
●마무리…목둘레, 진동둘레는 지정 콧수를 줍고
가터뜨기로 원형뜨기합니다. 뜨개 끝은 안뜨기를
뜨면서 덮어씌워 코막음합니다.

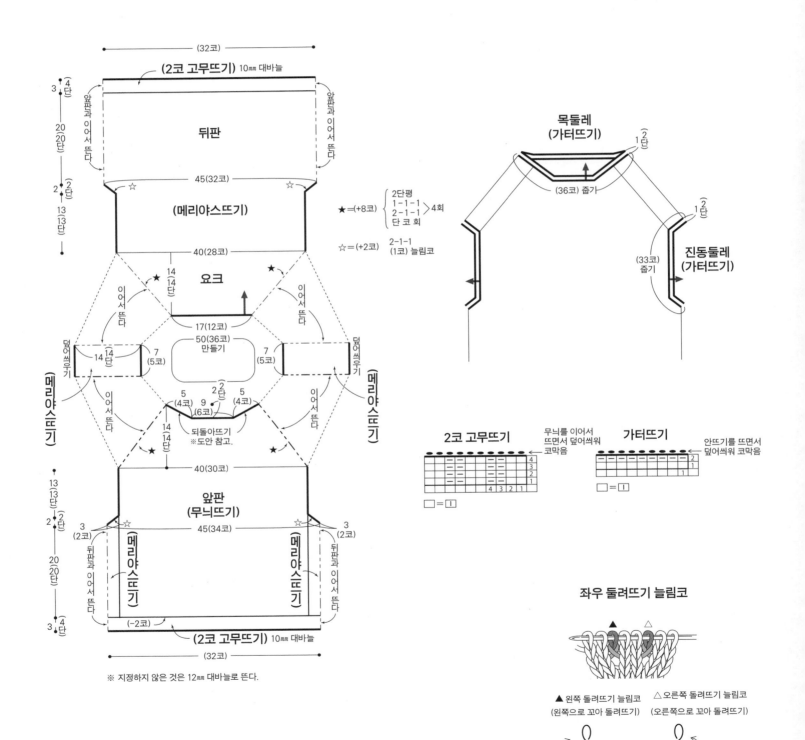

※ 지정하지 않은 것은 12mm 대바늘로 뜬다.

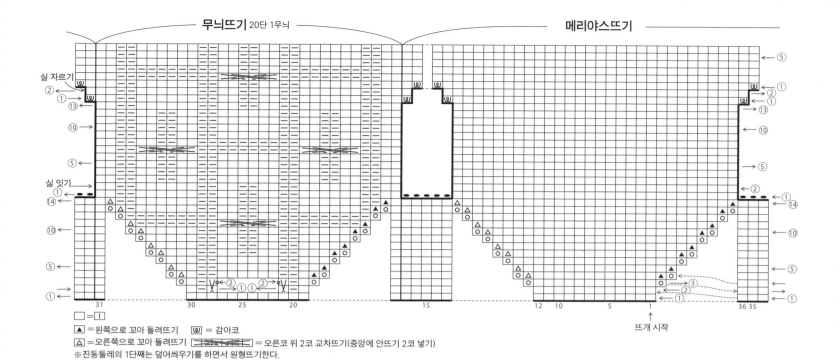

무늬뜨기 20단 1무늬   메리야스뜨기

실 자르기
실 잇기

□=|1|

▲ =왼쪽으로 꼬아 돌려뜨기 |W| = 감아코
△ =오른쪽으로 꼬아 돌려뜨기   = 오른코 위 2코 교차뜨기(중앙에 안뜨기 2코 넣기)
※진동둘레의 1단째는 덮어씌우기를 하면서 원형뜨기한다.

다채로운 즐거움, 꽈배기뜨기
50 page ★★★

다이아 카롤리나

2코 고무뜨기 코막음
(원형뜨기일 때)

※ 일본어 사이트

재료
다이아몬드케이토 다이아 카롤리나 노란색·물색·
초록색 계열 믹스(4602) 315g 11볼
도구
대바늘 7호·5호
완성 크기
가슴둘레 102cm, 어깨너비 46cm, 기장 54cm, 소매
길이 46.5cm
게이지(10×10cm)
메리야스뜨기 22코×28단, 무늬뜨기 A, A'=33코
×28단, 무늬뜨기 B 26.5코×28단
POINT
●몸판, 소매…2코 고무뜨기 기초코를 만들어 뜨
기 시작하고, 2코 고무뜨기로 뜹니다. 이어서 뒤

판과 소매는 무늬뜨기 A, A', 안메리야스뜨기, 앞
판은 무늬뜨기 A, A', B, 안메리야스뜨기로 뜹니
다. 안메리야스뜨기와 무늬뜨기 A, A'의 양쪽 옆선
의 증감코는 도안을 참고합니다. 무늬뜨기 B의 뜨
개 시작 쪽 38단은 변칙이므로 주의합니다. 진동
둘레, 목둘레선, 소매산의 줄임코는 2코 이상은 덮
어씌우기, 1코는 가장자리 1코를 세우는 줄임코를
합니다. 소매 밑선의 늘림코는 1코 안쪽에서 돌려
뜨기 늘림코를 합니다.
●마무리…어깨는 덮어씌워 잇기, 옆선, 소매 밑선
은 떠서 꿰매기를 합니다. 목둘레는 지정 콧수를
줍고, 2코 고무뜨기로 원형뜨기합니다. 뜨개 끝은
2코 고무뜨기 코막음을 합니다. 소매는 빼뜨기 잇
기로 몸판과 합칩니다.

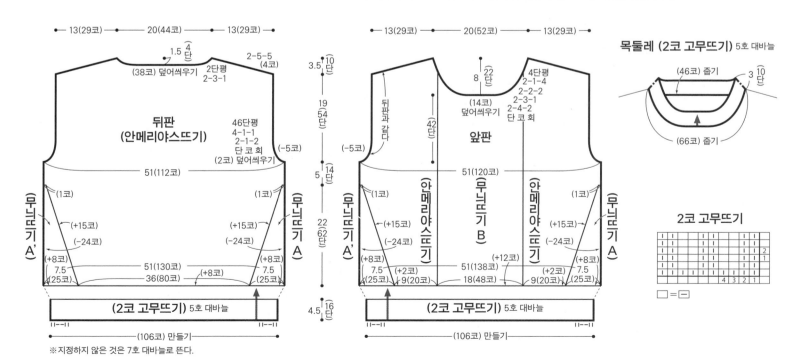

목둘레 (2코 고무뜨기) 5호 대바늘

2코 고무뜨기

□ =|−|

※지정하지 않은 것은 7호 대바늘로 뜬다.

176페이지로 이어집니다. ▶

▶ 175페이지에서 이어집니다.

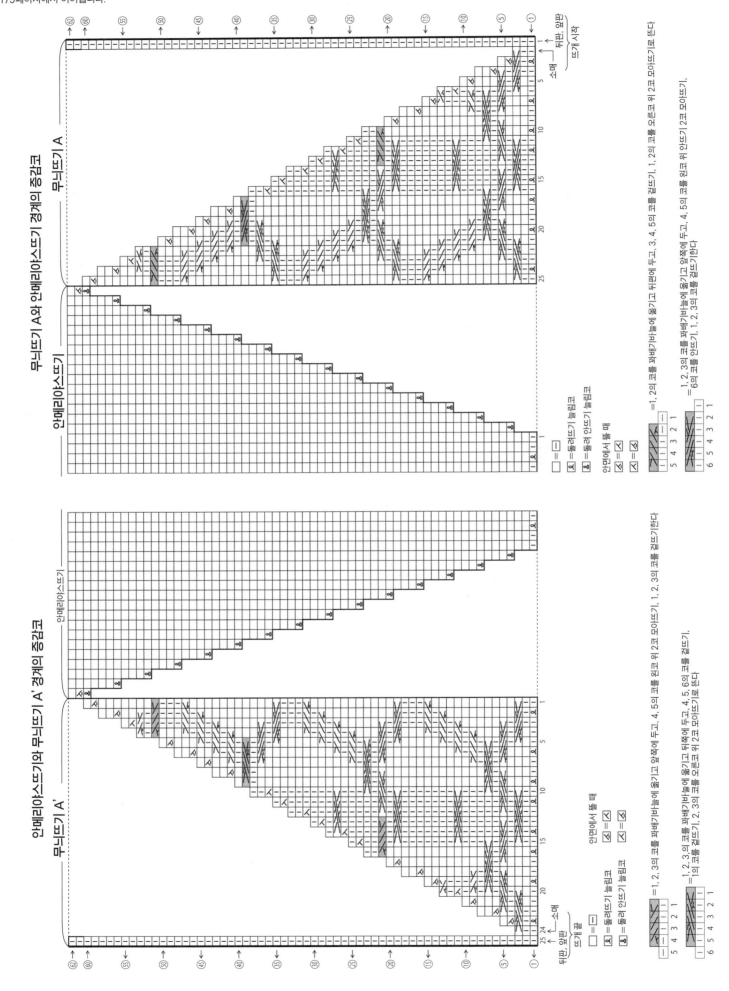

무늬뜨기 B

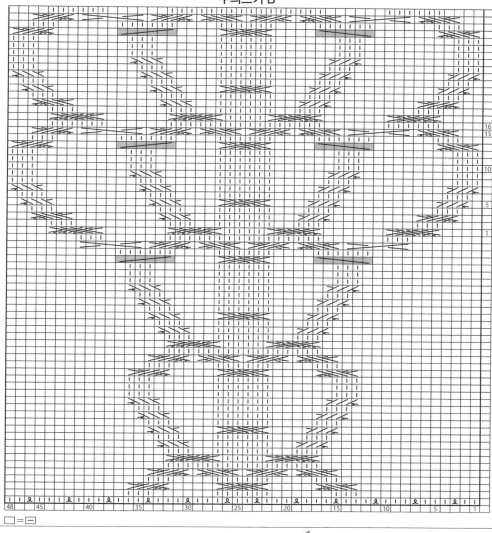

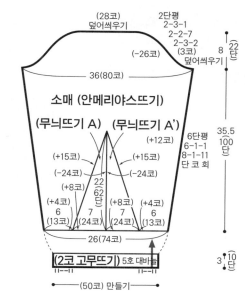

(28코) 덮어씌우기

2단평
2-3-1
2-2-7
2-3-2 (3코) 덮어씌우기

(-26코)

8 22단

36(80코)

소매 (안메리야스뜨기)

(무늬뜨기 A) (무늬뜨기 A')

6단평
6-1-1
8-1-11
단 코 회

(+12코)

(+15코) (+15코)

(-24코) (-24코)

(+8코) (+8코)

(+4코) 6 (13코) 7 (24코) 22 62 단 7 (24코) (+4코) 6 (13코)

26(74코)

35.5 100단

(2코 고무뜨기) 5호 대바늘

3 10단

(50코) 만들기

🔁 =돌려뜨기 늘림코

=1의 코를 오른바늘에 옮기고, 2, 3, 4의 코를 꽈배기바늘에 옮기고 앞쪽에 둔다. 1의 코를 왼바늘에 옮기고 1, 5의 코를 왼코 위 2코 모아뜨기, 돌려뜨기 늘림코, 6의 코를 겉뜨기, 2, 3, 4의 코를 겉뜨기한다

=1, 2의 코를 꽈배기바늘에 옮기고 뒤쪽에 두고, 3, 4, 5의 코를 겉뜨기, 1의 코를 겉뜨기, 돌려뜨기 늘림코, 2, 6의 코를 오른코 위 2코 모아뜨기로 뜬다

=왼코 위 3코와 4코 교차뜨기(아래쪽이 안뜨기)

=오른코 위 3코와 4코 교차뜨기(아래쪽이 안뜨기)

□ =─

배색무늬뜨기 뜨는 법
(걸치는 실이 오른쪽으로 흐른다)

배색실 바탕실

1 바탕실로 1코, 배색실로 1코를 반복해서 떠 나간다. 다 떴으면 실을 앞쪽에 꺼낸다.

배색실

2 뒤쪽에서 바늘을 넣고 앞단과 같은 색 실로 안뜨기한다.

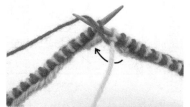

3 배색실을 바탕실 밑에서 들어 올려 안뜨기한다.

4 다음 코도 앞단과 같은 색 실(바탕실)로, 배색실 밑에서 들어 올려 안뜨기한다.

5 3, 4를 반복해서 걸치는 실이 오른쪽으로 흐르는 배색무늬뜨기를 뜬다.

6 이 배색무늬뜨기는 실이 점점 꼬이므로 중간에 풀면서 뜬다.

배색무늬뜨기 뜨는 법
(걸치는 실이 왼쪽으로 흐른다)

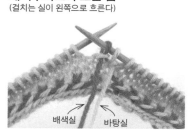

배색실 바탕실

1 실을 앞쪽에 꺼낸다.

2 배색실 위쪽에서 바탕실을 들어 올려 안뜨기한다.

3 배색실도 같은 방법으로 바탕실 위쪽에서 들어 올려 안뜨기한다.

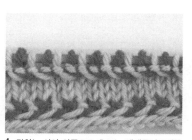

4 걸치는 실이 왼쪽으로 흐르는 배색무늬뜨기를 완성했다.

177

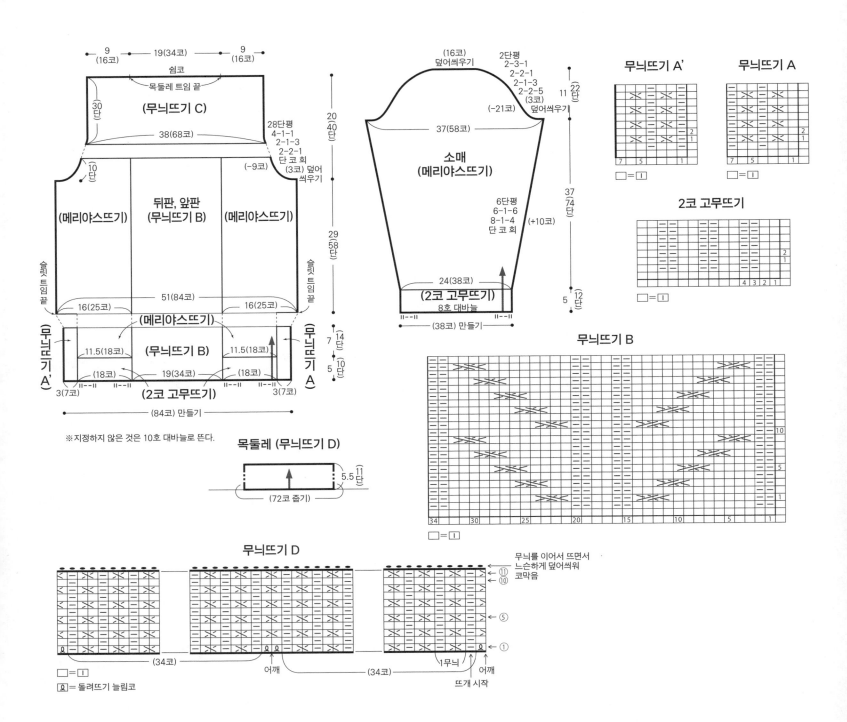

재료
DMC 옴브레 그레이·민트 그린 계열 그러데이션
(1006) 375g 3볼

도구
대바늘 10호·8호

완성 크기
가슴둘레 102㎝, 어깨너비 37㎝, 기장 61㎝, 소매
길이 53㎝

게이지(10×10㎝)
메리야스뜨기 15.5코×20단, 무늬뜨기 B·C 18
코×20단

POINT
●몸판, 소매…손가락에 실을 걸어서 기초코를 만

들어 뜨기 시작하고, 몸판은 무늬뜨기 A·A'·B·C,
2코 고무뜨기, 메리야스뜨기를 배치하고, 소매는
2코 고무뜨기, 메리야스뜨기로 뜹니다. 진동둘레,
소매산의 줄임코는 2코 이상은 덮어씌우기, 1코는
가장자리 1코를 세우는 줄임코를 합니다. 소매 밑
선의 늘림코는 1코 안쪽에서 돌려뜨기 늘림코를
합니다.
●마무리…어깨는 덮어씌워 잇기, 옆선, 소매 밑선
은 떠서 꿰매기를 합니다. 목둘레는 도안을 참고해
몸판과 무늬가 이어지도록 어깨에서 늘림코를 하
면서 코를 줍고, 무늬뜨기 D로 원형뜨기합니다. 뜨
개 끝은 무늬를 이어서 뜨면서 느슨하게 덮어씌워
코막음합니다. 소매는 빼뜨기 잇기로 몸판과 합칩
니다.

180페이지에서 이어집니다. ◀

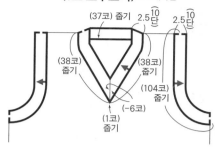

목둘레, 진동둘레 (A, D)
(1코 고무뜨기) 4호 대바늘

(37코) 줄기   2.5 10단   2.5 10단
(38코) 줄기   (38코) 줄기
                   (104코) 줄기
              (-6코)
         (1코) 줄기

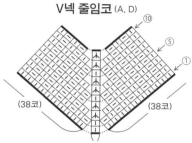

V넥 줄임코 (A, D)

                10
                  5
                  ①
(38코)   (38코)
         (1코)

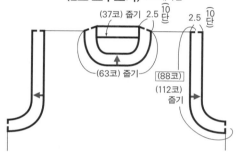

목둘레, 진동둘레 (B, C, E)
(2코 고무뜨기) 4호 대바늘

(37코) 줄기   2.5 10단   2.5 10단
                        (10)
(63코) 줄기
              [88코]
              (112코) 줄기

무늬뜨기 C

목둘레 트임 끝

중심

목둘레 트임 끝

무늬뜨기 B

□ = ──
☒ = 돌려뜨기 늘림코   ☒ = 돌려 안뜨기 늘림코

배색무늬뜨기 B

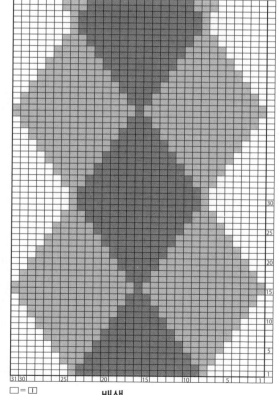

□ = ──

배색

	B	C	E
□	에크뤼	파란색	네이비
▨	키위그린	레몬옐로	그레이
▩	파란색	하얀색	연베이지

179

재료
올림포스 밀키 베이비 색이름·색번호·사용량은 도안의 표를 참고하세요.

도구
대바늘 5호·4호

완성 크기
[A, D] 가슴둘레 82cm, 어깨너비 32cm, 기장 45cm
[B, C] 가슴둘레 74cm, 어깨너비 29cm, 기장 40.5cm
[E] 가슴둘레 90cm, 어깨너비 35cm, 기장 52.5cm

게이지(10×10cm)
메리야스뜨기 23.5코×30단, 배색무늬뜨기 A·B 23.5코×30단

POINT
●A, D…손가락에 실을 걸어서 기초코를 만들어 뜨기 시작하고, 1코 고무뜨기로 뜹니다. 이어서 뒤판은 메리야스뜨기, 앞판은 메리야스뜨기와 배색무늬뜨기 A로 뜹니다. 배색무늬뜨기는 실을 세로로 걸치는 방법으로 뜹니다. 줄임코는 2코 이상은 덮어씌우기, 1코는 가장자리 1코를 세우는 줄임코를 합니다. 어깨는 덮어씌워 잇기, 옆선은 떠서 꿰매기를 합니다. 목둘레, 진동둘레는 1코 고무뜨기로 원형뜨기합니다. 뜨개 끝은 1코 고무뜨기 코막음을 합니다.

●B, C, E…손가락에 실을 걸어서 기초코를 만들어 뜨기 시작하고, 2코 고무뜨기로 뜹니다. 이어서 뒤판은 메리야스뜨기, 앞판은 메리야스뜨기와 배색무늬뜨기 B로 뜹니다. 배색무늬뜨기는 실을 세로로 걸치는 방법으로 뜹니다. 줄임코는 2코 이상은 덮어씌우기, 1코는 가장자리 1코를 세우는 줄임코를 하되, 앞목둘레선 중심은 쉼코를 합니다. 어깨는 덮어씌워 잇기, 옆선은 떠서 꿰매기를 합니다. 목둘레, 진동둘레는 2코 고무뜨기로 원형뜨기합니다. 뜨개 끝은 2코 고무뜨기 코막음을 합니다.

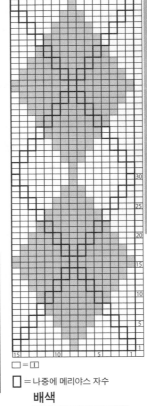

A
B
C
D
E

A, D

뒤판 (메리야스뜨기)
앞판 (메리야스뜨기)
뜨기 배색무늬 A
(메리야스뜨기)

※지정하지 않은 것은 5호 대바늘로 뜬다.
※지정하지 않은 것은 A는 베이지, D는 그레이로 뜬다.

B, C, E

뒤판 (메리야스뜨기)
앞판
(메리야스뜨기)
배색무늬뜨기 B
(메리야스뜨기)

※ 지정하지 않은 것은 5호 대바늘로 뜬다.
※ 지정하지 않은 것은 B는 에크뤼, C는 파란색, E는 네이비로 뜬다.
※ ▭는 B, C, 그 이외는 E 또는 공통.

◀ 179페이지로 이어집니다.

	색이름(색번호)	사용량
A	연갈색(8)	165g 5볼
	물색(17)	각 5g
	파란색(6)	각 1볼
B	에크뤼(9)	115g 3볼
	키위그린(27)	10g 1볼
	파란색(6)	5g 1볼
C	파란색(6)	115g 3볼
	레몬옐로(26)	10g 1볼
	하얀색(1)	5g 1볼
D	그레이(18)	165g 5볼
	연핑크(20)	각 5g
	하얀색(1)	각 1볼
E	네이비(25)	185g 5볼
	그레이(18)	15g 1볼
	연베이지(15)	10g 1볼

배색무늬뜨기 A

□ = □
□ = 나중에 메리야스 자수

배색

	A	D
□	연갈색	그레이
▨	물색	연핑크
□	파란색	하얀색

1코 고무뜨기 (A, D)

□ = □

↑ ↑ 뒤판
앞판, 목둘레, 진동둘레
뜨개 시작

2코 고무뜨기 (B, C, E)

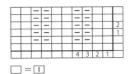

□ = □

재료
호비라 호비레 로빙 키스 파란색·물색·빨간색·하얀색 계열 그러데이션(13) 580g 15볼
도구
대바늘 15호·13호
완성 크기
가슴둘레 120cm, 기장 51cm, 화장 72cm
게이지(10×10cm)
가터뜨기 11.5코×22단, 메리야스뜨기 10코×16단(15호 대바늘)
POINT
●몸판, 소매…모두 2겹으로 뜹니다. 몸판은 손가락에 실을 걸어서 기초코를 만들어 뜨기 시작하고, 메리야스뜨기, 2코 고무뜨기, 가터뜨기로 뜹니다. 늘림코는 감아코, 앞쪽 끝의 줄임코는 가장자리에서 3코째와 4코째를 한 번에 뜹니다. 뒤판은 목둘레 트임 부분에서 좌우로 나눠서 뜹니다. 뜨개 끝은 쉼코를 합니다. 어깨는 빼뜨기 잇기를 합니다. 소매는 지정 위치에서 코를 줍고, 메리야스뜨기, 2코 고무뜨기로 뜹니다. 줄임코는 가장자리 3코를 세우는 줄임코를 합니다. 뜨개 끝은 덮어씌워 코막음합니다.
●마무리…옆선, 소매 밑선은 떠서 꿰매기를 합니다. 앞단·목둘레는 지정 콧수를 줍고, 2코 고무뜨기, 메리야스뜨기로 뜹니다. 뜨개 끝은 소매와 같은 방식으로 합니다.

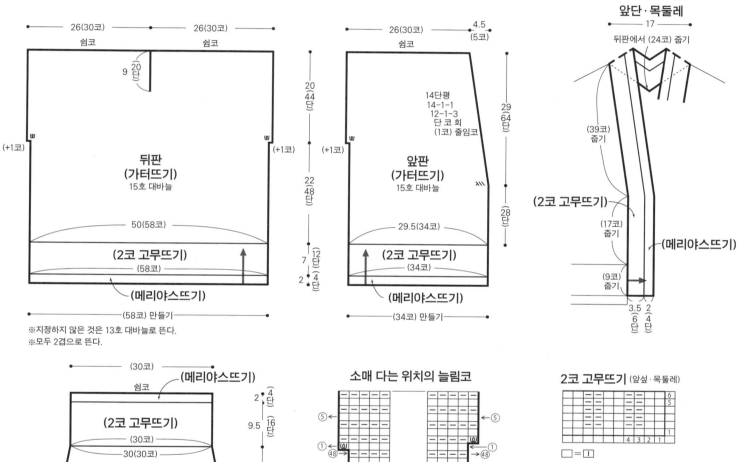

※지정하지 않은 것은 13호 대바늘로 뜬다.
※모두 2겹으로 뜬다.

앞단·목둘레

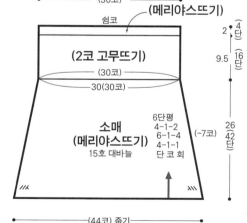

소매 다는 위치의 늘림코

□ = Ⅰ
ⓦ = 감아코

2코 고무뜨기 (앞섶·목둘레)

□ = Ⅰ

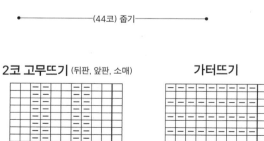

2코 고무뜨기 (뒤판, 앞판, 소매)

□ = Ⅰ

가터뜨기

□ = Ⅰ

앞쪽 끝의 줄임코

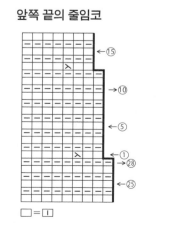

□ = Ⅰ

메리야스 자수
1코 2단일 때(비스듬히 놓는다)

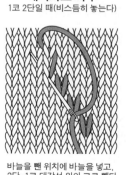

바늘을 뺀 위치에 바늘을 넣고,
2단·1코 대각선 위의 코로 뺀다.
그런 다음 2단 위의 코를 건진다.

181

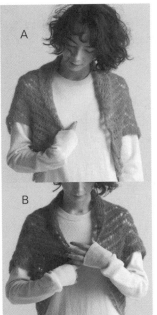

재료
호비라 호비레 알파카 플로트
[A] 핑크·오렌지·노란색 계열 그러데이션(04) 80g 1볼
[B] 초록색·핑크 계열 그러데이션(01) 80g 1볼
도구
대바늘 10호·12호, 코바늘 9/0호
완성 크기
기장 52cm
게이지(10×10cm)
무늬뜨기 A 10.5코×16.5단, 무늬뜨기 B 11.5코×20단

POINT
●테두리뜨기용으로 뜨개 시작 실을 6m 정도 남겨둡니다. 별도 사슬의 기초코를 만들어 뜨기 시작하고, 무늬뜨기 A, 가터뜨기, 무늬뜨기 B로 뜹니다. 뜨개 끝은 테두리뜨기를 뜨면서 코막음합니다. 밑단은 기초코의 사슬을 풀어서 코를 줍고, 남겨둔 실로 뜨개 끝과 같은 방법으로 합니다. 목둘레, 밑단의 맞춤 표시끼리 떠서 꿰매기를 합니다.

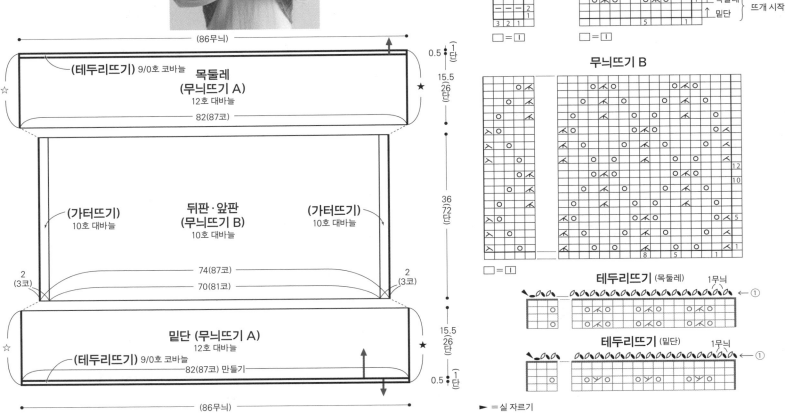

가터뜨기

무늬뜨기 A
목둘레
밑단
뜨개 시작
□=ㅣ

무늬뜨기 B
□=ㅣ

(86무늬)
(테두리뜨기) 9/0호 코바늘
목둘레 (무늬뜨기 A) 12호 대바늘
82(87코)
0.5 (1단)
15.5 (26단)
(가터뜨기) 10호 대바늘
뒤판·앞판 (무늬뜨기 B) 10호 대바늘
(가터뜨기) 10호 대바늘
74(87코)
70(81코)
36 (72단)
2 (3코)
2 (3코)
밑단 (무늬뜨기 A) 12호 대바늘
(테두리뜨기) 9/0호 코바늘
82(87코) 만들기
15.5 (26단)
0.5 (1단)
(86무늬)
※☆, ★끼리는 떠서 꿰매기.

테두리뜨기 (목둘레) 1무늬 ←①
테두리뜨기 (밑단) 1무늬 ←①
►=실 자르기

실을 가로로 걸치는 배색무늬뜨기
왼코 위 돌려 2코 모아뜨기

※일본어 사이트　　※일본어 사이트

재료
실…Silk HASEGAWA 코하루 식스 그레이(M08 NEZUMI) 275g 11볼, 에크뤼(1331 ECRU) 130g 6볼
단추…지름 18mm×6개
도구
대바늘 5호·3호
완성 크기
가슴둘레 112.5cm, 기장 55.5cm, 화장 72cm
게이지(10×10cm)
배색무늬뜨기A 29코×28.5단, 메리야스뜨기 23.5코×30단
POINT
●몸판, 소매…별도의 사슬로 기초코를 만들어 뜨기 시작하고, 배색무늬뜨기A, 메리야스뜨기로 뜹니다. 배색무늬뜨기는 실을 가로로 걸치는 방법으로 뜹니다. 목둘레의 줄임코는 2코 이상은 덮어씌우기, 1코는 끝의 1코를 세우는 줄임코를 합니다. 소매 밑의 늘림코는 1코 안쪽에서 돌려뜨기 늘림코를 합니다.
●마무리…어깨는 덮어씌워 잇기로 연결합니다. 목둘레는 지정한 콧수를 주워 1코 돌려 고무뜨기로 뜹니다. 뜨개 끝은 무늬를 뜨면서 덮어씌워 코막음합니다. 소매는 코와 단 잇기로 몸판과 합칩니다. 옆선, 소매 밑선은 돗바늘로 떠서 잇기로 연결합니다. 밑단, 소맷부리는 기초코의 사슬을 풀어 코를 줍고, 배색무늬뜨기B로 뜹니다. 뜨개 끝은 덮어씌워 코막음합니다. 앞판은 지정한 콧수를 주워 1코 돌려 고무뜨기로 뜹니다. 오른쪽 앞단에는 단춧구멍을 만듭니다. 뜨개 끝은 목둘레와 같은 방법으로 합니다. 단추를 달아 완성합니다.

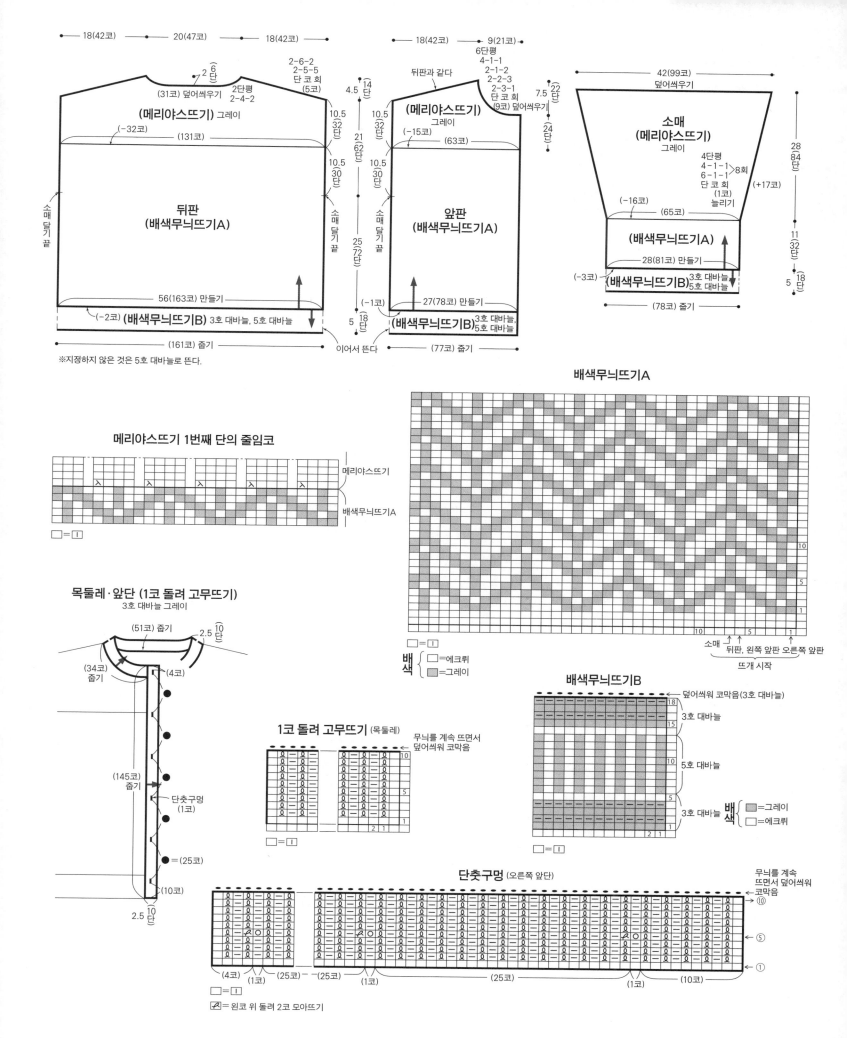

하야시 고토미의 Happy Knitting

56 page ★★★

퍼피 뉴 4PLY

실을 가로로 걸치는
배색무늬뜨기

※ 일본어 사이트

재료
퍼피 퍼피 뉴 4PLY 에크뤼(403) 25g 1볼, 남색
(421)·잿빛 오렌지(470) 각 15g 각 1볼, 황록색
(451)·빨간색(459) 각 10g 각 1볼

도구
대바늘 0호

완성 크기
손바닥 둘레 18cm, 기장 17.5cm

게이지(10×10cm)
배색무늬뜨기 C 42코×40단, 배색무늬뜨기 D 43
코×55단, 메리야스뜨기 39코×55단

POINT
●185페이지를 참고해서 무후식 기초코를 만들어
뜨기 시작하고, 배색무늬뜨기 A·A'·B·C·D·E,
메리야스뜨기로 원형뜨기합니다. 배색무늬뜨기는
실을 가로로 걸치는 방법으로 뜨되, 배색무늬뜨기
D는 57페이지를 참고해서 뜹니다. 엄지 위치에는
별도 실을 떠넣어 둡니다. 뜨개 끝은 덮어씌워 코막
음합니다. 엄지는 별도 실을 풀어서 코를 줍고, 메
리야스뜨기, 1코 고무뜨기로 원형뜨기합니다. 뜨
개 끝의 무늬를 이어서 뜨면서 덮어씌워 코막음합
니다.

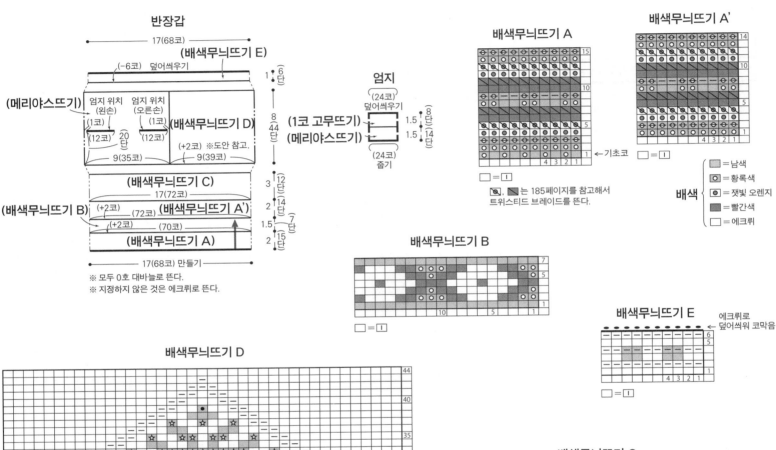

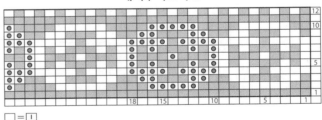

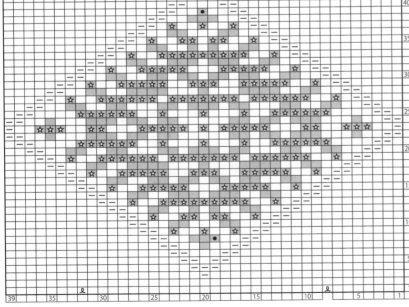

184

무후식 기초코

1 2색 실로 매듭을 만들고, 실을 1개씩 엄지와 검지에 건다. 화살표처럼 바늘을 넣고,

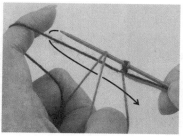

2 엄지에 걸린 실을 들어 올리고, 남색 실을 걸어 화살표처럼 통과시킨다.

3 엄지를 떼고 코를 정리한다. 매듭은 나중에 푼다.

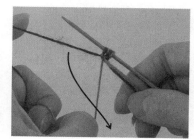

4 검지의 실과 엄지의 실을 서로 바꾼다. 항상 검지의 실이 위가 되도록 바꾼다.

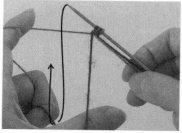

5 엄지에 걸린 실을 들어 올리고,

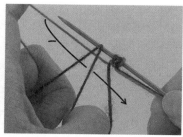

6 황록색 실을 걸어 화살표처럼 통과시킨다.

7 2코째가 완성됐다. 1~7을 반복해 코를 만든다.

8 기초코 밑에 체인이 생겼다. 68코 만들었으면 매듭을 풀고, 2단째를 뜬다.

트위스티드 브레이드 뜨는 법
※완성 길이의 약 5배의 같은 색 실을 준비한다.

1 앞쪽에 실을 빼고, 안뜨기로 배색무늬뜨기를 뜨는 요령으로 실을 걸치면서 떠 나간다. 뜬 실은 밑으로 내리고, 그 위로 다음 실을 걸치고,

2 안뜨기로 뜬다.

3 계속해서 화살표처럼 뜬 실 위로 또 다른 1개 실을 걸치고, 안뜨기로 뜬다.

4 같은 색 실이 같은 방향으로 걸쳐지고, 트위스티드 브레이드를 떴다.

186페이지에서 이어집니다. ◀

마무리하는 법

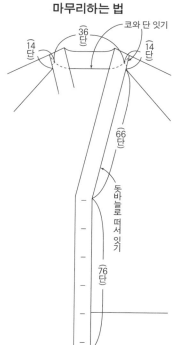

앞단·목둘레
(1코 고무뜨기)
4호 대바늘

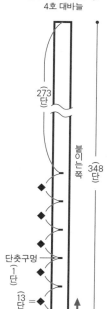

2코 고무뜨기

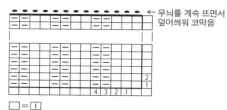

← 무늬를 계속 뜨면서 덮어씌워 코막음

□ = ︱

단춧구멍

소매 밑의 줄임코

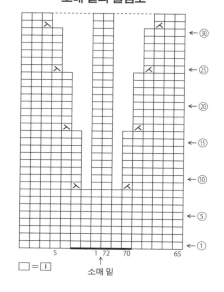

□ = ︱

소매 밑

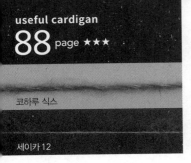

재료
실…Silk HASEGAWA 코하루 식스 회청색 (K01 WALTZ) 270g 11볼, 세이카12 그레이(18 SMOKE GRAY) 75g 3볼
단추…지름 20mm×6개

도구
대바늘 6호·4호

완성 크기
가슴둘레 105.5cm, 기장 59cm, 화장 73cm

게이지(10×10cm)
메리야스뜨기, 안메리야스뜨기 모두 18코×25단

POINT
●요크, 몸판, 소매…전부 코하루 식스와 세이카12를 1올씩 모아 합사해서 뜹니다. 요크는 손가락으로 거는 기초를 만들어 뜨기 시작하고, 메리야스뜨기, 안메리야스뜨기로 뜹니다. 늘림코는 그림을 참조합니다. 뒤판·앞판은 요크에서 코를 줍고, 겨드랑이 부분은 감아코로 코를 만들어 메리야스뜨기, 안메리야스뜨기, 2코 고무뜨기로 뜹니다. 뜨개 끝은 무늬가 이어지도록 계속 뜨면서 덮어씌워 코막음합니다. 소매는 요크의 쉼코와 겨드랑이 부분에서 코를 주워 메리야스뜨기, 안메리야스뜨기, 무늬뜨기로 원형뜨기합니다. 소매 밑의 줄임코는 그림을 참조합니다. 뜨개 끝은 덮어씌워 코막음합니다.
●마무리…앞단·목둘레는 요크와 같은 방법으로 뜨기 시작하고, 1코 고무뜨기로 뜹니다. 단춧구멍은 그림을 참조합니다. 뜨개 끝은 밑단과 같은 방법으로 하고, 돗바늘로 떠서 잇기와 코와 단 잇기로 몸판과 합칩니다. 단추를 달아 완성합니다.

오른코 늘리기

※일본어 사이트

왼코 늘리기

※일본어 사이트

무늬뜨기

□ = ☐

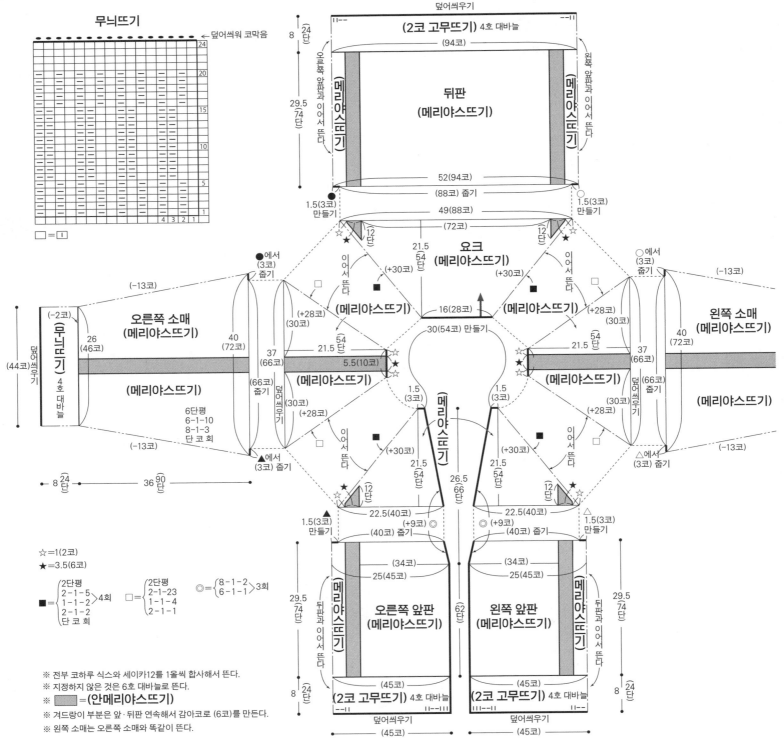

☆=1(2코)
★=3.5(6코)

■= { 2단평 / 2-1-5 / 1-1-2 / 2-1-2 } 4회
단 코 회

□= { 2단평 / 2-1-23 / 1-1-4 / 2-1-1 }

◎= { 8-1-2 / 6-1-1 } 3회

※ 전부 코하루 식스와 세이카12를 1올씩 합사해서 뜬다.
※ 지정하지 않은 것은 6호 대바늘로 뜬다.
※ ▨ =(안메리야스뜨기)
※ 겨드랑이 부분은 앞·뒤판 연속해서 감아코로 (6코)를 만든다.
※ 왼쪽 소매는 오른쪽 소매와 똑같이 뜬다.

◀ 185페이지로 이어집니다.

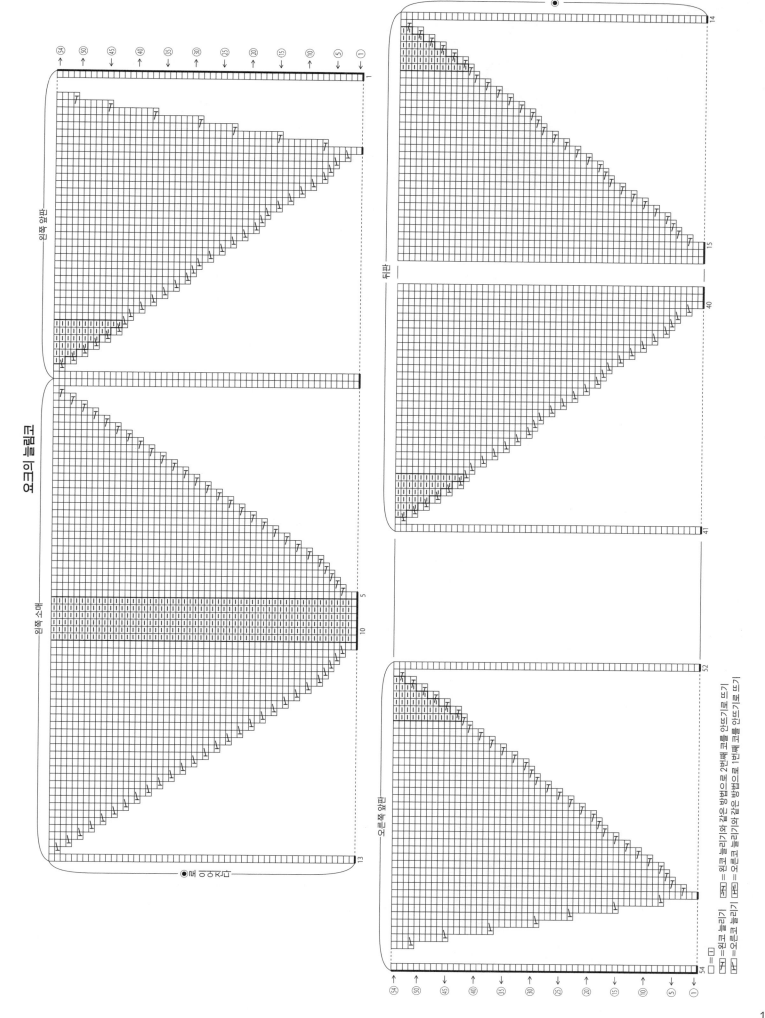

요크의 늘림코

왼쪽 앞판

왼쪽 소매

오른쪽 앞판

위판

① = □

囲 = 왼코 늘리기   [左] = 왼코 늘리기와 같은 방법으로 2번째 코를 안뜨기로 뜨기

[右] = 오른코 늘리기   [右편] = 오른코 늘리기와 같은 방법으로 1번째 코를 안뜨기로 뜨기

재료
실…올림포스 자연의 이음 mofu 베이비 블루
(203) 110g 4볼, 라임 라이트 옐로(204)·아이스
그레이(205)·베이비 핑크(206) 각 55g 각 2볼
단추…지름 15mm×8개

도구
대바늘 6호·2호

완성 크기
가슴둘레 107.5cm, 기장 51cm, 화장 71cm

게이지(10×10cm)
줄무늬 무늬뜨기A, B, C 모두 18.5코·26.5단, 무
늬뜨기 24코·30단

POINT
●몸판, 소매, 요크…별도의 사슬로 기초코를 만들
어 뜨기 시작하고, 몸판은 앞·뒤판을 이어서 줄무

늬 무늬뜨기A와 무늬뜨기로 왕복하여 뜨고, 소매
는 줄무늬 무늬뜨기B, A, 무늬뜨기로 원형뜨기합
니다. 소매 밑의 늘림코는 그림을 참조합니다. 뜨개
끝은 코를 쉬어둡니다. 밑단, 소맷부리는 기초코의
사슬을 풀어 코를 줍고 2코 고무뜨기로 뜹니다. 뜨
개 끝은 무늬를 계속 뜨면서 덮어씌워 코막음합니
다. 요크는 몸판과 소매에서 코를 줍고, 분산 줄임
코를 하면서 무늬뜨기와 줄무늬 무늬뜨기C로 뜹
니다. 뜨개 끝은 덮어씌워 코막음합니다.
●마무리…겨드랑이 부분의 코는 메리야스 잇기로
연결합니다. 목둘레, 앞단은 지정한 콧수를 주워 2
코 고무뜨기로 뜹니다. 오른쪽 앞단에는 단춧구멍
을 만듭니다. 뜨개 끝은 밑단과 같은 방법으로 합
니다. 단추를 달아 완성합니다.

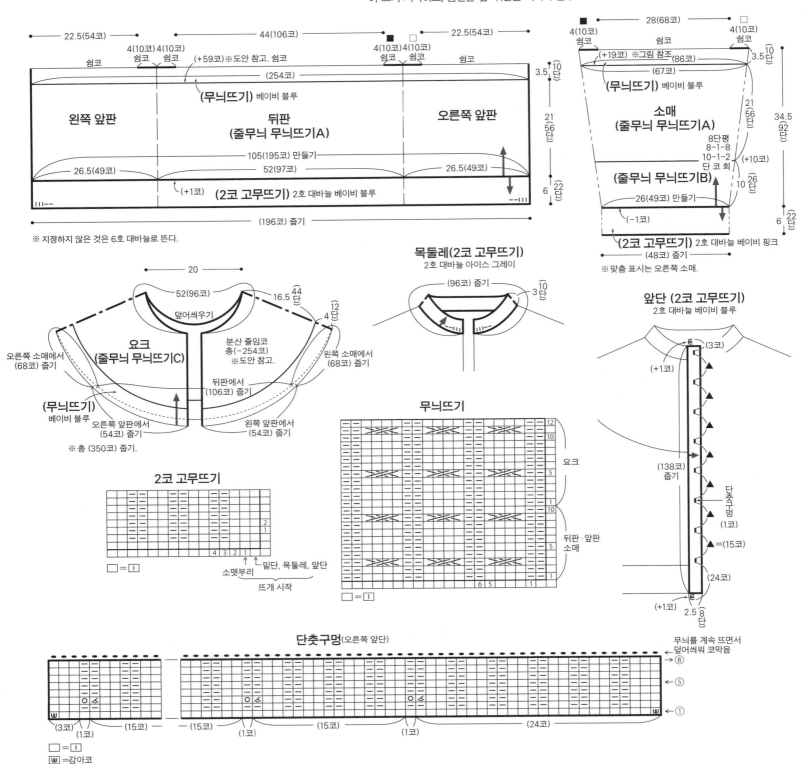

줄무늬 무늬뜨기A

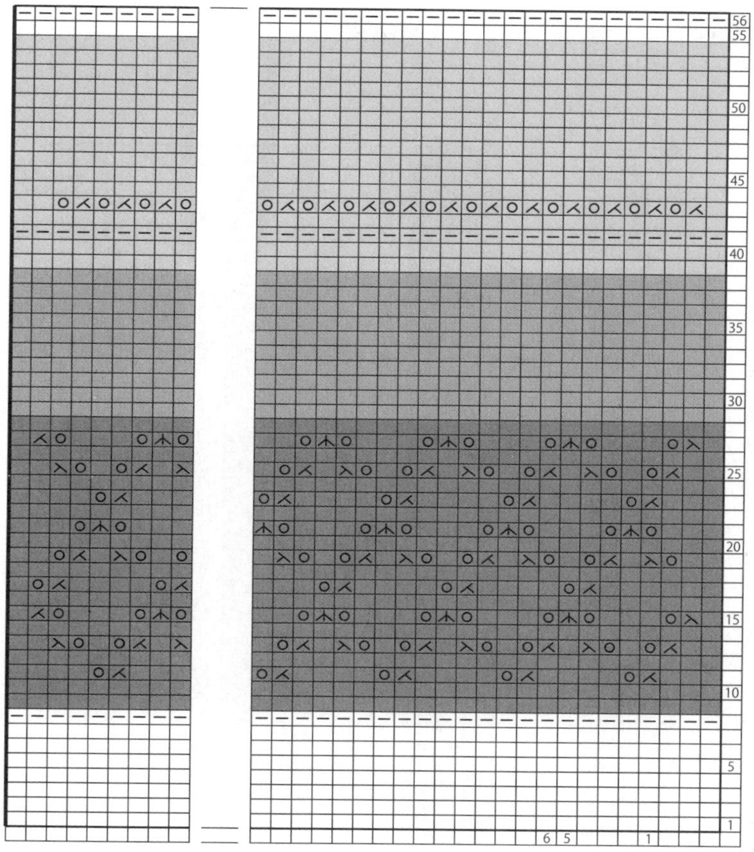

□=□I

배색
- □=베이비 블루
- ■=아이스 그레이
- ■=베이비 핑크
- ■=라임 라이트 옐로

줄무늬 무늬뜨기B

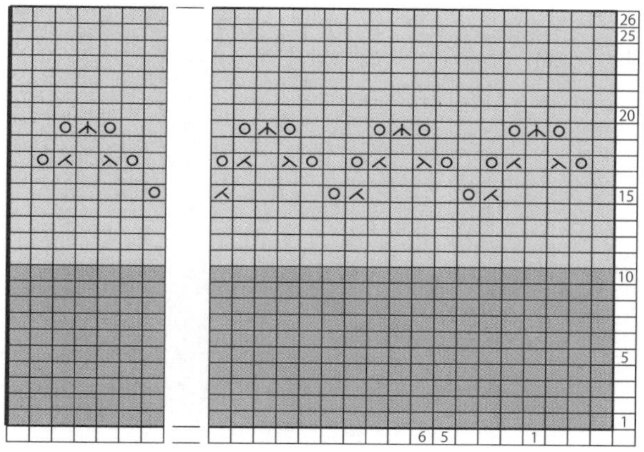

□=□I

소매 밑의 늘림코

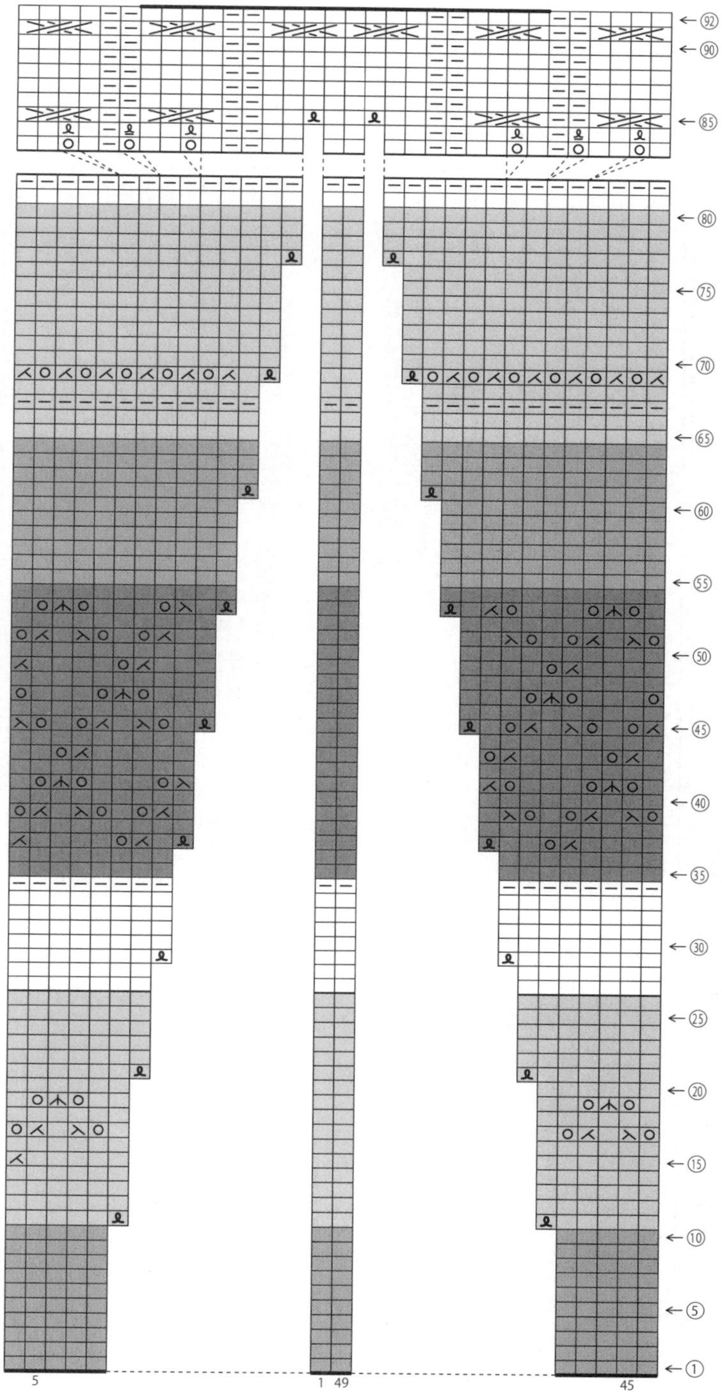

□=□I

ℓ=돌려뜨기 늘림코

무늬뜨기 1번째 단의 늘림코 (뒤판·앞판)

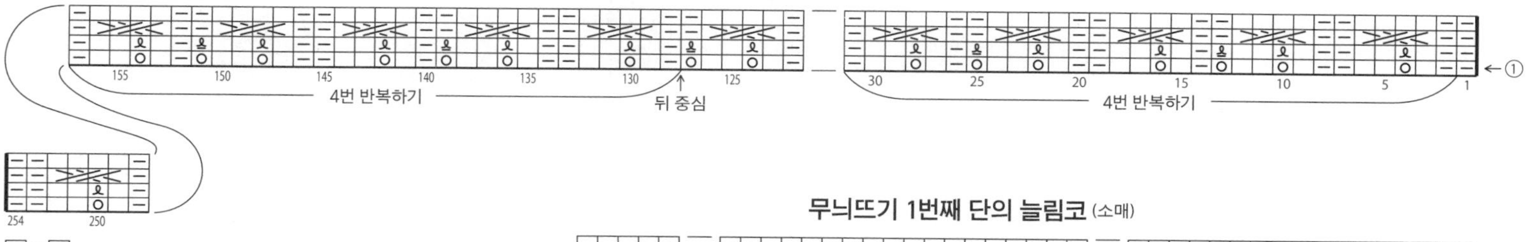
4번 반복하기
뒤 중심
4번 반복하기

□=□I

무늬뜨기 1번째 단의 늘림코 (소매)

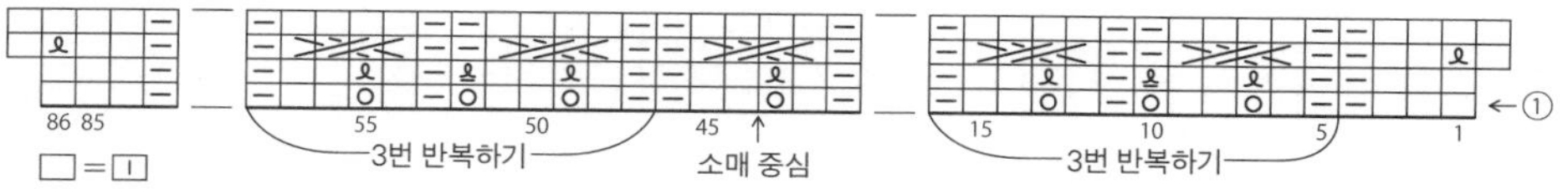
3번 반복하기
소매 중심
3번 반복하기

□=□I

190페이지로 이어집니다. ▶

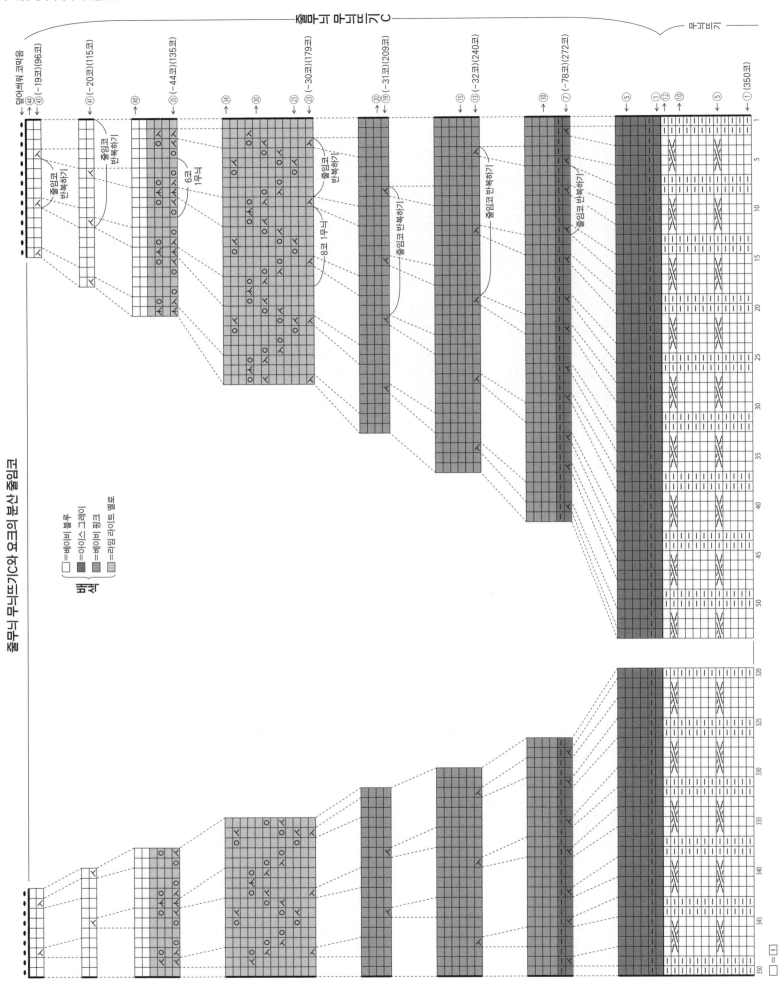

▶ 189페이지에서 이어집니다.

★ 개수는 작품을 선택하는 기준으로 참고해주세요. ★…초심자도 안심, ★★…자신이 조금 생겼다면, ★★★…끈기도 겸비한 중·상급자, ★★★★…솜씨에 자신 있음. 실은 실물 크기입니다.

useful cardigan
90 page ★★★
KUKAT (쿠캇)

재료
실…올림포스 KUKAT(쿠캇) 샤르트뢰즈 그린(5)
480g 10볼
단추…지름 23mm×5개
도구
대바늘 6호·4호
완성 크기
가슴둘레 102cm, 어깨너비 44cm, 기장 50cm, 소매
길이 49.5cm
게이지(10×10cm)
무늬뜨기 21.5코×37단, 메리야스뜨기 23코×29단
POINT
●몸판, 소매…손가락으로 거는 기초코를 만들어
뜨기 시작하고, 몸판은 1코 고무뜨기, 무늬뜨기,
소매는 1코 고무뜨기, 메리야스뜨기로 뜹니다. 앞

판의 주머니 위치에는 별도의 실을 떠 둡니다. 줄
임코는 2코 이상은 덮어씌우기, 1코는 끝의 2코를
세우는 줄임코를 합니다. 소매 밑의 늘림코는 1코
안쪽에서 돌려뜨기 늘림코를 합니다.
●마무리…주머니 위치에 떠 둔 실을 풀어 코를 줍
고, 주머니 속과 입구를 뜹니다. 주머니 입구의 뜨
개 끝은 무늬를 계속 뜨면서 덮어씌워 코막음합니
다. 어깨는 덮어씌워 잇기로 연결합니다. 앞단·목
둘레는 몸판과 같은 방법으로 뜨기 시작하고, 1코
고무뜨기로 뜹니다. 단춧구멍은 그림을 참조하여
뜹니다. 뜨개 끝은 주머니 입구와 같은 방법으로
하고, 마무리하는 법을 참조하여 몸판과 합칩니다.
소매는 코와 단 잇기로 몸판과 합칩니다. 옆선, 소
매 밑선은 돗바늘로 떠서 잇기로 연결합니다. 단추
를 달아 완성합니다.

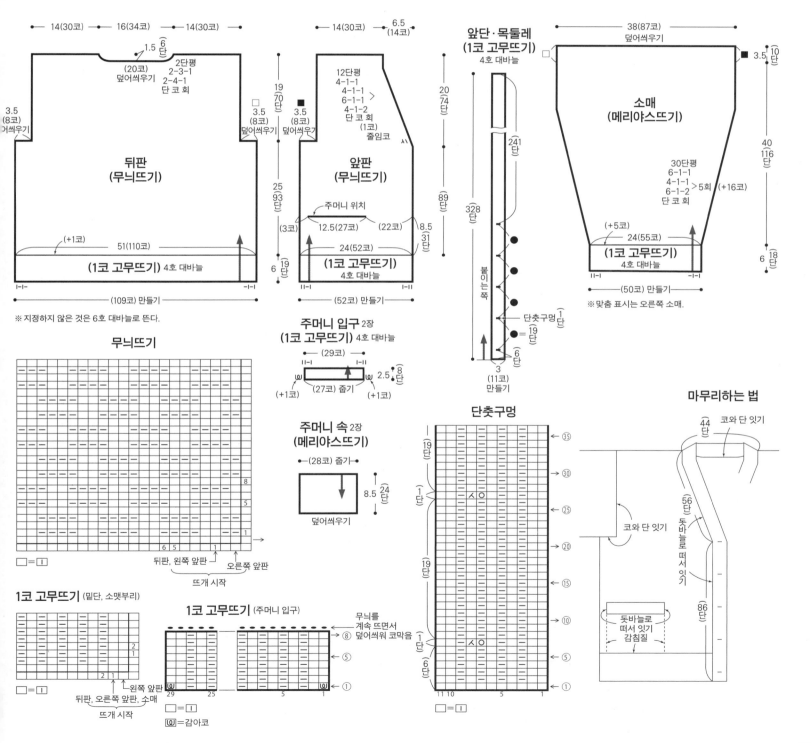

러빙 슬러브

오른코 늘리기 　　왼코 늘리기

※ 일본어 사이트 　　※ 일본어 사이트

재료
실…나이토상사 러빙 슬러브 연지색(2130) 790g 8볼
단추…지름 28mm×3개

도구
대바늘 12호

완성 크기
가슴둘레 100cm, 기장 64.5cm, 화장 80.5cm

게이지(10×10cm)
메리야스뜨기, 안메리야스뜨기 모두 13.5코×19단

POINT
●몸판, 소매…손가락으로 거는 기초코를 만들어 뜨기 시작하고, 뒤판, 소매는 가터뜨기와 메리야스뜨기, 앞판은 메리야스뜨기, 안메리야스뜨기, 가터

뜨기로 뜹니다. 옆선의 줄임코는 끝의 2코를 세우는 줄임코를 합니다. 오른쪽 앞판은 그림을 참조하여 지정한 위치에 되돌아뜨기를 2단 떠서 단춧구멍을 만듭니다. 늘림코는 그림을 참조합니다. 소매 밑의 늘림코는 그림을 참조합니다.

●마무리…옆선, 소매 밑선은 돗바늘로 떠서 잇기, 겨드랑이 부분은 메리야스 잇기로 연결합니다. 요크는 몸판과 소매에서 코를 주워, 분산 줄임코를 하면서 메리야스뜨기와 안메리야스뜨기로 뜹니다. 이어서 뒤 목둘레를 뜨고, 뜨개 끝은 코를 쉬어둡니다. ♥는 빼뜨기로 잇고, ☆, ★은 코와 단 잇기로 합칩니다. 주머니는 그림을 참조하며 2장을 뜨고, 마무리하는 법을 참조하여 지정한 위치에 답니다. 단추를 달아 완성합니다.

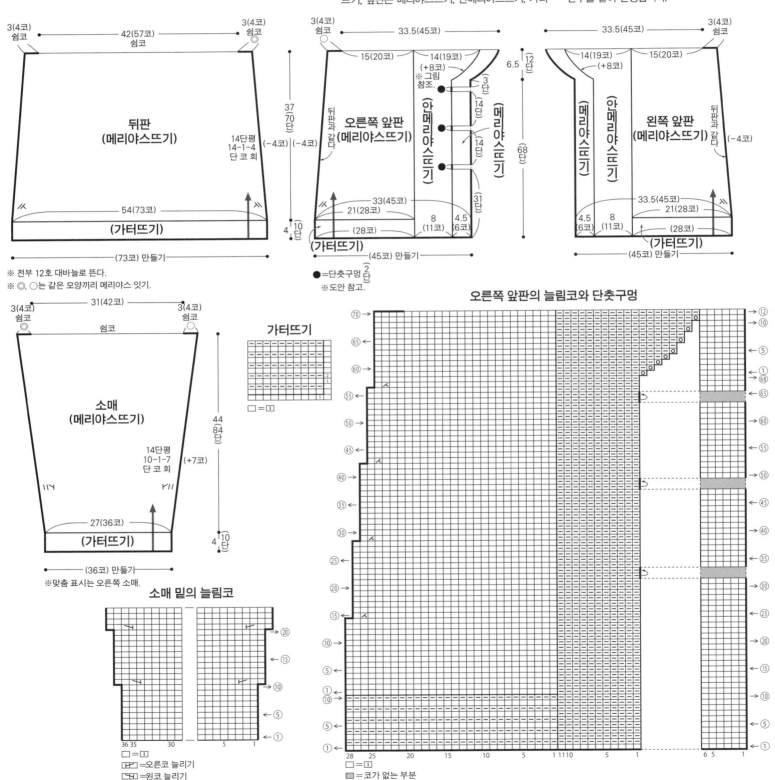

※ 전부 12호 대바늘로 뜬다.
※ ◎, ○는 같은 모양끼리 메리야스 잇기.

●=단춧구멍
※도안 참고.

가터뜨기
□=□

오른쪽 앞판의 늘림코와 단춧구멍

소매 밑의 늘림코
□=□
=오른코 늘리기
=왼코 늘리기

□=□
=코가 없는 부분

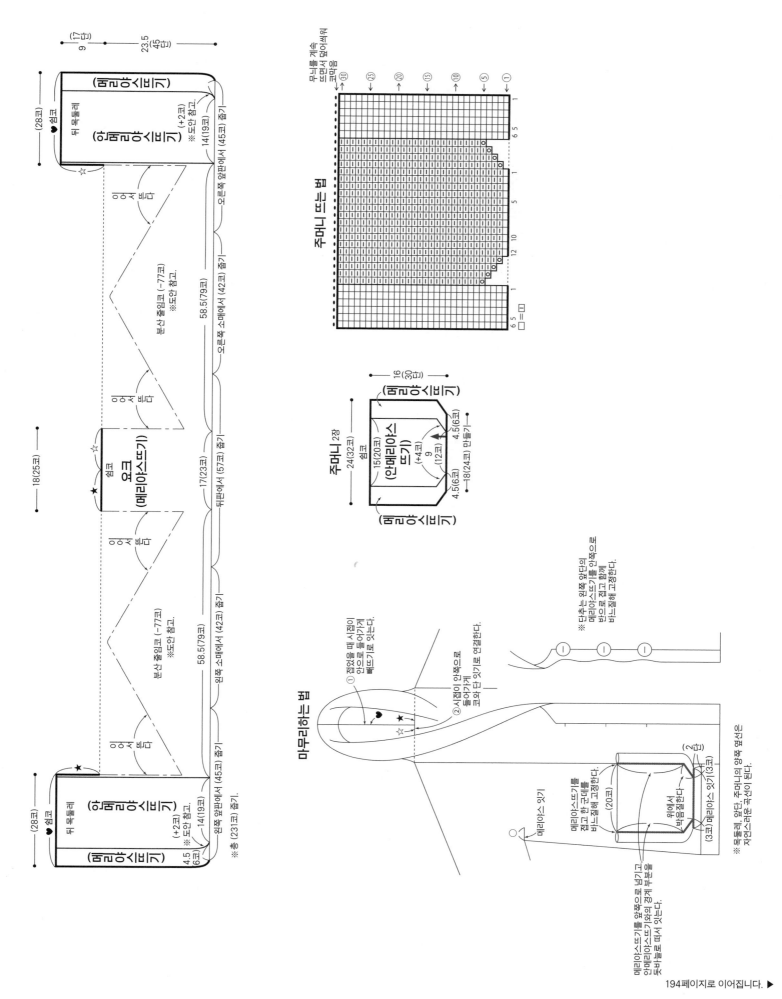

194페이지로 이어집니다. ▶

▶ 193페이지에서 이어집니다.

러빙 슬러브

실을 가로로 걸치는 1코 고무뜨기 코막음
배색무늬뜨기   (원형뜨기)

※일본어 사이트   ※일본어 사이트

재료
실…나이토상사 러빙 슬러브 그레이(401) 440g 5볼, 검은색(404) 420g 5볼
단추…지름 21mm×7개

도구
대바늘 12호·10호

완성 크기
가슴둘레 110.5cm, 어깨너비 45cm, 기장 55.5cm, 소매 길이 50cm

게이지(10×10cm)
배색무늬뜨기A, A', B, C 모두 15코×18단

POINT
●몸판, 소매…몸판은 별도의 사슬로 기초코를 만들어 뜨기 시작하고, 배색무늬뜨기A, B, C로 뜹니다. 배색무늬뜨기는 실을 가로로 걸치는 방법으로

뜹니다. 줄임코는 2코 이상은 덮어씌우기, 1코는 끝의 1코를 세우는 줄임코를 합니다. 어깨는 덮어씌워 잇기로 연결합니다. 소매는 지정한 콧수를 주워 배색무늬뜨기A·B·A', 배색무늬 2코 고무뜨기로 뜹니다. 뜨개 끝은 그림을 참조하며 덮어씌워 코막음합니다.

●마무리…옆선, 소매 밑선은 돗바늘로 떠서 잇기, 겨드랑이 부분은 코와 단 잇기로 연결합니다. 밑단은 기초코의 사슬을 풀어 코를 줍고, 배색무늬 2코 고무뜨기로 뜹니다. 뜨개 끝은 소맷부리와 같은 방법으로 합니다. 목둘레, 앞단은 지정한 콧수를 주워 배색무늬 2코 고무뜨기로 뜹니다. 오른쪽 앞단에는 단춧구멍을 만듭니다. 뜨개 끝은 소맷부리와 같은 방법으로 합니다. 단추를 달아 완성합니다.

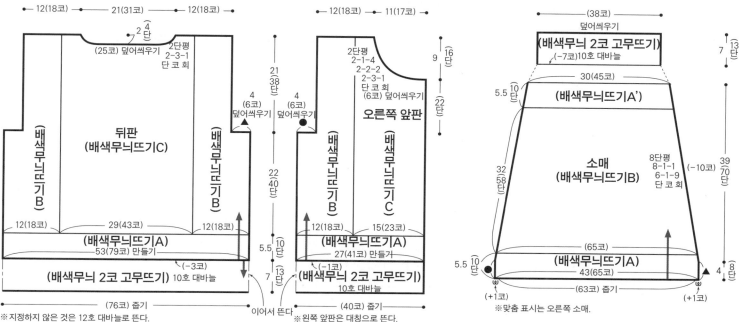

※지정하지 않은 것은 12호 대바늘로 뜬다.

※왼쪽 앞판은 대칭으로 뜬다.

※맞춤 표시는 오른쪽 소매.

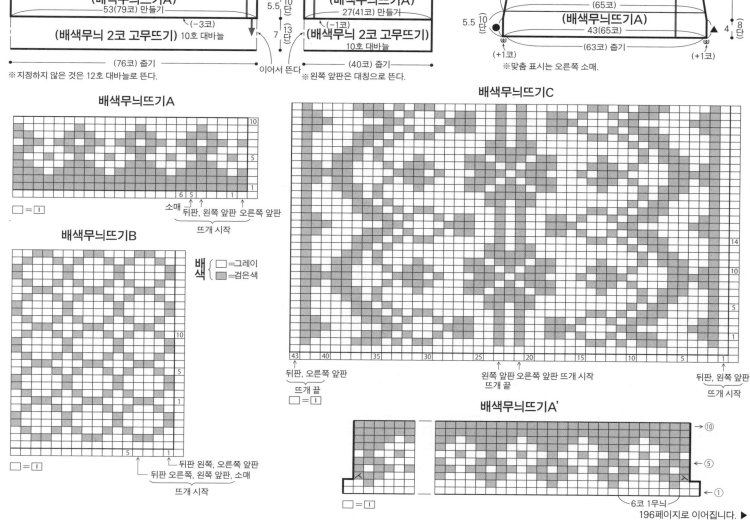

배색무늬뜨기A

배색무늬뜨기B

배색무늬뜨기C

배색무늬뜨기A'

배색
색 □=그레이
　 ■=검은색

196페이지로 이어집니다. ▶

▶ 195페이지에서 이어집니다.

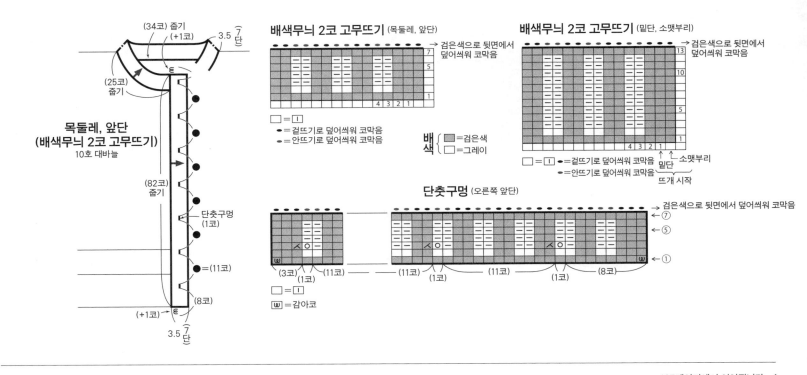

목둘레, 앞단 (배색무늬 2코 고무뜨기) 10호 대바늘

배색무늬 2코 고무뜨기 (목둘레, 앞단)

배색무늬 2코 고무뜨기 (밑단, 소맷부리)

단춧구멍 (오른쪽 앞단)

197페이지에서 이어집니다. ◀

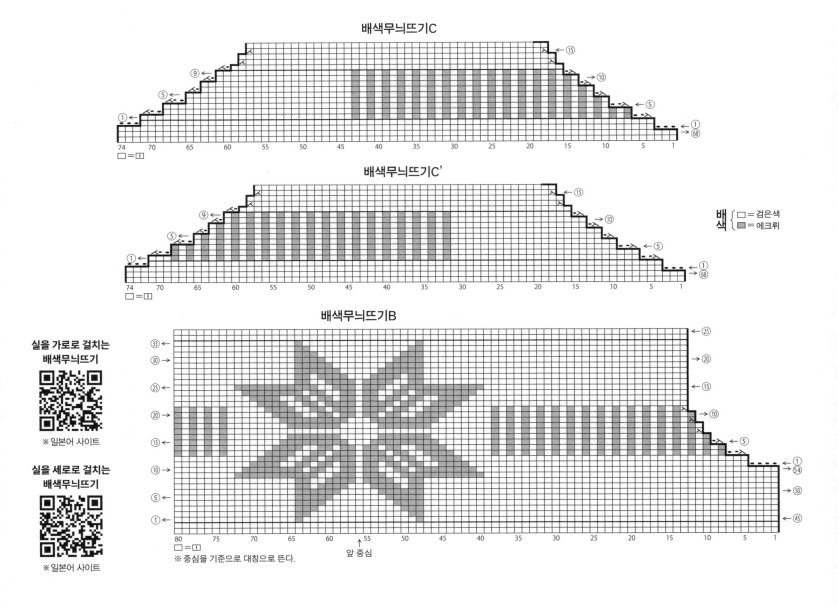

배색무늬뜨기C

배색무늬뜨기C'

배색무늬뜨기B

실을 가로로 걸치는
배색무늬뜨기

※ 일본어 사이트

실을 세로로 걸치는
배색무늬뜨기

※ 일본어 사이트

마카롱

카프치노

재료
K'sK 마카롱 검은색(30) 440g 11볼, 카푸치노 에크뤼(1) 95g 2볼

도구
대바늘 8호·6호

완성 크기
가슴둘레 110cm, 어깨너비 45cm, 기장 53.5cm, 소매 길이 46cm

게이지(10×10cm)
배색무늬뜨기A 21코×26.5단, 메리야스뜨기, 배색무늬뜨기B·C 모두 20코×27단

POINT
●몸판, 소매…에크뤼로 2코 고무뜨기의 기초코를 만들어 뜨기 시작하고, 배색무늬 2코 고무뜨기, 배색무늬뜨기A·B·C·C', 메리야스뜨기를 각각 배치하여 뜹니다. 배색무늬뜨기는 실을 가로로 걸치는 방법과 세로로 걸치는 방법을 조합하여 뜹니다. 줄임코는 2코 이상은 덮어씌우기, 1코는 끝의 1코를 세우는 줄임코를 합니다. 늘림코는 1코 안쪽에서 돌려뜨기 늘림코를 합니다.
●마무리…어깨는 덮어씌워 잇기, 옆선, 소매 밑선은 돗바늘로 떠서 잇기로 연결합니다. 목둘레는 지정한 콧수를 주워, 배색무늬뜨기A'와 배색무늬 1코 고무뜨기로 원형뜨기합니다. 뜨개 끝은 에크뤼로 1코 고무뜨기 코막음을 합니다. 소매는 빼뜨기로 잇기로 몸판과 합칩니다.

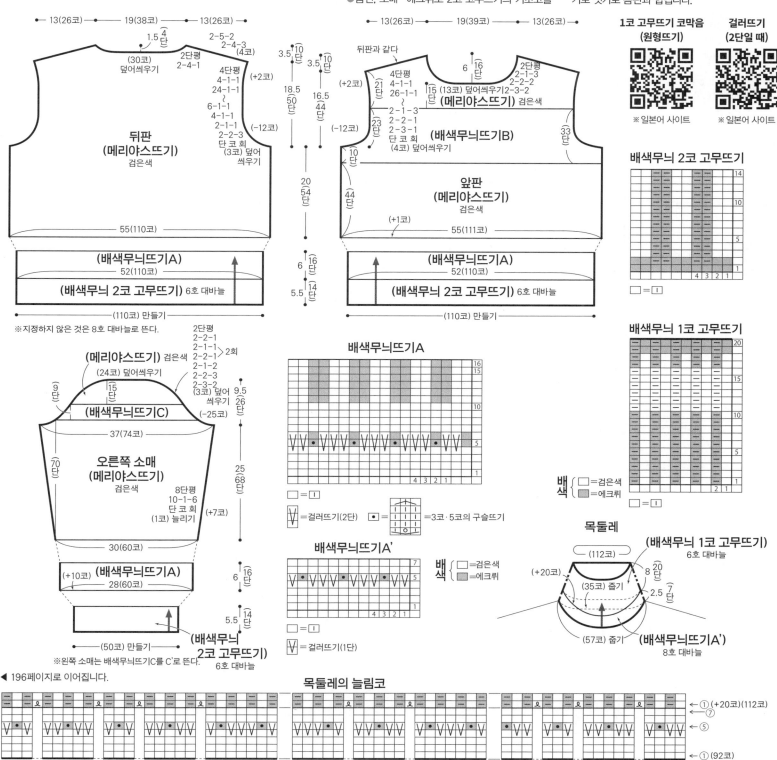

※지정하지 않은 것은 8호 대바늘로 뜬다.

1코 고무뜨기 코막음 (원형뜨기)
걸러뜨기 (2단일 때)
※일본어 사이트

배색무늬 2코 고무뜨기

배색무늬 1코 고무뜨기

배(검은색)/색(에크뤼)
□=검은색
▨=에크뤼
□=│

배색무늬뜨기A
□=│
Ⅴ=걸러뜨기(2단)
●=3코·5코의 구슬뜨기

배색무늬뜨기A'
배(검은색)/색(에크뤼)
□=검은색
▨=에크뤼
□=│
Ⅴ=걸러뜨기(1단)

목둘레
(배색무늬 1코 고무뜨기) 6호 대바늘
(112코)
(+20코)
(35코) 줍기
(57코) 줍기
(배색무늬뜨기A')
8호 대바늘

목둘레의 늘림코
□=│ ♀=돌려뜨기 늘림코
뒤 중심 4번 반복한다 오른쪽 어깨 3번 반복한다 앞 중심 3번 반복한다 뜨개 시작
←①(+20코)(112코)
←⑦
←⑤
←①(92코)

◀ 196페이지로 이어집니다.

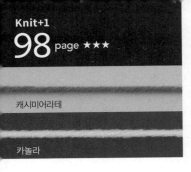

캐시미어라테

카놀라

실을 가로로 걸치는
배색무늬뜨기

※ 일본어 사이트

왼코 위 2코와 1코의 교차뜨기
(아래쪽이 안뜨기)

※ 일본어 사이트

오른코 위 2코와 1코의 교차뜨기
(아래쪽이 안뜨기)

※ 일본어 사이트

재료
K'sK 캐시미어라테 에크뤼(105) 400g 8볼, 핑크(110) 25g 1볼, 갈색(95)·겨자색(177) 각 20g 각 1볼, 빨간색(563) 15g 1볼, 카놀라 하늘색(155) 20g 1볼

도구
대바늘 8호·6호

완성 크기
가슴둘레 116cm, 어깨너비 46cm, 기장 51.5cm, 소매 길이 45.5cm

게이지(10×10cm)
무늬뜨기A 22코×26단, B 26코×26단, 배색무늬뜨기A 22코×26단, C 22코×25단

POINT
●몸판, 소매…별도의 사슬로 기초코를 만들어 뜨기 시작하고, 몸판은 무늬뜨기A·B와 배색무늬뜨기A로, 소매는 배색무늬뜨기A·B·C를 배치해서 뜹니다. 줄임코는 2코 이상은 덮어씌우기, 1코는 끝의 1코를 세우는 줄임코를 합니다. 소매 밑의 늘림코는 1코 안쪽에서 돌려뜨기 늘림코를 합니다. 밑단, 소맷부리는 기초코의 사슬을 풀고 코를 늘리고 줄이면서 주워 2코 고무뜨기를 합니다. 뜨개 끝은 2코 고무뜨기 코막음을 합니다.
●마무리…어깨는 덮어씌워 잇기, 옆선은 돗바늘로 떠서 잇기로 연결합니다. 목둘레는 지정한 콧수를 주워, 배색무늬뜨기B와 2코 고무뜨기로 원형 뜨기합니다. 뜨개 끝은 밑단과 같은 방법으로 합니다. 소매는 빼뜨기로 잇기로 몸판과 합칩니다.

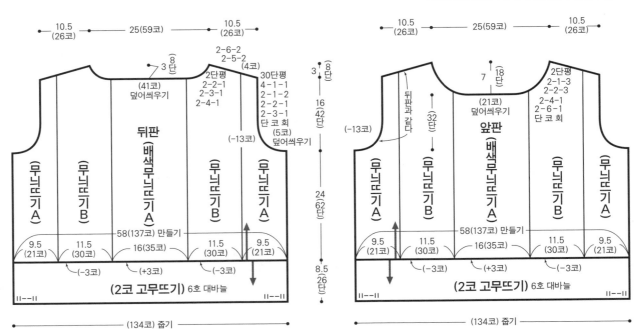

※지정하지 않은 것은 8호 대바늘로 뜬다.
※지정하지 않은 것은 에크뤼로 뜬다.

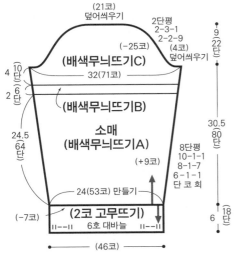

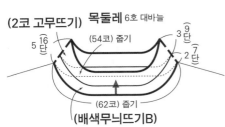

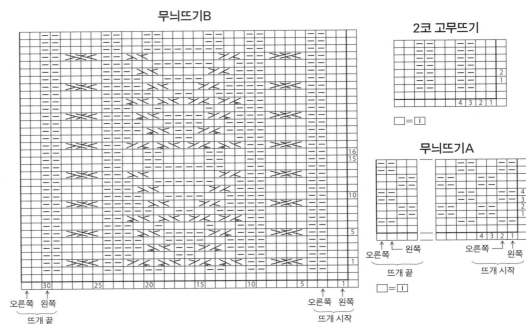

무늬뜨기B

2코 고무뜨기

무늬뜨기A

배색무늬뜨기A

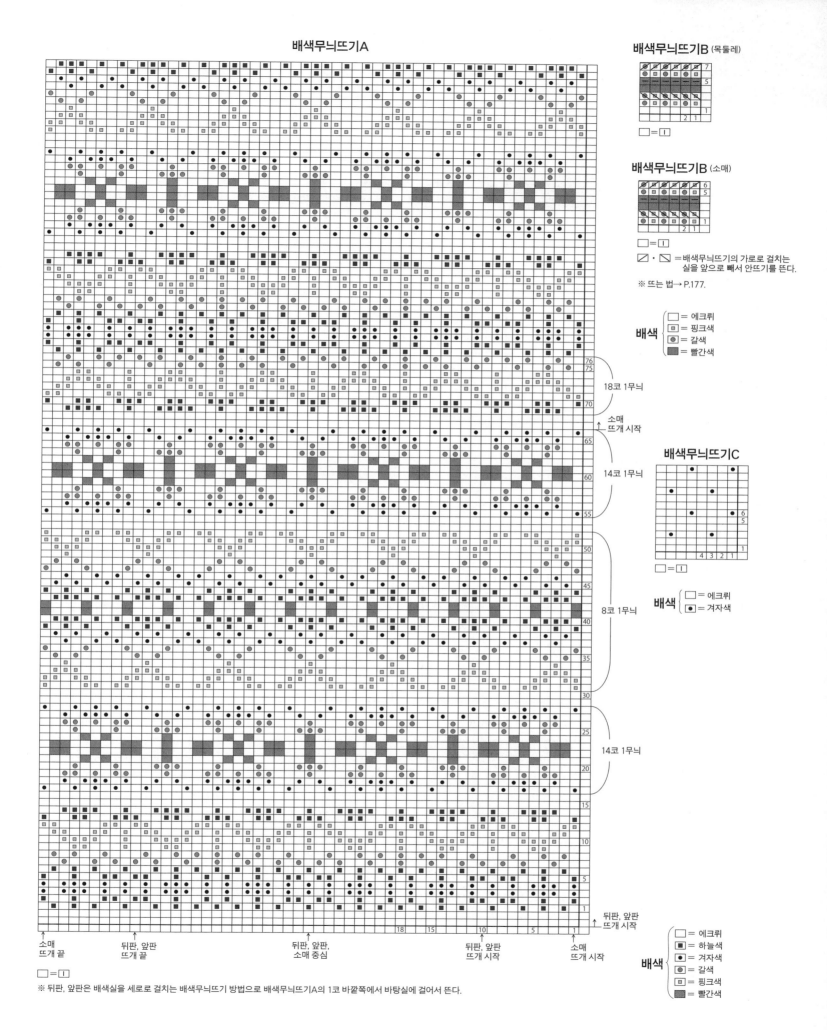

배색무늬뜨기B (목둘레)

□ = □

배색무늬뜨기B (소매)

□ = □

▨・◺ = 배색무늬뜨기의 가로로 걸치는
실을 앞으로 빼서 안뜨기를 뜬다.

※ 뜨는 법→ P.177.

배색 { □ = 에크뤼
□ = 핑크색
◉ = 갈색
■ = 빨간색 }

배색무늬뜨기C

□ = □

배색 { □ = 에크뤼
● = 겨자색 }

18코 1무늬

소매
↑ 뜨개 시작

14코 1무늬

8코 1무늬

14코 1무늬

뒤판, 앞판
↑ 뜨개 시작

소매
뜨개 끝

뒤판, 앞판
뜨개 끝

뒤판, 앞판,
소매중심

뒤판, 앞판
뜨개 시작

소매
뜨개 시작

□ = □

배색 { □ = 에크뤼
■ = 하늘색
● = 겨자색
◉ = 갈색
□ = 핑크색
■ = 빨간색 }

※ 뒤판, 앞판은 배색실을 세로로 걸치는 배색무늬뜨기 방법으로 배색무늬뜨기A의 1코 바깥쪽에서 바탕실에 걸어서 뜬다.

다이아모헤어두 알파카

재료
다이아몬드케이토 다이아모헤어두 알파카 베이지
(730) 245g 7볼
도구
대바늘 6호·7호·4호, 코바늘 4/0호
완성 크기
가슴둘레 106cm, 기장 51.5cm, 화장 61cm
게이지(10×10cm)
무늬뜨기 A 24코×30단(6호 대바늘), 무늬뜨기 B
24코×29단(6호 대바늘)
POINT
●몸판, 소매, 요크…몸판, 소매는 별도의 사슬로
기초코를 만들어 뜨기 시작하고, 지정한 호수의 바
늘을 사용하여 무늬뜨기A·B로 뜹니다. 몸판의 뜨
개 끝은 덮어씌워 코막음, 소매는 이어서 요크를

뜹니다. 앞 목둘레의 줄임코는 그림을 참조합니다.
뜨개 끝의 코를 쉬어둡니다. 밑단은 기초코의 사슬
을 풀어 코를 줍고, 1코 돌려 고무뜨기로 뜹니다.
뜨개 끝은 1코 돌려 고무뜨기 코막음을 합니다. 소
맷부리는 기초코의 사슬을 풀어 코를 줍고, 그림을
참조하여 줄임코를 하면서 코바늘로 빼뜨기 코막
음을 하고, 이어서 테두리뜨기를 합니다. 뜨개 끝
은 밑단과 같은 방법으로 합니다.
●마무리…좌우의 요크는 덮어씌워 잇기로 연결합
니다. 요크와 몸판은 코와 단 잇기로 합칩니다. 옆
선, 소매 밑선은 돗바늘로 떠서 잇기로 연결합니다.
목둘레는 지정한 콧수를 주워 왕복 뜨기로 테두리
뜨기를 합니다. 뜨개 끝은 밑단과 같은 방법으로
합니다. 그림을 참조하여 V넥의 뾰족한 부분을 마
무리합니다.

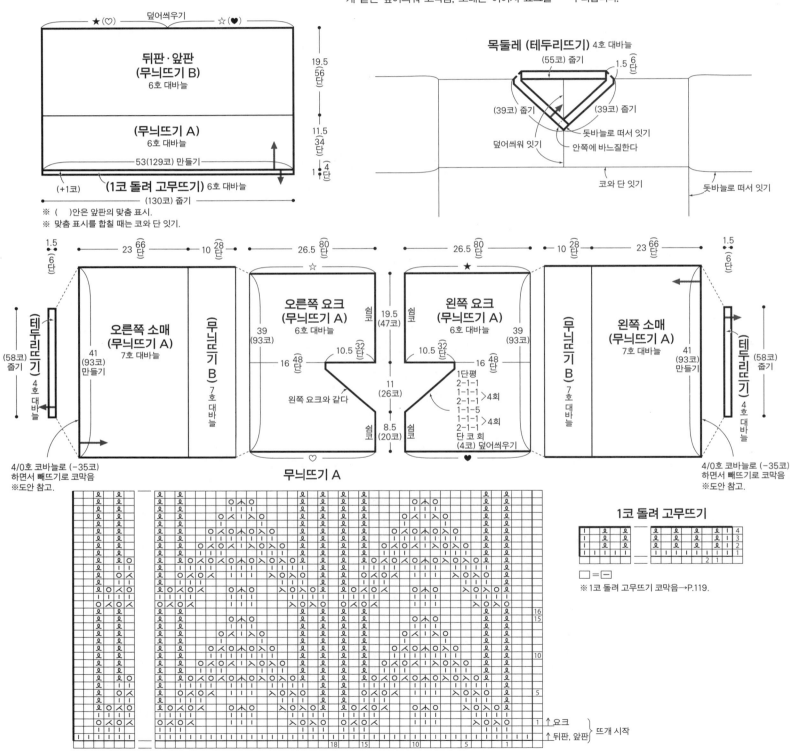

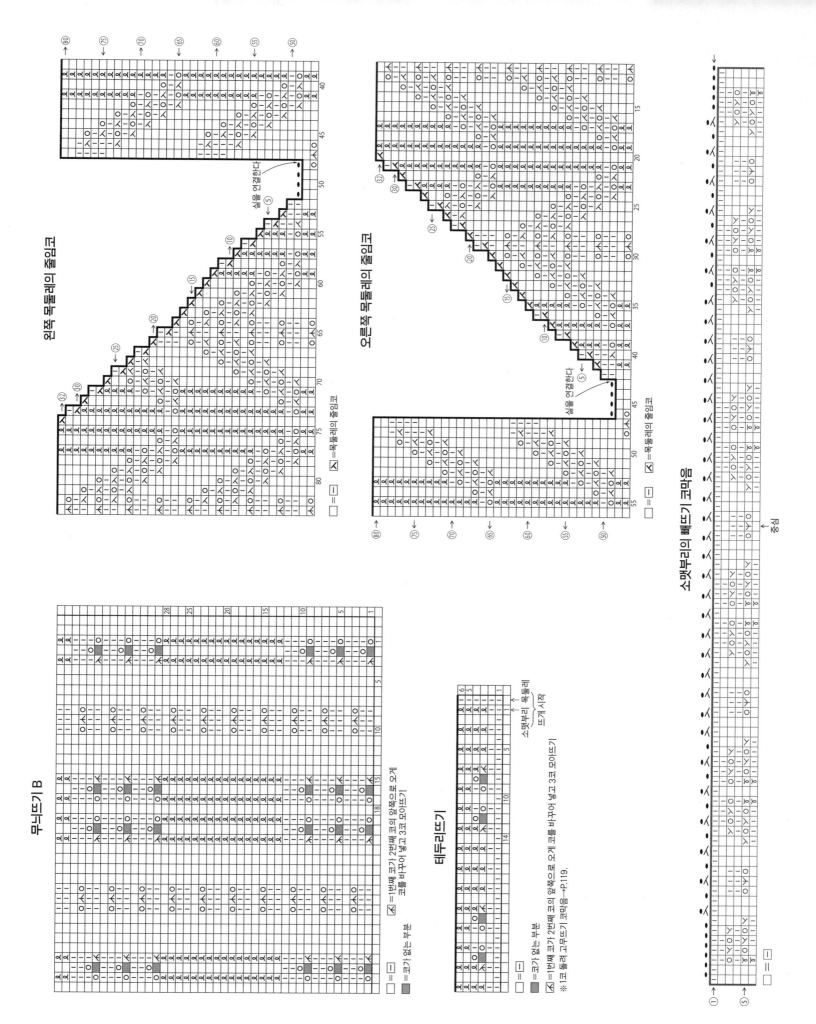

왼쪽 목둘레 줄임코

실을 연결한다

☒ =목둘레 줄임코

□ =−

오른쪽 목둘레 줄임코

실을 연결한다

☒ =목둘레 줄임코

□ =−

무늬뜨기 B

☒ =1번째 코가 2번째 코의 앞쪽으로 오게
코를 바꾸어 넣고 3코 모아뜨기

□ =−

□ =코가 없는 부분

테두리뜨기

소맷부리 목둘레
뜨개 시작

☒ =1번째 코가 2번째 코의 앞쪽으로 오게 코를 바꾸어 넣고 3코 모아뜨기
※1코 돌려 고무뜨기 코막음→P.119.

□ =−

□ =코가 없는 부분

소맷부리의 빼뜨기 코막음

무풍

□ =−

□ =−

재료
올림포스 피노 에크뤼(1) 175g 7볼

도구
아미무메모(6.5mm)

완성 크기
가슴둘레 96cm, 기장 51.5cm, 화장 67.5cm

게이지(10×10cm)
무늬뜨기·메리야스뜨기 18코×25단

POINT
●몸판·소매…버림실 뜨기 기초코로 뜨기 시작해 테두리뜨기를 뜹니다. 11단에서 뜨개 시작 쪽의 코와 바늘 빼기 부분의 걸친 실을 합쳐서 두 겹으로 만듭니다. 이어서 무늬뜨기, 메리야스뜨기로 뜹니다. 소매 다는 위치에는 실로 표시해둡니다. 뒤

판의 뜨개 끝은 어깨와 목둘레 트임을 각각 버림실 뜨기를 해 수편기에서 빼냅니다. 앞목둘레는 2코 이상은 되돌아뜨기, 1코는 줄임코를 합니다. 소매는 몸판과 같은 방법으로 뜨기 시작해 소매 밑선에서 늘림코를 하면서 뜹니다.
●마무리…목둘레는 몸판과 같은 방법으로 뜨기 시작해 테두리뜨기를 뜹니다. 11단을 뜨면 버림실 뜨기를 합니다. 오른쪽 어깨는 기계 잇기를 합니다. 목둘레는 기계 잇기로 몸판과 연결하는데, 뜨개 끝 쪽의 코에 뜨개 시작 쪽의 코를 겹쳐서 두 겹으로 만들어 잇습니다. 왼쪽 어깨는 기계 잇기를 합니다. 소매는 기계 잇기로 몸판과 연결합니다. 옆선·소매 밑선·목둘레 옆선은 떠서 꿰매기를 합니다.

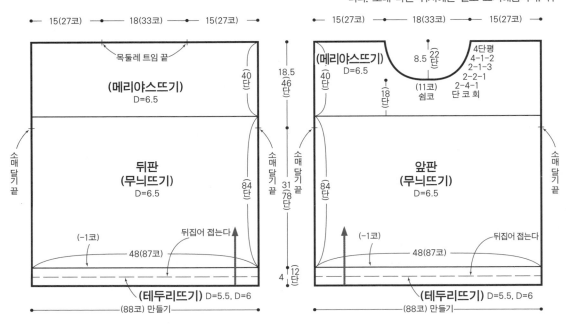

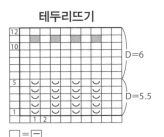

테두리뜨기

□ = □
⌣ = 바늘 빼기
▨ =1단의 바늘 빼기 부분의 걸친 실을 걸어서 두 겹으로 만든다.
※목둘레는 목둘레를 달 때 두 겹으로 만든다.
※도안은 수편기에 걸린 상태를 나타낸다.

무늬뜨기

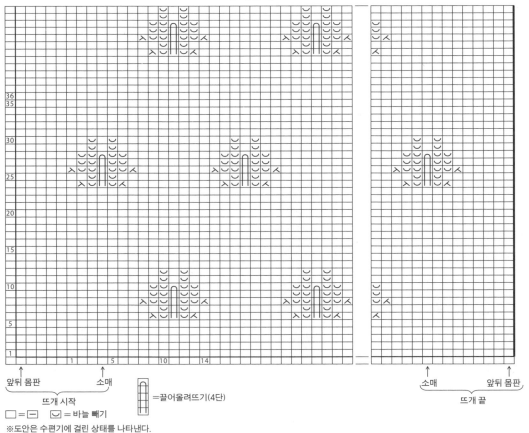

앞뒤 몸판   소매
뜨개 시작

소매   앞뒤 몸판
뜨개 끝

▯ =끌어올려뜨기(4단)

□ = □   ⌣ = 바늘 빼기
※도안은 수편기에 걸린 상태를 나타낸다.

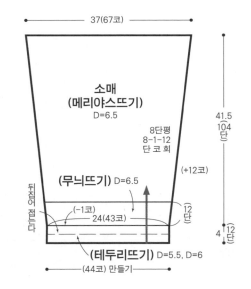

소매
(메리야스뜨기)
D=6.5

37(67코)
41.5 104단

8단평
8-1-12
단 코 회

(+12코)

(무늬뜨기) D=6.5

뒤집어 접는다

(-1코)
24(43코)

(테두리뜨기) D=5.5, D=6
(44코) 만들기

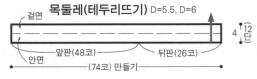

목둘레(테두리뜨기) D=5.5, D=6

겉면
안면

앞판(48코)   뒤판(26코)
(74코) 만들기

4 12단

재료
하마나카 아메리 빨간색(6) 285g 8볼, 회색(30) 10g 1볼

도구
아미무메모(6.5mm), 코바늘 6/0호

완성 크기
가슴둘레 96cm, 어깨너비 38cm, 기장 52.5cm, 소매 길이 48cm

게이지(10×10cm)
무늬뜨기 A·B 19코×27단

POINT
●몸판·소매…104페이지를 참고해서 버림실 뜨기

기초코로 뜨기 시작해 무늬뜨기 A·B로 뜹니다. 진 동둘레·목둘레·소매산은 줄임코, 소매 밑선은 늘림 코를 합니다. 어깨는 되돌아뜨기로 뜹니다.
●마무리…목둘레는 몸판과 같은 방법으로 뜨기 시작해 무늬뜨기 C로 뜹니다. 오른쪽 어깨는 기계 잇기를 합니다. 목둘레는 기계 잇기로 몸판과 연결 하고 왼쪽 어깨는 기계 잇기를 합니다. 옆선·소매 밑선·목둘레 옆선은 떠서 꿰매기를 합니다. 밑단· 소맷부리·목둘레 가장자리는 테두리뜨기를 원형 으로 왕복뜨기합니다. 소매는 빼뜨기 꿰매기로 몸 판과 연결합니다.

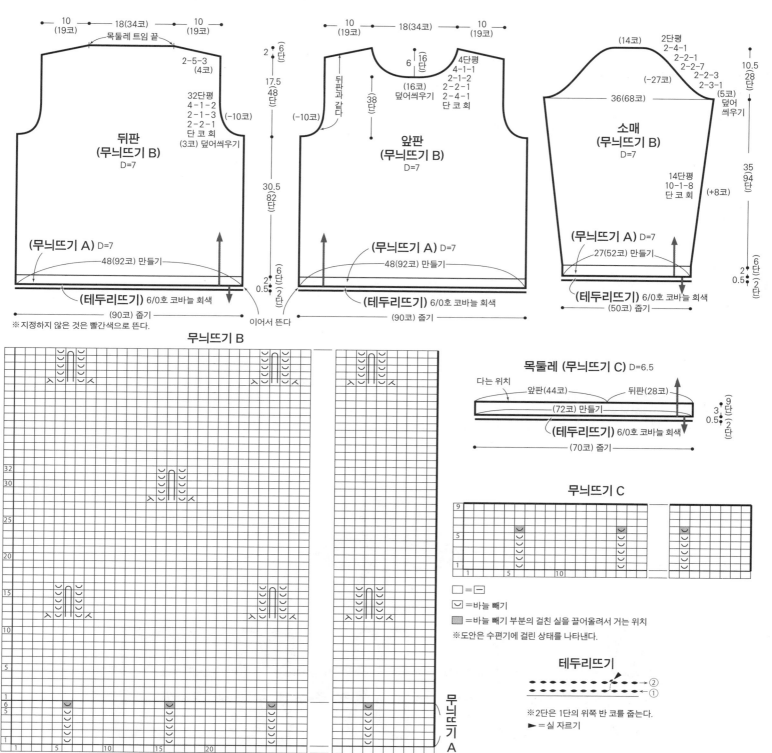

※지정하지 않은 것은 빨간색으로 뜬다.

무늬뜨기 B

목둘레 (무늬뜨기 C) D=6.5

무늬뜨기 C

□ = ⊟
⌣ = 바늘 빼기
▨ = 바늘 빼기 부분의 걸친 실을 끌어올려서 거는 위치
※도안은 수편기에 걸린 상태를 나타낸다.

테두리뜨기
※2단은 1단의 위쪽 반 코를 줍는다.
► = 실 자르기

□ = ⊟   ⌣ = 바늘 빼기   ▨ = 바늘 빼기 부분의 걸친 실을 끌어올려서 거는 위치   = 끌어올려뜨기(4단)
※도안은 수편기에 걸린 상태를 나타낸다.

무늬뜨기 A

참고영상 QR

재료
메탈릭 플레이코드 70g 실버(101) 1볼, 오로라
(102) 1볼, pvc 투명 카드 케이스(속지)

도구
모사용 코바늘 3호(2.2mm), 돗바늘(중 사이즈), 가
위, 마커

POINT

〈꽃〉
꽃의 중심 : 사슬 5 – 첫 사슬에 빼뜨기하여 동그
란 원형을 만들고 그 안에 짧은뜨기 12개를 진행
합니다.

꽃잎(총 6장) : {사슬 3 – 첫 번째 코에 퍼프스티치
(3회), 다음 코에 퍼프스티치(3회) – 사슬 4 – 같은
코에 빼뜨기 – 다음 코에 빼뜨기}×6

〈꽃 연결하기〉
6개의 꽃을 원통형으로 연결한 후, 아래에 한줄을
더 추가해 연결합니다.

〈바닥 부분〉
사슬 2 – (짧은 1 – 사슬 3)×5 – 사슬 2 – 빼뜨기

〈입구 부분〉
(사슬 3 – 짧은 1)×11 – 사슬 3 – 빼뜨기

〈첫 번째 꽃 만들기(오로라 색상 사용)〉
손땀이 작으신 분들은 4호 코바늘을 추천드립니다.

1. 사슬 5개를 만들고 첫 번째 사슬에 빼뜨기하여 링을 만듭니다.

2. 링 안에 (사슬1 – 짧은뜨기 12 – 첫 코에 빼뜨기)를 진행합니다.

3. 기둥사슬 3개를 올리고 첫 코에 퍼프스티치를 3회 반복합니다.

4. 다음 코에도 퍼프스티치를 3회 반복합니다.

5. 실을 바늘에 한 번 감아 가져온 후 바늘에 걸려 있는 실들을 한꺼번에 통과시킵니다.

6. 사슬 4개를 만듭니다.

7. 두 번째 퍼프스티치를 진행한 코에 빼뜨기합니다.

8. 꽃잎 하나가 완성되었습니다.

9. 다음 코에 빼뜨기하여 자리를 옮깁니다.

10. 다시 사슬 3개를 올리고 직전과 같은 방법으로 반복합니다.

11. 꽃잎이 총 6개가 될 때까지 진행합니다.

12. 실을 잘라 돗바늘에 끼워 꽃잎의 뒷편에 숨겨줍니다.

〈꽃 연결하기〉
(윗줄-6개)

1. 첫 번째 꽃과 같은 방법으로 꽃잎 2개까지 진행합니다.

2. 세 번째 꽃잎에서는 앞서 설명한 '첫 번째 꽃 만들기'의 5번까지만 진행합니다.

3. 첫 번째로 만든 꽃의 꽃잎 중심에 있는 코에 빼뜨기하여 연결합니다.

4. 다시 사슬 3개를 만들어 퍼프스티치가 끝난 코에 빼뜨기합니다.

5. 그리고 같은 방법으로 나머지 3개의 꽃잎을 완성합니다.

6. 다섯 번째 꽃까지 같은 방법으로 연결합니다.

7. 마지막 여섯 번째 꽃의 꽃잎 중 2개는 다섯 번째 꽃의 꽃잎과 첫 번째 꽃의 꽃잎 중앙의 코에 연결시켜줍니다.

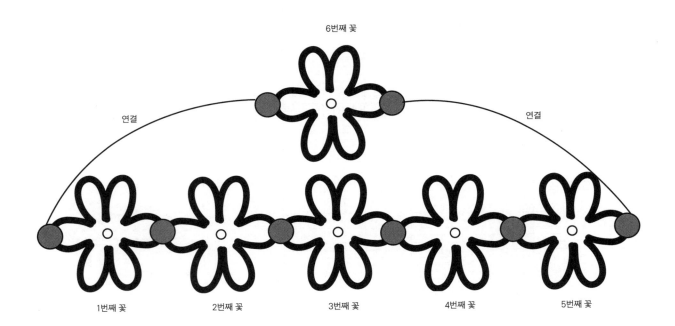

6번째 꽃

연결   연결

1번째 꽃   2번째 꽃   3번째 꽃   4번째 꽃   5번째 꽃

(아랫줄-6개)

1. 두 번째 줄의 첫 번째 꽃은 위쪽 2개의 꽃잎이 첫 번째 줄 꽃의 아래 2개의 꽃잎과 연결되도록 합니다.

2. 두 번째 꽃은 위쪽 2개의 꽃잎과, 왼쪽 하나의 꽃잎이 연결되도록 합니다.

3. 다섯 번째 꽃까지 같은 방법으로 연결 합니다.

4. 마지막 여섯 번째 꽃은 위쪽 2개의 꽃잎과 양쪽 2개의 꽃잎이 모두 연결되도록 합니다.

바닥 만들기(실버 색상)

사슬 2 – (짧은 1 – 사슬 3)×5 – 사슬 2 – 빼뜨기

1. 아래 그림의 시작 위치에 바늘을 넣어 실을 끌어와 사슬 2개를 느슨하게 만듭니다.

2. 꽃잎의 정중앙에는 짧은뜨기, 꽃잎과 꽃잎 사이에는 사슬 3개를 뜹니다.
   (바닥을 만들어야 하기 때문에 꽃을 겹쳐서 짧은뜨기를 뜹니다.)

입구 부분(실버 색상)

(사슬 3 – 짧은 1)×11 – 사슬 3 – 빼뜨기

1. 아래 그림의 시작 위치에 바늘을 넣어 사슬을 3개 만듭니다.

2. 다음 꽃잎에 짧은뜨기를 뜹니다(입구 부분이기 때문에 뒤편의 꽃잎까지 겹쳐서 뜨지 않고 한 겹씩 진행.)

3. 꽃잎 중심 코에는 짧은뜨기 1, 꽃잎과 꽃잎 사이에는 사슬 3개를 진행합니다.
   * 꼬리실은 꽃잎(지갑의 안쪽면)에 숨겨줍니다.
   * pvc 투명 카드 케이스 속지를 안에 넣어줍니다.

"KEITODAMA" Vol. 203, 2024 Autumn issue (NV11743)
Copyright © NIHON VOGUE-SHA 2024
All rights reserved.
First published in Japan in 2024 by NIHON VOGUE Corp.
Photographer: Shigeki Nakashima, Hironori Handa, Toshikatsu Watanabe, Noriaki Moriya,
Bunsaku Nakagawa
This Korean edition is published by arrangement with NIHON VOGUE Corp.,
Tokyo in care of Tuttle-Mori Agency, Inc., Tokyo, through Botong Agency, Seoul.

광고 및 제휴 문의
070-4678-7118
info@hansmedia.com

털실타래 Vol.9 2024년 가을호

1판 1쇄 인쇄 2024년 9월 20일
1판 1쇄 발행 2024년 9월 30일

지은이 (주)일본보그사
옮긴이 강수현, 김보미, 김수연, 남가영
펴낸이 김기옥

실용본부장 박재성
편집 실용2팀 이나리, 장윤선
마케터 이지수
지원 고광현, 김형식

한국어판 기사 취재 정인경(inn스튜디오)
한국어판 사진 촬영 김태훈(TH studio)
도안 제공 울클럽

본문 디자인 책장점
표지 디자인 형태와내용사이
인쇄·제본 민언프린텍

펴낸곳 한스미디어(한즈미디어(주))
주소 121-839 서울시 마포구 양화로 11길 13(서교동, 강원빌딩 5층)
전화 02-707-0337 | **팩스** 02-707-0198 | **홈페이지** www.hansmedia.com
출판신고번호 제 313-2003-227호 | **신고일자** 2003년 6월 25일

ISBN 979-11-93712-48-1 13590